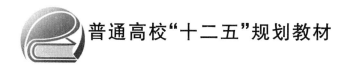

普通高校"十二五"规划教材

电子商务

肖 英 主编

北京航空航天大学出版社

内 容 简 介

本书把电子商务涉及的各方面技术和管理结合起来,把电子商务中的技术因素做简略而又全面准确的介绍,把与电子商务专业有关的边缘学科的知识给予精辟的介绍。

本书共分8章,主要从应用角度阐述电子商务的基本内容。第1章是电子商务概论;第2章介绍电子商务交易模式;第3章介绍电子商务系统建设;第4章介绍网络营销;第5章介绍电子商务支付;第6章介绍电子商务物流;第7章介绍电子商务市场开发;第8章介绍电子商务交易安全。本书在正确阐述重要的电子商务原理的同时,着重于基本概念和基本方法的介绍,强调可操作性,突出应用性;并本着从实践到理论,再从理论到实践的指导思想,结合实际阐述理论,然后再以理论指导教学。每章后面都配备了实验和思考与讨论题。

本书可作为高等院校电子商务、市场营销、商贸和财经等相关专业的电子商务基础教材,也可作为自学参考及培训教材。

图书在版编目(CIP)数据

电子商务 / 肖英主编. -- 北京：北京航空航天大学出版社,2011.9
ISBN 978-7-81124-394-9

Ⅰ. ①电… Ⅱ. ①肖… Ⅲ. ①电子商务 Ⅳ. ①F713.36

中国版本图书馆 CIP 数据核字(2011)第 070399 号

版权所有,侵权必究。

电子商务
肖 英 主编
责任编辑 宋淑娟

*

北京航空航天大学出版社出版发行

北京市海淀区学院路 37 号(邮编 100191) http://www.buaapress.com.cn
发行部电话：(010)82317024 传真：(010)82328026
读者信箱：bhpress@263.net 邮购电话：(010)82316936
北京市松源印刷有限公司印装 各地书店经销

*

开本：787×960 1/16 印张：18.25 字数：409千字
2011年9月第1版 2011年9月第1次印刷 印数：4 000册
ISBN 978-7-81124-394-9 定价：35.00元

若本书有倒页、脱页、缺页等印装质量问题,请与本社发行部联系调换。联系电话：(010)82317024

《电子商务》编委会

主　编：肖　英

副主编：郭凯强
编　委：涂起龙　冷　明　肖晓朋

前　言

经济全球化和社会信息化是当今世界的两大发展趋势,而导致商务的应用和普及则是这两大趋势的交汇点。电子商务是各种具有商业活动能力和需要的实体为了提高商务活动效率,而采用计算机网络和各种数字化传媒技术等电子方式实现商品交易和服务交易的一种贸易形式。它已成为 21 世纪的主要商务模式和用来推动社会、经济、生活和文化进步的重要动力和工具。电子商务彻底改变了现有的作业方式与手段,它能够充分利用有限资源、缩短商业循环与周期、提高运营效率、降低成本和提高服务质量。为了适应电子商务的发展,学术界正在不断总结和探索多种商务的规律和理论,教育界也在积极推进电子商务教育事业的发展。和许多前辈一样,笔者也在实践和教学中不断积累知识和经验。因为也曾经历了从一无所知,到知之甚少,再到有所感悟这样的学习阶段,所以对进入电子商务领域的方法和过程有所体会,终于想把这份体会写出来与读者共享,希望读者能够从此顺利进入到更加辉煌的电子商务殿堂。

本书主要从基本知识、运作体系和设计应用三个方面介绍了电子商务的理论和实务。首先,介绍了电子商务的基本概念和框架体系。其次,重点介绍开展电子商务活动的四大支撑体系——技术、支付、物流和安全。最后,通过介绍电子商务的应用,使读者了解电子商务的实践应用价值。

本书第 1 章主要介绍电子商务的内涵、分类、主要功能、产生背景与发展阶段,使读者初步了解电子商务的基础知识,建立感性认识。第 2 章主要介绍电子商务交易的基本构成,一方面,使读者能从社会和技术两个角度认识电子商务;另一方面,为学习后续章节奠定基础。第 3 章主要介绍电子商务网站建设的基本方法和流程。这是电子商务的第一大支柱。第 4 章介绍网络营销。第 5 章介绍电子商务的支付体系。这是电子商务的第二大支柱。本章首先通过传统支付与网上支付的比较,引入网上支付的概念;然后介绍电子现金、电子支票和电子信用卡等目前流行的几种网上支付工具;最后介绍支撑电子商务支付的网上银行的发展状况。第 6 章主要介绍物流体系。这是电子商务的第三大支柱。该章阐述现代物流的概念、分类、主要功能以及电子商务与现代物流的关系。第 7 章主要介绍电子商务市场开发。第 8 章主要介绍安全体系。这是电子商务的第四大支柱。该章介绍电子商务安全的内涵和几种安全技术,使读者能从更专业、更深入和更科学的角度认识和理解电子商务中的安全问题。安全是电子商务的核心和灵魂,是电子商务健康、顺利发展的重要保障。本书每章后面都有实验和思考与讨论题,以帮助读者达到学以致用、强化技能培养的目的。

井冈山大学从事电子商务教学和研究的中青年教师为本书的撰写付出了辛勤的劳动。本书的特色是始终注重从读者的视角出发；体系完整,结构合理；语言通俗易懂；体例规范,突出重点。

本书由肖英主编并提出框架,第1~3章由涂起龙和肖晓朋编写,第6~8章由郭凯强和冷明编写,第4、5章由肖英编写,全书由肖英统稿。

在编写本书过程中参考了大量有关书籍和网页,在此对这些书籍和网页的作者表示感谢。

由于时间仓促,作者水平有限,书中难免有错误和不妥之处,恳请广大读者和同仁批评指正。

肖　英

2011年3月28日

目 录

第1章 电子商务概论 ... 1
1.1 电子商务的基本概念 ... 1
- 1.1.1 什么是电子商务 ... 1
- 1.1.2 电子商务的产生 ... 3
- 1.1.3 电子商务的发展历程 ... 6

1.2 电子商务的现状与发展 ... 8
- 1.2.1 欧美国家电子商务的发展 ... 8
- 1.2.2 亚洲电子商务的现状与发展 ... 10
- 1.2.3 中国电子商务的发展状况 ... 11

1.3 电子商务的分类 ... 14
- 1.3.1 按商业活动运作方式分类 ... 14
- 1.3.2 按电子商务的交易对象分类 ... 14
- 1.3.3 按开展电子交易的信息网络范围分类 ... 15

1.4 电子商务的功能与效益 ... 16
- 1.4.1 电子商务的主要功能 ... 16
- 1.4.2 电子商务的优势 ... 17
- 1.4.3 电子商务对社会的影响 ... 19
- 1.4.4 电子商务的不足 ... 21

1.5 电子商务环境 ... 23
- 1.5.1 电子商务标准化发展现状 ... 23
- 1.5.2 电子商务的相关法律 ... 26
- 1.5.3 电子商务的立法概况 ... 28
- 1.5.4 知识产权 ... 30
- 1.5.5 道德问题 ... 31

实验一 利用网络工具采集商务信息 ... 34
思考与讨论 ... 36

第2章 电子商务交易模式 ··· 37

2.1 B2C 电子商务 ··· 37
- 2.1.1 B2C 电子商务的主要模式 ··· 37
- 2.1.2 B2C 电子商务企业类型 ··· 41
- 2.1.3 B2C 电子商务企业的收益模式 ··· 41
- 2.1.4 B2C 电子商务的主要环节 ··· 42
- 2.1.5 网上消费市场及购买行为特征 ··· 47
- 2.1.6 适合于网上销售的商品 ··· 51

2.2 B2B 电子商务 ··· 53
- 2.2.1 B2B 电子商务的交易过程 ··· 53
- 2.2.2 B2B 电子商务交易的优势 ··· 56
- 2.2.3 B2B 电子商务交易模式 ··· 57

2.3 C2C 电子商务 ··· 63
- 2.3.1 拍卖平台运作模式 ··· 64
- 2.3.2 店铺平台运作模式 ··· 69

实验二 体验网上购物 ··· 72
思考与讨论 ··· 73

第3章 电子商务系统建设 ··· 74

3.1 电子商务系统的构成 ··· 74
- 3.1.1 企业内部网 ··· 74
- 3.1.2 企业外部网 ··· 74

3.2 网站规划 ··· 75
- 3.2.1 电子商务网站的概念和类型 ··· 75
- 3.2.2 网站设计规划 ··· 76
- 3.2.3 用户需求 ··· 77
- 3.2.4 商务模型 ··· 77
- 3.2.5 可行性分析 ··· 78
- 3.2.6 制定项目规划书 ··· 80

3.3 网站建设 ··· 81
- 3.3.1 电子商务的体系结构 ··· 81
- 3.3.2 模块划分 ··· 82
- 3.3.3 功能设计 ··· 82

3.3.4　流程设计 ··· 84
  3.3.5　数据库设计 ··· 84
  3.3.6　用户界面设计 ··· 85
  3.3.7　网页设计 ··· 86
 3.4　网站的维护与管理 ··· 94
  3.4.1　一般性维护 ··· 94
  3.4.2　网站安全的维护 ··· 95
  3.4.3　网站内容的更新 ··· 96
 实验三　IIS 安装及使用 ··· 97
 思考与讨论 ··· 101

第 4 章　网络营销 ··· 102

 4.1　网络营销概述 ··· 102
  4.1.1　网络营销的含义 ··· 102
  4.1.2　网络营销的特点 ··· 103
 4.2　网络营销的商务模式 ··· 104
  4.2.1　网络营销的分类 ··· 104
  4.2.2　网络营销的基本流程 ··· 106
 4.3　网络营销的经营策略 ··· 109
  4.3.1　网络营销体系 ··· 109
  4.3.2　综合网络推广策划 ··· 110
  4.3.3　网络营销策划分类 ··· 110
  4.3.4　网络营销策划基本原则 ··· 112
  4.3.5　网络营销方案基本模板 ··· 113
 4.4　网络营销中的市场调查 ··· 115
  4.4.1　网上市场调查的特点 ··· 115
  4.4.2　网上市场调查的内容 ··· 116
  4.4.3　网上市场调查的步骤 ··· 117
  4.4.4　利用互联网收集竞争者的信息 ··· 119
  4.4.5　利用互联网收集市场行情 ··· 121
  4.4.6　利用互联网了解消费者的偏好 ··· 121
 4.5　网络营销中的客户关系 ··· 122
  4.5.1　客户关系管理的作用 ··· 122
  4.5.2　客户关系管理的内容 ··· 122

4.5.3　管理客户数据的手段 ………………………………………………………… 123
　　4.5.4　管理客户关系的作用 ………………………………………………………… 123
4.6　电子商务的赢利目标 ……………………………………………………………………… 125
　　4.6.1　网络营销的成本 ……………………………………………………………… 125
　　4.6.2　电子商务目前的赢利状况 …………………………………………………… 126
　　4.6.3　电子商务赢利的途径 ………………………………………………………… 127
4.7　网络广告 …………………………………………………………………………………… 130
　　4.7.1　网络广告概况 ………………………………………………………………… 130
　　4.7.2　网络广告的特点 ……………………………………………………………… 131
　　4.7.3　网络广告的形式 ……………………………………………………………… 133
　　4.7.4　网络广告的策划 ……………………………………………………………… 134
实验四　网络营销策划书 ………………………………………………………………………… 137
思考与讨论 ………………………………………………………………………………………… 139

第5章　电子商务支付 …………………………………………………………………………… 140

5.1　电子支付的概念和特征 …………………………………………………………………… 140
　　5.1.1　电子支付的定义 ……………………………………………………………… 140
　　5.1.2　电子支付的特征 ……………………………………………………………… 140
5.2　电子货币 …………………………………………………………………………………… 140
　　5.2.1　电子货币的概念 ……………………………………………………………… 140
　　5.2.2　电子货币的特征 ……………………………………………………………… 141
　　5.2.3　电子货币的表现形式 ………………………………………………………… 141
　　5.2.4　卡与POS ……………………………………………………………………… 146
5.3　信用卡支付方式 …………………………………………………………………………… 149
　　5.3.1　信用卡的产生及起源 ………………………………………………………… 149
　　5.3.2　信用卡网络结算概述 ………………………………………………………… 150
　　5.3.3　信用卡的功能 ………………………………………………………………… 151
　　5.3.4　信用卡支付的优点 …………………………………………………………… 152
　　5.3.5　信用卡的结算步骤 …………………………………………………………… 153
　　5.3.6　信用卡的结算机制 …………………………………………………………… 153
5.4　电子支票结算方式 ………………………………………………………………………… 155
　　5.4.1　电子支票概述 ………………………………………………………………… 155
　　5.4.2　电子支票支付 ………………………………………………………………… 156
5.5　电子现金结算 ……………………………………………………………………………… 157

5.5.1　电子现金概述 ·· 157
　　5.5.2　电子现金的运行原理 ·· 161
　　5.5.3　电子现金支付的解决方案 ·· 163
5.6　电子钱包结算·· 164
　　5.6.1　电子钱包概述 ·· 164
　　5.6.2　电子钱包的运作流程 ·· 165
5.7　网上银行支付系统·· 165
　　5.7.1　网上银行概述 ·· 165
　　5.7.2　网上银行的运行机制 ·· 166
实验五　电子钱包申领·· 166
思考与讨论·· 168

第6章　电子商务物流·· 169

6.1　现代物流的基本概念·· 169
　　6.1.1　电子商务物流的起源和发展 ·· 169
　　6.1.2　电子商务物流的特点 ·· 170
　　6.1.3　物流的构成 ·· 171
　　6.1.4　现代物流目标 ·· 173
　　6.1.5　现代物流研究的主要任务 ·· 173
6.2　电子商务物流系统·· 173
　　6.2.1　电子商务供应链的结构 ·· 173
　　6.2.2　电子商务物流系统对传统企业物流系统的影响 ································ 174
6.3　传统物流模式与电子商务物流模式·· 179
　　6.3.1　传统物流模式存在的问题 ·· 179
　　6.3.2　电子商务物流模式 ·· 180
　　6.3.3　电子商务物流系统的再构造 ·· 182
　　6.3.4　电子商务与第三方物流 ·· 183
6.4　电子商务物流的信息技术·· 184
　　6.4.1　条码技术及应用 ·· 185
　　6.4.2　EDI 技术简介 ·· 188
　　6.4.3　射频技术及应用 ·· 190
　　6.4.4　GPS 技术及应用 ·· 191
实验六　物流市场调查·· 195
思考与讨论·· 196

第 7 章 电子商务市场开发 ... 197

7.1 电子商务市场的特点 ... 197
7.1.1 我国电子商务市场的发展 ... 197
7.1.2 电子商务市场的细分 ... 198
7.1.3 电子商务市场的类型 ... 200

7.2 电子商务经营理念的创新 ... 202
7.2.1 经典营销理念的变化 ... 202
7.2.2 距离经济的理念 ... 205
7.2.3 长尾效应 ... 206
7.2.4 精准营销 ... 207

7.3 电子商务经营战略的选择 ... 209
7.3.1 多元化经营战略 ... 209
7.3.2 专业化经营战略 ... 210
7.3.3 丰富多彩的新战略模式 ... 210

7.4 电子商务经营项目的选择 ... 212
7.4.1 根据网络展示的特点选择 ... 212
7.4.2 根据市场的需求变化选择 ... 213
7.4.3 根据自身条件的优势选择 ... 213
7.4.4 创新是电子商务的生命力 ... 214

7.5 电子商务客户的管理 ... 214
7.5.1 电子商务时代客户关系管理的特点 ... 215
7.5.2 客户关系管理带给企业的利益 ... 215
7.5.3 电子商务发展中客户关系管理的实施要点 ... 216
7.5.4 电子商务环境下客户关系管理的流程 ... 218

实验七 客户满意就是我最大的心愿 ... 219
思考与讨论 ... 224

第 8 章 电子商务交易安全 ... 225

8.1 电子商务安全概述 ... 225
8.1.1 电子商务系统的安全隐患 ... 225
8.1.2 电子商务的安全要素 ... 226
8.1.3 计算机安全术语 ... 228
8.1.4 浏览器安全设置 ... 229

8.2 数据加密技术 …………………………………………………… 231
　8.2.1 数据加密模型 ……………………………………………… 232
　8.2.2 古典加密技术 ……………………………………………… 232
　8.2.3 现代加密技术 ……………………………………………… 234
8.3 认证技术 ………………………………………………………… 241
　8.3.1 身份认证 …………………………………………………… 241
　8.3.2 信息认证 …………………………………………………… 241
　8.3.3 通过认证机构认证 ………………………………………… 242
8.4 公钥基础设施(PKI) …………………………………………… 243
　8.4.1 PKI 技术的信任服务 ……………………………………… 244
　8.4.2 PKI 的体系结构 …………………………………………… 244
　8.4.3 PKI 的应用 ………………………………………………… 246
8.5 防火墙技术 ……………………………………………………… 247
　8.5.1 防火墙的功能 ……………………………………………… 248
　8.5.2 防火墙的分类 ……………………………………………… 249
8.6 安全协议 ………………………………………………………… 251
　8.6.1 SSL 协议 …………………………………………………… 251
　8.6.2 SET 协议 …………………………………………………… 252
8.7 网民的自我保护措施 …………………………………………… 254
8.8 电子商务安全管理 ……………………………………………… 255
　8.8.1 安全管理体系 ……………………………………………… 255
　8.8.2 安全管理措施 ……………………………………………… 259
　8.8.3 人员管理 …………………………………………………… 262
　8.8.4 电子商务的安全风险管理 ………………………………… 265
8.9 电子商务安全的法律制度 ……………………………………… 268
　8.9.1 我国保证电子商务安全的相关法律 ……………………… 268
　8.9.2 美国保证电子商务安全的相关法律 ……………………… 271
实验八 数字证书和防火墙 …………………………………………… 272
思考与讨论 ……………………………………………………………… 273

参考文献 …………………………………………………………… 275

第 1 章　电子商务概论

随着个人计算机和 Internet 的迅猛发展,一个全球互联的商业时代已经到来。电子商务作为 Internet 的一个新的应用领域,已开始真正走向传统商务活动的各个环节和领域,并直接影响和改变着社会经济生活的各个方面。全球经济发展正在进入信息经济时代,电子商务作为 21 世纪的主要经济贸易方式之一,将给各国和世界经济的增长方式带来巨大的变革。在我国开展电子商务是推进国民经济和社会信息化的重要组成部分,对改变社会经济的运行模式,推动信息产业的发展和提供新的经济发展机遇,具有重要意义。

电子商务时代的到来是现代社会发展的必然,人们将别无选择地生活在电子商务时代,并逐步适应和习惯于远距离的网上贸易、网上购物、网上支付、网上消费、网上服务和网上娱乐等活动。电子商务可以降低交易成本,增加贸易机会,简化贸易流程,提高贸易效率,提高生产力,改善物流系统,等等。电子商务是一种替代传统商务活动的新形式、新市场,其巨大潜力及重要性是不可估量的,因此各国政府都对此给予高度重视。

1.1　电子商务的基本概念

1.1.1　什么是电子商务

电子商务的产生和发展不仅改变了传统的交易模式,而且也改变了商业伙伴之间建立的合作关系模式以及计算应用平台模式。电子商务是在 20 世纪 90 年代兴起于美国、欧洲等发达国家和地区的一个新概念。1997 年 IBM 公司第一次使用了电子商务(Electronic Business)一词,后来电子商务一词的使用慢慢普遍起来。如今,有关电子政务、电子市场、电子银行和电子邮政等词正不断涌现出来。

国际上对电子商务尚无统一的定义,许多 IT 企业、国际组织、政府以及相关学者都提出了他们自己的观点。

1. IT 企业对电子商务的定义

IT 企业是电子商务相关技术的直接提供者、最积极的推动者和参与者。

IBM 公司认为电子商务(E-Business)是在 Internet 等网络的广阔联系与传统信息技术系统的丰富资源相结合的背景下应运而生的一种相互关联的动态商务活动。它强调在网络计算环境下的商业化应用;强调买方、卖方、厂商及其合作伙伴在网络计算环境下的完美结合;E-Business＝IT＋Web＋Business(电子商务＝信息技术＋网络＋业务)。

HP公司的E-Service解决方案认为,电子商务是指在从售前服务到售后服务的各个环节实现电子化和自动化。HP公司认为,电子商务以电子手段完成产品和服务的等价交换,在Internet上开展的电子商务的内容包含真实世界中销售者和购买者所采取的所有服务行动,而不仅仅是订货和付款。

通用电气公司对电子商务(E-Commerce)的定义是:电子商务是通过电子数据交换方式进行商业交易。分为企业与企业间的电子商务以及企业与消费者之间的电子商务。

联想公司认为,电子商务不仅仅是一种管理手段,而且触及企业组织架构、工作流程的重组乃至社会管理思想的变革。企业的电子商务的发展道路是一个循序渐进、从基础到高端的过程:构建企业的信息基础设施;实现办公自动化(OA);针对企业经营的三个直接增值环节设计和实施客户关系管理(CRM)、供应链管理(SCM)和产品生命周期管理(PLM)。

2. 有关组织对电子商务的定义

联合国经济合作和发展组织认为,电子商务是发生在开放式网络上的,包含企业间(B2B,Business to Business)、企业和消费者间(B2C,Business to Consumer)的商务交易。

全球信息基础设施委员会电子商务工作委员会认为,电子商务是运用电子通信手段进行的经济活动,包括对产品和服务的宣传、购买和结算。

欧洲经济委员会在全球信息标准大会上提出,电子商务是各参与方之间以电子方式,而不是以物理交换或直接物理接触方式完成的任何形式的业务交易。这里的电子方式(或技术)包括EDI、电子支付手段、电子订货系统、电子邮件、传真、网络、电子公告牌、条码、图像处理和智能卡等。这里的商务主要是指业务交易。

1997年11月,国际商会在巴黎举行的世界电子商务会议(the world business agenda for electronic commerce)上,将电子商务定义为整个贸易活动的电子化。认为电子商务是交易各方以电子方式,而不是通过直接面谈的方式进行的任何形式的商业交易,电子商务技术是一种集成了多种技术的集合体。而商务内容包括:信息交换、售前售后服务、销售、电子支付、运输以及组建虚拟企业和贸易伙伴等。

3. 政府部门对电子商务的定义

1997年7月1日,美国政府在发布的《全球电子商务纲要》中比较笼统地指出:电子商务是通过Internet进行的各项商务活动,包括广告、交易、支付和服务等活动。

欧洲议会关于电子商务的定义为:电子商务是通过数字方式进行的商务过程。它通过数字方式处理和传递数据,包括文本、声音和图像。它涉及许多方面的活动,包括货物数字贸易和服务、在线数据传递、数字资金划拨、数字证券交易、数字货运单证、商业拍卖、合作设计和工程、在线资料和公共产品获得。它包括了产品、服务、传统活动和新型活动(如虚拟购物和虚拟训练)。

从以上定义可以看出,人们只是从不同角度阐述了各自对电子商务定义的不同理解。概括起来讲,电子商务有狭义和广义之分。狭义的电子商务也称为电子交易(E-Commerce),主要是指利用 Internet 开展的商贸活动,人们通常说的电子商务即是 EC。而广义的电子商务(E-Business)是指利用电子技术对整个商业活动实现电子化,如市场分析、客户联系和物资调配等,显然 EB 把涵盖范围扩大了很多。

总之,电子商务的内容包含两个方面:一是电子方式,二是商务活动。电子是手段,商务是目的。

任何一笔交易行为,买方、卖方交换的是需求,体现的是价格,伴随的是信息流、物资流和资金流。通常,不管是"以物换物"的交易方式,还是"一手交钱,一手交货"的交易方式,信息流、物资流和资金流都是合一的。至少物资流与资金流是合一的,只有电子商务使得"三流"彻底分离,如图 1-1 所示。

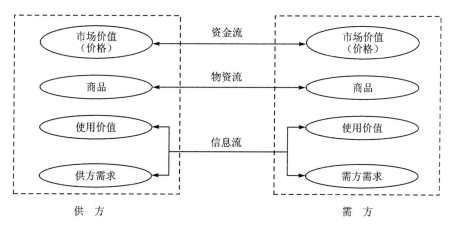

图 1-1　电子商务使得"三流"彻底分离

这种分离使得人类的交易活动呈现出更加丰富多彩和复杂的特征以及极大的风险。驾驭它的有效手段是准确及时的信息和市场规范的有序化,以信息统领、监督和控制交易过程,由立法和政府来规范市场,使之有序,这是电子商务的根本保证。

1.1.2　电子商务的产生

电子商务并非新兴事物。早在 1839 年,当电报刚出现时,人们就开始了对运用电子手段进行商务活动的讨论。当贸易开始以摩斯码的点和线的形式在电线中传输时,就标志着运用电子手段进行电子商务活动的新纪元。

电子商务是随着计算机技术和网络通信技术的发展而不断完善的,近年来依托于计算机互联网络即因特网(Internet),随着其爆炸性发展而急剧发展。

电子商务最初起源于计算机的电子数据处理(EDP)技术,并从科学计算向文字处理和商务统计报表处理应用转变。字处理软件和电子表格软件的出现,为标准格式(或格式化)商务单证的电子数据交换(EDI)开发应用提供了强有力的工具。政府或企业的采购、企业商业文件的处理,从手工书面文件的准备和传递转变为电子文件的准备和传递;随着网络技术的发展,电子数据资料的交换又从磁带、软盘等电子数据资料物理载体的寄送,转变为通过专用的增值通信网络的传送,近年来更转移到通过公用的互联网进行传送。银行间的电子资金转账(EFT)技术与企事业间电子数据交换技术相结合,产生了早期的电子商务或称电子商贸(EC,Electronic Commerce)。信用卡(credit card)、自动柜员机(ATM)、零售业销售终端(POS)和联机电子资金转账(POS/EFT)技术的发展,以及相应的网络通信技术和安全技术的发展,使得今天网上持卡购物(Business to Consumer)与企业之间网上交易(Business to Business)这两种模式的电子商务得到了飞速发展。

1991年美国政府宣布互联网向社会公众开放,允许在网上开发商业应用系统。1993年万维网(WWW,World Wide Web)在互联网上出现,这是一种具有处理超媒体数据能力的网络技术,使得互联网具备了支持多媒体应用的功能。1995年互联网上的商业业务信息量首次超过了科教业务信息量,这既是互联网此后产生爆炸性发展的标志,也是电子商务从此大规模起步发展的标志。

1997年6月,Visa与MasterCard两大信用卡国际组织联合IBM,Microsoft和Netscape等公司,共同发起制定了安全电子交易协议(SET协议)。SET协议是为B2C上基于信用卡支付模式而设计的,它保证了在开放网络上使用信用卡进行在线购物的安全。SET协议主要是为了解决用户、商家、银行之间通过信用卡交易而设计的,它具有保证交易数据的完整性和交易的不可抵赖性等优点,因此成为目前公认的信用卡网上交易的国际标准。

1997年12月,Visa与MasterCard两组织共同建立安全电子交易有限公司,即SETCO,专门从事管理与促进SET协议在全球的应用推广,该公司并被赋予代表上述两大银行卡国际组织管理颁发具有最高权威等级的根认证机构(Root CA)的特许权力。在R-CA之下,建立分层结构的认证体系,即分层逐级而下的品牌认证机构(Brand CA)、地区政府认证机构(Geo-political CA),以及持卡人认证机构(Card Holder CA)、商户认证机构(Merchant CA)和支付网关认证机构(Payment Gateway CA)。但SET协议操作起来过于复杂,成本较高,使用的广泛性尚差,还有待改进。

1994年美国网景公司(Netscape)成立。该公司开发并推出安全套接层(SSL)协议,以弥补互联网上的主要协议TCP/IP在安全性能上的缺陷(如TCP/IP协议难以确定用户的身份),支持B2B方式的电子商务。SSL协议支持按X.500规范制作的电子证书,以识别通信双方的身份;但SSL协议缺少数字签名功能,没有授权、没有存取控制、不能抗否认、用户身份还有可能被冒充的风险是SSL协议在安全方面的弱点。

加拿大北方电讯公司(Nortel)所属Entrust公司开发公钥基础设施(PKI,Public Key Infrastructure)技术,支持SET、SSL、IPsec及电子证书和数字签名,可弥补SSL协议的缺陷,IBM和Sun Microsystems等公司均采用Entrust公司的PKI技术以支持B2B方式的电子商务进行安全结算。

Internet的发展在环境、技术和经济上都为电子商务创造了条件,电子商务作为Internet的一项最为重要的应用系统已呈现在人们眼前。

从全球范围来看,电子商务的产生经历了两个阶段。

1. 基于EDI的电子商务雏形(20世纪60年代到20世纪90年代)

20世纪60年代,电子数据交换(EDI,Electronic Data Interchange)作为企业间电子商务的应用技术,其就是现代电子商务的雏形,从原理上讲,就是一种将业务文件按照一个公认的标准从一台计算机传输到另一台计算机的电子方法。由于EDI大大减少了纸张票据,因此人们也形象地称之为"无纸贸易"。

20世纪70年代,银行间电子资金转账开始在安全的专用网络上提出,它改变了金融业的业务流程。电子资金转账(EFT,Electronic Funds Transferring)是指企业间通过网络进行的账户交易信息的电子传输,它使电子结算实现了最优化。

20世纪70年代后期到20世纪80年代早期,电子商务以电子报文传送技术如电子数据交换(EDI)的形式在企业内部得到推广。电子报文传送技术减少了文字工作,并提高了自动化水平,从而简化了业务流程。电子数据交换使企业能够用标准化的电子格式与供应商之间交换商业单证(如订单),如果将电子数据交换与即时服务(JIT,Just In Time)生产相结合,那么供应商就能够将零件直接送到生产现场,以节约企业的生产成本、仓储成本和处理成本。在这一时期,在组织内部和组织之间非结构化的沟通方面,电子邮件发挥了日益重要的作用。

20世纪80年代中期,联机服务开始盛行,提供了新的社交交互形式,如聊天室等,还提供了知识共享的方法,如新闻组和文件传输协议(FTP,File Transfer Protocol),这为用户创造了一种虚拟社区的感觉,逐渐形成了地球村的概念。这样,信息访问和交换的成本日益降低,且空间范围不断扩大,使得人们可以在全球范围内进行交流和沟通。

从技术上讲,EDI主要包括硬件和软件两大部分,硬件主要是计算机网络,软件包括计算机软件和EDI标准。在硬件方面,出于安全问题的考虑,20世纪90年代之前大多数EDI都不通过互联网,而是通过租用的计算机在专用的网络上实现,这类专用的增值网络被称为增值网(VAN,Value Added Network)。但随着互联网安全性的提高,作为一个费用更低、覆盖面更广、服务更好的系统,它已经表现出替代VAN而成为EDI硬件载体的趋势。

在软件方面,EDI所需要的软件主要是将用户数据库系统中的信息翻译成EDI的标准格式以供传输和交换。由于不同行业的企业是根据自己的业务特点来规定其数据库的信息格式的,因此,当需要发送EDI文件时,从企业专有数据库中提取的信息,必须被翻译成EDI的标准格式才能进行传输。这就需要相关的EDI软件来协助完成。

2. 基于Internet的电子商务(20世纪90年代到现在)

1989年欧洲粒子物理研究中心成功开发了万维网(WWW),这种以超文本结构和多媒体为特征的网络信息交换系统能够使文件版面通过超级链接逐渐展开、深入,且突破了资料集中在一台计算机上的限制。利用互联网及传输协议,超文本文件就可被网络上的任何一台计算机调用;它还将文字、图片、声音、影像有机地结合在一起,大大丰富了信息输出的范围和功能,为互联网实现广域超媒体信息检索和截取奠定了基础。

1993年2月,美国伊利诺大学国家超级计算机中心开发了新的 WWW 超文本浏览器软件 Mosaic,提出了全球浏览编辑标准的统一化,利用超文本传输协议(HTTP,Hyper Text Transfer Protocol),与 WWW 一起工作,为网络传输提供了"分布式客户机、服务器"的工作环境,使个人主机与全球网络之间的信息能够自由传递。WWW 的应用是电子商务的转折点,它为信息出版和传播方面的问题提供了简单实用的解决方案。WWW 带来的规模效应降低了业务成本,丰富了企业的业务活动,也为小企业创造了机会,使其能够与资源雄厚的跨国公司在平等的技术集成上竞争。小企业凭借着仅有的一台 PC 机、调制解调器和一个互联网账户,就可以进入一个更大的新市场。

以万维网的应用作为转折点的电子商务比起基础的 EDI 电子商务有着更明显的优势。

(1) 费用低廉

互联网是国际性的开放网络,使用费用低廉,一般不到 VAN 使用费用的 1/4,这一优势对中小型企业来说非常有利。

(2) 覆盖面广

互联网几乎遍及全球的每一个角落,用户通过一根普通的电话线就可以方便地与世界上任何地方的贸易伙伴传递商业信息和文件。

(3) 功能更全面

互联网可以全面支持不同类型的用户实现不同层次的商务目标,比如发布电子商情、在线洽谈、建立虚拟商场或网上银行等。

(4) 使用更方便

基于互联网的电子商务可以不受特殊交换协议的限制,任何商业文件或单证都可直接通过填写与现行的纸面格式一致的屏幕单证来完成,不需要再进行翻译,任何人都可以看懂。

1.1.3 电子商务的发展历程

1. 电子商务发展的阶段

随着 Internet 的飞速发展和全球计算机技术的日臻成熟,全球电子商务得以如火如荼地展开。纵观电子商务的发展历程,全球电子商务的发展直到今天可细分为以下七代:

第一代电子商务,设备手段为电报,商人可通过电报直接订货。但局限于电报开通地区和商人与已知厂家进行已知商品之间的商务活动。

第二代电子商务,设备手段为电话,商人可通过电话商讨有关商务的细节,"讨价还价"进行订货,但也局限于电话开通地区和商人与已知厂家进行已知商品之间的商务活动。

第三代电子商务,设备手段为全球 IDD 电话与传真机,商人可通过传真机解决"口说无凭"的大问题而放心订货,但存在同样的问题仍是 IDD 电话开通地区和商人与已知厂家进行已知商品之间的商务活动。

第四代电子商务,设备手段为电视。厂家可通过电视多媒体进行直接销售(这是厂家在商品流通中第一次当主角)。在这一代电子商务中,厂家虽然能面对无数未知客户,拓展了销售市场,但却因局限于电视信号覆盖地区和电视节目播出时间而陷于被动。

第五代电子商务,设备手段为国际互联网。互联网为商家与厂家提供了一个全新的商务平台,在这个平台上,商家与厂家可各自发布商品供求信息,变被动为主动,使许多原来未知的商家与厂家成为新的商务合作伙伴。缺点是只能在特定的网站查找有关特定的信息。

第六代电子商务,设备手段为国际互联网上展示(B2B)。一些应运而生的商务网站为商家与厂家提供了一个良好的信息环境,使商家与厂家的眼光看得更宽、更广。但仍存在一是信息源有限,二是这些商务网站的生存方式等问题。

第七代电子商务,设备手段为国际互联网上销售(B2C)。在这一代的电子商务中,各商务网站为解决网站的生存问题,它们运用已掌握的信息,组织物流队伍以取代传统的商家,从而成为新的电子商家。同样,这一代的电子商务也存在信息源有限和一些"感官商品"的销售问题,以及一些小商品、低价格和远距离送货成本等问题。

综上所述,电子商务真的可以完全替代传统的商务吗?回答是否定的,因为有些"感官商品"如服装的"手感"、食品的"味感"、水果蔬菜的"新鲜感"、汽车的"可控感"等在电子商务中是体现不了的。所以电子商务将永远局限于已知商品的商务活动中,传统的商品展览会、商品交易会是不可替代的。

认识电子商务是为了更好地利用电子商务,电子商务只是在商品流通中进行管理的一种手段。厂家的生存、商家的销售、消费者的使用最终还是要靠商品的质量。

2. 基于 Internet 技术的电子商务发展的条件

电子商务最早产生于 20 世纪 60 年代,发展于 20 世纪 90 年代,其产生和发展的重要条件主要有以下几方面:

(1) 计算机的广泛应用

近 40 年来,计算机的处理速度越来越快,处理能力越来越强,价格越来越低,应用越来越广,这为电子商务的应用提供了基础。

(2) 网络的普及和成熟

由于 Internet 逐渐成为全球通信与交易的媒体,全球上网用户呈级数增长趋势,快捷、安全、低成本的特点为电子商务的发展提供了应用条件。

(3) 信用卡的普及应用

信用卡以其方便、快捷、安全等优点而成为人们消费支付的重要手段,并由此形成了完善的全球性信用卡计算机网络支付与结算系统,使"一卡在手,走遍全球"成为可能,同时也为电子商务中的网上支付提供了重要手段;电子安全交易协议的制定,以及该协议得到大多数厂商的认可和支持,为开发网络上的电子商务提供了一个关键的安全环境。

(4) 政府的支持与推动

自1997年欧盟发布了"欧洲电子商务协议"、美国随后发布了《全球电子商务纲要》以后,电子商务受到世界各国政府的重视,许多国家的政府开始尝试"网上采购",这为电子商务的发展提供了大力的支持。

1.2 电子商务的现状与发展

纵观全球电子商务市场,各地区发展并不平衡,呈现出美国、欧盟、亚洲"三足鼎立"的局面。美国是世界上最早发展电子商务的国家,同时也是电子商务发展最为成熟的国家,一直引领全球电子商务的发展,是全球电子商务的成熟发达地区。欧盟电子商务的发展起步较美国晚,但发展速度快,成为全球电子商务较为领先的地区。亚洲作为电子商务发展的新秀,市场潜力较大,是全球电子商务的持续发展地区。

1.2.1 欧美国家电子商务的发展

发达国家的电子商务发展十分迅速,电子商务技术已经成熟,通过 Internet 进行交易也已经逐渐成为潮流,全球电子商务的应用如火如荼。另外,基于电子商务而推出的金融电子化解决方案和信息安全方案,已成为目前国际信息技术市场竞争的主流。

在美国,从应用角度看,Internet 的发展可分为三个阶段:第一阶段是从20世纪70年代开始的电子邮件阶段;第二阶段,即信息发布阶段,开始于1995年,是目前 Internet 的主要应用;第三阶段,即电子商务(EC)阶段,在美国目前发展形势一片大好。就目前来看,EC 应用将是 Internet 的最终商业用途。以上三个阶段所产生的三个应用正在以惊人的速度发展着。电子邮件的平均通信量以每年几倍的速度增长,已经在很大程度上取代了传统的信件、电话和传真。以 WEB 技术为代表的信息发布系统已经取代了部分报纸、电台、电视台的新闻发布功能,几乎所有重要的报纸都有了免费的电子版本。

由于 Internet 能充分利用和节约社会资源,所以美国政府在促进 Internet 的普及和发展上不遗余力。例如,当 Internet 商业活动还不充分时,政府出钱使 Internet 免费运行,直至近年 Internet 走上轨道,能自行良性运行为止。为了培养在 Internet 上购物的习惯和环境,又规定政府各部门在1997年度必须在 Internet 上完成不少于450万件商品的购买活动。1997年5月,美国政府公布了一个政策,即 Internet 免税区。政策规定在全球范围内,通过 Internet 购销的商品不加税,包括关税和商业税。这个政策得到了日本、欧洲等国家和地区不同程度的支持。所以 Internet 免税区可能成为世界上最大的自由贸易区,意义极其深远。

美国电子商务的应用领域和规模远远领先于其他国家。许多大公司纷纷利用 Internet 来扩展自己的业务。

面对Internet的迅速发展,欧洲委员会于1997年发表了《欧洲电子商务设想》的文件,以便对欧洲在制定有关电子商务的统一政策方面产生积极影响。1997年下半年之后,欧盟认识到了电子商务蕴藏的巨大经济潜力,近年来,该地区有更多的企业进一步把Internet用于广告宣传、客户服务等电子商务活动。

但在税收方面,该地区规定所有通过Internet购买商品及接受服务的欧洲消费者必须交纳增值税,即使是向国外供货商订货的情况也不例外。欧盟不准备针对电子商务活动增加新的税种,但也不希望为电子商务免除现有的税赋;认为电子商务活动必须履行纳税的义务,否则将会导致不公平竞争。

在法、德等欧洲国家,电子商务所产生的营业额已占商务总额的1/4,在美国则已高达1/3以上,而欧美国家电子商务的开展也不过才十几年的时间。在美国,美国在线(AOL)、雅虎、电子港湾等著名的电子商务公司在1995年前后开始赚钱,到2000年创造了7.8亿美元,IBM、亚马逊书城、戴尔电脑、沃尔玛超市等电子商务公司在各自的领域更是取得了令人不可思议的巨额利润。欧美国家电子商务飞速发展的因素有以下几点:

① 计算机和网络的普及率高。网民人数占总人口的2/3以上,尤其是青少年,几乎都是网民,优裕的经济条件和庞大的网民群体为电子商务的发展创造了一个良好的环境。

② 普遍实行信用卡消费制度,建立了一整套完善的信用保障体系,这为电子商务网上支付问题的解决找到了出路。细致说来,欧美国家的信用保证业务已开展有80年的时间。在欧美国家,人们可以自由流动,无户口限制,为方便生活起居,每个人都有一个独一无二的、不能伪造并伴随终生的信用代码,当持信用卡进行消费时,发卡银行允许持卡人大额度透支,但持卡人需在规定时间内将所借款项归还,如果恶意透支后不还款,则被记为不良信用。以后不论是想贷款买房,还是想购车或办公司,银行都不会贷款,这在贷款成风的西方世界是极其可怕的事情!因此,西方人普遍将信用看做自己的第二生命,谁也不愿意贪小利失大义,当在网上购物时,持卡人会点击物品并直接输入密码,将信用卡中的电子货币划拨到网站上,商务网站在确认款到后,会立即组织送货上门。

③ 完善高效的物流配送体系。尤其是近年来大型第三方物流公司的出现,使不同地区的众多网民能很快收到自己所需的产品。这要得益于欧美国家近百年的仓储运输体系的发展。以美国为例,第二次世界大战后,许多企业将军队后勤保障体系的运作模式有效地加以改造后运用到物资流通领域中来,逐渐在全国各地设立了星罗棋布、无孔不入的物流配送网络。即使在电子商务业务还未广泛开展的十多年前,只要客户打电话通知要货,几乎都可以享受免费的送货家政服务。美国联邦快递UPS(联邦包裹快递)等是大型物流公司的典范,专门负责为各个商家把产品送到顾客手中,有了这样庞大而完善的物流配送体系,当电子商务时代到来后,美国只需将各个配送点用计算机链接起来,即顺理成章地完成了从传统配送向电子商务时代配送的过渡,电子商务活动中最重要且最复杂的环节——物流配送问题就这样轻而易举地解

决了。

据艾瑞咨询发布的数据,2010 年美国网络购物交易规模已达到 1 624 亿美元,较 09 年增长 12.7%。从 2005—2009 年美国网络购物交易规模变化情况来看,2005—2007 年美国网络购物交易规模一直保持 20% 以上的增速。美国 B2B 电子商务市场起步较早,在全球范围内发展也最为迅速。这与美国良好的网络状况、大量高学历的网民、完善的法律、安全的电子支付和成熟的社会信用体制等一系列情况是分不开的。2002—2006 年间美国 B2B 电子商务市场规模始终占据全球 B2B 电子商务市场份额的 50% 以上,2005 年达到了 2.6 万亿美元,到 2010 年达到 13.5 万亿美元。

根据互联网数据统计机构 Internet World Status 发布的数据显示,2009 年全球网民数量达 18.02 亿人,全球互联网平均渗透率(网民数量占人口总数的比例)为 26.6%,各地区互联网发展情况差异较大。欧美地区的互联网发展已处于领先阶段,其中北美和欧洲的互联网渗透率分别为 76.2% 和 53.0%,位居全球互联网前三甲的位置;而亚洲由于人口基数庞大,互联网渗透率为 20.1%,仍低于全球 26.6% 的平均水平,但未来发展潜力不容小觑。欧洲和美国主要得益于其自身经济具有持续良好的发展态势,美国是电子商务的起源地,而欧洲基于欧盟联合,其经济一直位于各洲之首,这些均为电子商务的市场体系提供了良好的发展条件,因此未来一段时期二者将持续保持全球领先的地位。

1.2.2 亚洲电子商务的现状与发展

从技术和经济的发展趋势来说,若干年后的全球商业信息将主要通过互联网传递,网络将成为未来商业社会的神经系统,电子商务将成为未来社会的主流经济模式。

据数据显示,网络购物市场的发展情况是:2009 年欧美地区合计占据全球将近七成的市场份额;其次是亚洲和其他地区,且其市场份额近年来持续递增,2009 年亚洲网购市场规模占全球 23.5% 的市场份额,交易规模在全球占比也呈持续增长态势,反之欧洲和美国网购市场的占比却呈轻微递减态势,全球网购的发展呈现"三足鼎立"的局面,即欧洲、美国、亚洲三大地区。亚洲地区人口众多,网民规模快速增长,互联网发展空间大,经济增长快速,用户消费需求提高,这些原因都促进了亚洲地区电子商务的快速发展。

(1) 日 本

日本对 Internet 的开发利用也处于比较领先的地位。根据企业界的要求,日本政府尤其是日本国际经贸部积极同私人机构合作,在日本经济的每一个商务活动中开展电子商务的促进计划。在公司电子商务方面,日本已经发起了一项称为 CALS 的计划,以实现从研究开发部门到生产部门之间的全过程数字化。在这个计划中,大量的书面工作和商业工程被计算机程序所代替,大大降低了费用,缩短了时间。在客户电子商务方面,日本现在有超过 50 家的本国银行已采用 SECE(安全电子商务环境)协议,实现在一个虚拟的世界中进行日本式的商务活动。

1996年,日本成立了电子商务促进委员会,简称ECOM,有951家公司或机构参加了该组织。此后ECOM在诸如电子授权认证和电子预付款或"ECOM现金"协议等领域制定了规划和模型协议。ECOM授权认证规则得到了美国国家标准和技术研究院(NIST)等其他机构的高度评价,并被指定为共同的全球规划的主要基础。1997年10月,富士通、日立和NEC联合成立了日本认证服务有限公司,提供颁发电子认证服务。因此,在日本,电子商务计划通过一些私人机构的努力得到了较大发展。

(2) 新加坡

新加坡政府对电子商务实施统一规划,有组织、有计划地推动电子商务的发展。1997年新加坡政府实施"新加坡一号"计划,建立、完善国家互联网。1998年5月,新加坡提出了电子商务基础设施框架,包括三个层次:电子商务环境、基础服务和商务解决方案。1998年7月新加坡通过了一个关于电子商务的法律。

电子商务的应用主要围绕电子交易和市场推广进行,其中尤以电子数据交换(EDI)和网上广告为主,而电子邮件及网站则是在Internet上宣传的主要工具。从1999年以来,网上银行服务已成为该国不可或缺的服务。而零售及娱乐事业如大型超级市场、花店和唱片公司等也大量应用网站从事订购服务。与此同时,金融投资也正在向网上电子交易发展,这有助于简化交易程序及增加市场信息透明度。

1.2.3 中国电子商务的发展状况

中国电子商务始于1997年。如果说美国电子商务是"商务推动型",那么中国电子商务则是"技术拉动型",这是在发展模式上我国电子商务与美国电子商务的最大不同。在美国,电子商务实践早于电子商务概念,企业的商务需求推动了网络和电子商务技术的进步,并促成电子商务概念的形成。当Internet时代到来时,美国已经有了一个比较先进和发达的电子商务基础。在中国,电子商务概念先于电子商务应用与发展,启蒙者是IBM等IT厂商,网络和电子商务技术需要不断"拉动"企业的商务需求,进而引领我国电子商务的应用与发展。

我国电子商务发展过程可分为四个阶段。

1. 1990—1993年开展EDI的电子商务应用阶段

我国从20世纪90年代开始开展了EDI的电子商务应用。自1990年开始,国家计委、科委将EDI列入国家科技攻关项目。1991年9月由国务院电子信息系统推广应用办公室牵头会同国家计委、科委、外经贸部、海关总署、人民银行、税务局等多个部委局发起成立"中国促进EDI应用协调小组",同年10月成立"中国EDIFACT委员会"并参加亚洲EDIFACT理事会。

2. 1993—1997年政府领导组织开展"三金工程"阶段

1993年成立国民经济信息化联席会议及其办公室,相继组织了"三金工程"(金关、金卡、金桥),取得了重大进展,为电子商务的发展打下了坚实的基础。1994年10月"亚太地区电子商务研讨会"在北京召开,使电子商务概念开始在我国传播。1995年,中国互联网开始商业化。1996年1月成立国务院国家信息化工作领导小组,统一领导组织我国信息化建设。1996年,全桥网与互联网正式开通。1997年,信息办组织有关部门起草编制我国信息化规划。1997年,广告主开始使用网络广告,中国商品订货系统(CGOS)开始运行。

3. 1998年开始进入互联网电子商务发展阶段

1998年3月,我国第一笔互联网网上交易成功。同年7月中国商品交易市场正式宣告成立,被称为"永不闭幕的广交会"。中国商品现货交易市场是我国第一家现货电子交易市场,1999年当年现货电子市场电子交易额达到2 000亿人民币。1998年10月,国家经贸委与信息产业部联合宣布启动以电子贸易为主要内容的"金贸工程",它是一项推广网络化应用、开发电子商务在经贸流通领域中大型应用的试点工程;1999年3月"8848"等B2C网站正式开通,网上购物进入实际应用阶段;同年兴起政府上网、企业上网,并且电子政务、网上纳税、网上教育和远程诊断等广义电子商务开始启动,并进入实际试用阶段。

4. 2000年我国电子商务进入务实发展阶段

电子商务逐渐以传统产业B2B为主体。电子商务服务商正在从虚幻、风险的资本市场转向现实市场需求,与传统企业结合,同时出现一些较为成功、开始盈利的电子商务应用。由于网络基础设施等外部环境逐渐改善,使得电子商务应用方式进一步完善,现实市场对电子商务的需求正在成熟。电子商务软件和解决方案的"本土化"趋势随之加快,国内企业开发或着眼于国内应用的电子商务软件和解决方案逐渐在市场上占据主导地位。我国电子商务全面启动并已初见成效,据中国权威调查机构赛迪顾问发布的数据,中国电子商务交易额在2006年已突破1万亿元,是2003年的3.6倍。2009—2011年,3G的蓬勃发展促使全网全程电子商务成熟期时代的到来。

(1) 中国电子商务整体交易规模达4.7万亿元

据艾瑞咨询统计,2009年中国电子商务整体交易规模达到3.6万亿元,2010年达到4.8万亿元。中国的电子商务正处在快速发展时期,预计2013年将达到12.7万亿元,如图1-2所示。

当前中国电子商务蓬勃发展的主要原因在于以下几个方面:

① 宏观经济为电子商务的发展提供了有利的时机。2008—2009年的金融危机给电子商务提供了发展机遇。另外,从2009年下半年开始,经济环境逐渐回暖,企业和个人的信心都在增强,电子商务的发展势头更加良好。

② 多项政策的出台为电子商务的发展提供指导。电子商务监管条例更加务实,更具可操作性。

③ 互联网网民规模稳定增长,电子商务应用群体规模增加。根据CNNIC发布的数据显示,截止2010年底网民总数达到4.57亿,互联网普及率为34.3%。网民规模已占全球网民

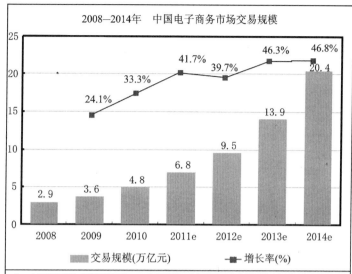

图1-2 中国电子商务整体交易规模分析

总数的 23.2%,占亚洲网民总数的 55.4%,为中国电子商务的发展提供了基础。

④ 技术发展环境良好。表现在:中国的信息基础建设务实推进,并逐步向数字化、智能化、宽带化方向发展,网络规模、技术层次和服务手段都达到了较高水平;将移动互联网和视频技术应用于电子商务,提升了电子商务的服务水平;网络安全保障体系更加完善,农村信息化使用深度增强,等等。

(2) 电子商务发展呈区域化特征

较为发达的地区是以江浙沪为主的长三角地区,以广州、深圳为主的珠三角地区和以北京为主的京津地区,且电子商务逐渐由沿海地区向内陆地区渗透,中西部二三线城市的电子商务发展迅速。

(3) 网络购物

截至 2010 年 12 月,网络购物用户规模达到 1.61 亿人,使用率提升至 35.1%。用户年增长 48.6%,增幅在各类应用中居于首位。传统企业加速进军网络零售市场,带动了网货市场的繁荣和服务水平的升级;伴随着团购等新型业态迅速兴起,网上商品的价格优势深入人心,也开辟了餐饮、健身等服务型商品的网销渠道。中国个人消费电子商务市场(包括 B2C 和 C2C)在未来五年的复合年增长率将达 42%,市场总规模预计 2014 年将达到 1.5 万亿元,占国内零售总额的 7.2%。

(4) 网上支付

2010年是网上支付的快速发展期。网上支付用户规模达到1.37亿人,使用率为30%,年增长率高达45.9%。网上支付用户规模三年之间增长了3倍。网上支付发展较为快速的原因在于:一是网络购物市场的火爆拉动网上支付快速发展。二是网上支付的行业拓展是发展的亮点。除了传统网络购物外,航空、保险、基金等行业都开始积极布局网上支付。三是手机支付也成为网上支付的重要组成部分。各主流网上支付服务提供商、银行及运营商都在加大对手机支付的投入,2010年9月1日起施行的手机预付卡实名制及3G用户的快速增长都推动了手机支付的快速发展。

1.3 电子商务的分类

1.3.1 按商业活动运作方式分类

可分为完全电子商务和不完全电子商务两类。

(1) 完全电子商务

即可以完全通过电子商务方式实现和完成整个交易过程的交易。

(2) 不完全电子商务

即无法完全依靠电子商务方式实现和完成整个交易过程的交易,它需要依靠一些外部要素,如运输系统等来完成交易。

1.3.2 按电子商务的交易对象分类

可分为以下5类:

(1) 企业间的电子商务(B2B,Business to Business)

即企业与企业之间使用Internet或各种商务网络进行的向供应商定货、接收票证和付款等的商务活动。B2B模式又可分为两种:第一种是企业之间通过网络进行产品销售和购买,第二种是企业之间通过网络提供服务和得到服务。

(2) 企业与消费者之间的电子商务(B2C,Business to Consumer)

即企业通过网络为消费者提供一个产品或者服务的经营活动。B2C模式也可分为两种:第一种是企业与个人消费者通过网络进行产品销售和购买,第二种是企业与个人消费者通过网络提供服务和得到服务。

(3) 消费者之间的电子商务(C2C,Consumer to Consumer)

即消费者与消费者之间通过网络进行产品或服务的经营活动。C2C电子商务中的参与者主要有两个:消费者及为消费者提供网络服务的平台提供商,例如淘宝网、易趣网等。

(4) 企业对政府机构的电子商务(B2G,Business to Government)

企业对政府机构方面的电子商务可以覆盖公司与政府组织间的许多事务,比如电子报税等。典型的例子是网上采购,即政府机构在网上进行产品和服务的招标与采购。

(5) 消费者对政府机构的电子商务(C2G,Consumer to Government)

政府将会把电子商务扩展到福利费发放和自我估税及个人税收的征收方面。

1.3.3 按开展电子交易的信息网络范围分类

可分为以下3类:

(1) 本地电子商务

通常是指利用本城市内或本地区内的信息网络实现的电子商务活动,其电子交易的地域范围较小。本地电子商务系统是利用 Internet、Intranet 或专用网络将下列系统联结在一起的网络系统:

① 参加交易各方的电子商务信息系统,包括买方、卖方及其他各方的电子商务信息系统;
② 银行金融机构电子信息系统;
③ 保险公司信息系统;
④ 商品检验信息系统;
⑤ 税务管理信息系统;
⑥ 货物运输信息系统;
⑦ 本地区 EDI 中心系统。

本地电子商务系统是开展远程国内电子商务和全球电子商务的基础系统。

(2) 远程国内电子商务

指在本国范围内进行的网上电子交易活动。其交易的地域范围较大,对软硬件和技术要求较高,要求在全国范围内实现商业电子化和自动化,实现金融电子化,交易各方具备一定的电子商务知识、经济能力和技术能力,并具有一定的管理水平和能力等。

(3) 全球电子商务

指在全世界范围内进行的电子交易活动,参加电子交易的各方通过网络进行贸易。该类电子商务涉及有关交易各方的相关系统,如买方国家进出口公司系统、海关系统、银行金融系统、税务系统、运输系统和保险系统等。全球电子商务业务内容繁杂,数据来往频繁,要求电子商务系统严格、准确、安全、可靠,所以应制定出世界统一的电子商务标准和电子商务(贸易)协议,使全球电子商务能够得到顺利发展。

新浪、搜狐、网易等门户网站分别为企业或个人提供新闻、邮件、广告、短信和游戏等服务活动,属于 B2B 及 B2C 服务类商务活动;阿里巴巴网站主要为企业提供产品销售采购等商机信息服务,从事的是 B2B 服务类商务活动;易趣网、淘宝网主要为个人消费者提供拍卖等商机信息服务,从事的是 C2C 类商务服务;卓越网主要为个人消费者提供图书、光盘等产品,从事的是B2C电子商务活动;联众网站为个人消费者提供娱乐服务,从事的是B2C服务类电子商务活动。

一个企业可能是B2B与B2C共存的,例如,一个生产电视机的公司可以在互联网上向消费者销售它的产品,即B2C电子商务;它还通过互联网从其他公司采购用来生产电视机的原材料,即B2B电子商务;除了采购和销售活动外,这家公司还需要完成将原材料转变成电视机的许多活动,其中包括招聘并管理生产电视机的工人,租赁或购买用于生产和存放电视机的场地,以及运输、会计记账、购买保险、开展广告活动和设计新型的电视机产品等。这些交易和业务流程大部分都可在互联网上进行。

1.4 电子商务的功能与效益

1.4.1 电子商务的主要功能

电子商务可提供网上交易和管理等全过程的服务,因此它具有广告宣传、咨询洽谈、网上订购、网上支付、电子账户、服务传递、意见征询和交易管理等各项功能。

(1) 广告宣传

电子商务可凭借企业的Web服务器和客户的浏览,在Internet上发播各类商业信息。客户可借助网上的检索工具迅速找到所需商品的信息,而商家可利用网上的主页和电子邮件在全球范围内做广告宣传。与以往的各类广告相比,网上的广告成本最为低廉,而给顾客的信息量却最为丰富。

(2) 咨询洽谈

电子商务可借助非实时的电子邮件(E-mail)、新闻组(news group)和实时的讨论组(chat)来了解市场和商品信息、洽谈交易事务,若有进一步的需求,还可用网上的白板会议(whiteboard conference)来交流即时的图形信息。网上的咨询和洽谈能超越人们面对面洽谈的限制,提供多种便利的异地交谈形式。

(3) 网上订购

电子商务可借助Web中的邮件交互传送来实现网上订购。网上订购通常都是在产品介绍的页面上提供十分友好的订购提示信息和订购交互格式框。当客户填完订购单后,通常系统会回复一个确认信息单来保证订购信息的收悉。订购信息也可采用加密的方式使客户和商家的商业信息不会泄漏。

(4) 网上支付

电子商务要成为一个完整的过程,网上支付是重要的环节。客户和商家之间可采用信用卡账号进行支付。在网上直接采用电子支付手段可省略交易中的很多人员开销。网上支付需要更为可靠的信息传输安全性控制,以防止欺骗、窃听和冒用等非法行为。

(5) 电子账户

网上支付必须要有电子金融来支持,即银行或信用卡公司及保险公司等金融单位要为金融服务提供网上操作的服务。而电子账户管理是其基本组成部分。

(6) 服务传递

对于已付款的客户应将其订购的货物尽快传递到他们手中。而对于有些货物在本地,有些货物在异地的情况,电子邮件将在网络中进行物流调配。而最适合在网上直接传递的货物是信息产品。

(7) 意见征询

电子商务能十分方便地采用网页上的选择、填空等格式文件来收集用户对销售服务的反馈意见,这样使企业的市场运营能够形成一个封闭的回路。客户的反馈意见不仅能提高售后服务的水平,更能使企业获得改进产品、发现市场的商业机会。

(8) 交易管理

整个交易的管理将涉及人、财、物多个方面,包括企业和企业、企业和客户及企业内部等各方面的协调和管理。因此,交易管理是涉及商务活动全过程的管理。

1.4.2 电子商务的优势

可以说,电子商务几乎能与人类历史上的其他创新相媲美。电子商务应用的多样性、互动性,以及支持电子商务的基础设施的快速发展,都给企业和消费者带来了很多好处。

1. 给企业带来的好处

(1) 电子商务便于企业塑造企业形象

在激烈的商战中,企业形象犹如一面旗帜,旗帜不倒,企业的市场领地就不会丢失。按传统商业的做法,塑造一个企业的良好形象,必须花费大量的人力、物力,经过很多人长时间的努力才能做到。利用电子商务,就可以在短时间内确立自己的企业形象。企业只要在 Internet 上建立 WWW 站点,按照有关规定将公司的各种经营数据和服务承诺在自己的站点向公众发布,就能使潜在的顾客对公司有一个直观印象。企业还可制作出众的网络广告,展示企业的 CI 标记,在短时间内提高企业知名度和信誉度。如果网上公司为顾客提供品种齐全的商品、灵活的折扣条件和可靠的安全性,那么顾客就会对企业的信誉产生好感,并且会经常购买该企业的商品,良好的企业形象才会很快在消费者心目中树立起来。1995 年后,不少著名跨国公司纷纷设立负责特殊市场和新兴媒体的副总裁或负责人,他们将主要精力放在通过新兴媒体提高企业形象、宣传企业品牌上。

(2) 电子商务为企业提供了巨大的潜在顾客群

电子商务将市场扩展到全国乃至全球市场。全球范围内加入 Internet 大家庭的人数越来越多,所有网民都是潜在的消费群体。2007 年年底,我国网络购物人数为 4 600 万人,占我国网民总体的 22.1%;到 2009 年年底,网络购物人数则达到了 1.08 亿人,占我国网民总体的

28.1%。电子商务提供了经济有效的、与客户联系沟通的网络站点,让客户搜寻他们所需要的信息,为客户提供企业的基本情况和产品信息。每一位网络上的来访客户都可能成为企业潜在的消费者,庞大的顾客源为企业的长远发展提供了充分的保障,给企业带来了无限的发展机会。

(3) 电子商务极大地提高了企业竞争力和改变了竞争方式

在网络经济时代,竞争方式正在发生重大变化,企业拥有的大型商场、仓库及众多员工不再成为竞争的优势。现在的竞争是高科技的竞争,是速度、质量、成本、效率和服务等综合实力的竞争。电子商务具有交易成本低、交易效率高等特点,这些特点使得电子商务能够帮助企业在采购、库存、生产、配送等方面节约大量成本,提高工作效率。例如,电子商务提高了企业的采购效率,采购价格减少 5%～15%,周期减少 50% 以上;电子商务实行"无纸贸易",可减少 90% 的文件处理费用;电子商务将供应链上诸如库存过剩、配送延迟等低效率的问题缩减到最小,等等。

电子商务还改变着企业的竞争方式。首先,电子商务改变了上、下游企业之间的成本结构,使得上游企业或下游企业改变供销合同机会的成本提高,从而进一步密切了上、下游企业之间的战略联盟。其次,电子商务不仅给消费者和企业提供了更多的选择消费与开拓销售市场的机会,而且也提供了更加密切的信息交流场所,从而提高了企业把握市场和消费者以及了解市场的能力。电子商务使企业能够迅速了解消费者的偏好和购买习惯,同时将消费者的需求及时反映到决策层,从而促进企业针对消费者需求进行研究与开发活动,提高企业开发新产品和提供新型服务的能力。最后,电子商务扩大了企业的竞争领域,使企业从常规的广告竞争、促销手段和产品设计与包装等领域的竞争扩大到了无形的虚拟竞争空间。

(4) 电子商务为虚拟企业的出现创造了条件

虚拟企业是指企业在组织上突破有形的界限,虽然有生产、营销、设计、财务等功能,但是企业体内却没有完整的执行这些功能的组织。也就是说,企业在有限的资源下,为了取得竞争的最大优势,仅保留企业中最关键的功能,而将其他功能虚拟化,其目的是在竞争中最大效率地发挥企业有限资源的作用。电子商务打破了企业之间、产业之间和地区之间的界限,使现有资源组合成一种没有围墙、超越时空约束、利用电子手段联系和统一指挥的经营实体,为虚拟企业的出现创造了条件。虚拟企业通过柔性化网络将具有运作能力的资源联系起来,使企业的有限资源得到最优化配置。

(5) 电子商务为中小企业进军国际市场创造了条件

中小企业对满足社会需求、提供就业机会、增加税收等几方面都起到了十分重要的作用,几乎在所有国家,中小企业都是最活跃的经济细胞。但由于中小企业实力弱、规模小、竞争力不强,因此自身的发展往往受到大企业的排挤,特别是在营销策略上无法与大企业开展竞争。电子商务给中小企业提供了新的发展机会。中小企业只要通过 Internet 便可在全球范围内物色贸易伙伴,寻找贸易机会,寻求更大的发展空间。电子商务还能帮助中小企业打破地域上的界限，加速企业之间的信息交流。中小企业可以依托 Internet 形成虚拟集群，通过基于网络的分工与协作，构建新的产业链和价值链，促进新型产业集群的形成，或者提升传统产业集群的竞争力。电子商务为中小企业进军国际市场创造了一个自由平等的竞争环境和更为广泛的合作空间，为中小企业的成长注入了新的活力。

2. 给消费者带来的好处

从消费者的角度分析，电子商务给消费者带来的好处如下：

(1) 购物便利性

电子商务允许消费者随时随地购物，不受时间和空间的限制。电子商务为消费者提供了更多的选择，消费者足不出户便能货比三家，在更多的供应商和产品中进行选择。

(2) 购物个性化

消费者发现在 Internet 上的许多商品极具个性，且都是平时所没见过的。消费者通过网购，能够买到在其所处区域的实体店里所没有的商品。商品的新颖性也是吸引消费者网购的一个重要因素。同时，消费者还能主动向商家提出自己的想法，定制自己想要的产品款式等。

(3) 购物廉价性

电子商务允许消费者在多个网上商店中购物，并迅速做出比较，其结果就是得到相对廉价的商品和服务。另外，现在网上代购比较流行，通过代购可以买到比较便宜的商品，比如淘宝网(www.taobao.com)。许多卖家专门从事代购业务，通过某些便利渠道从国外为国内买家购置一些商品，比如名牌化妆品等。买家交付的价格比专卖店便宜很多。

(4) 购物愉悦性

消费者可以在虚拟社区里与其他消费者互动，交流购物经验和使用心得。这些互动使得电子商务中的购物活动不再显得那么单一枯燥。通过社区里的讨论和交流，消费者可以获得传统购物活动所不能提供的愉悦感和满足感。

除此之外，电子商务还给社会带来诸多好处，比如电子商务促使信息建设落后的国家加快信息化进程；电子商务使得公共服务，如保健、教育、政府社会服务等方面的提供成本降低，质量得到提高；电子商务降低了许多商品的价格，从而增加了人们的购买力，提高了生活水平等。

1.4.3 电子商务对社会的影响

1. 改变了商务活动的方式

电子商务的出现减少了传统商务活动的诸多中间环节，缩短了企业与用户需求之间的距离，同时也大大降低了各种经济资源的消耗，使人类进入了"直接经济"时代。在电子商务活动的全过程中，通过人与电子通信方式的结合，极大地提高了商务活动的效率；电子商务不受时空限制，全球化、全天候的服务使交易更加便利；其无需地理上的营销渠道，无需大量的库存清单，无需办公场所，就可实现全球化的商务活动。

电子商务的本质是为了商务活动而建立起来的一个完整的电子信息系统,在商务的采购、库存管理、供需见面、结算、配送、售后服务等诸多方面都运用电子信息化管理的手段,从根本上使传统的商务活动转变为一种低成本、高效率的商务活动。

2. 改变了企业经营管理的方式

(1) 优化业务流程

现代企业的运作依赖各种各样的流程,这些流程是一系列相互关联的活动和决策,是信息流和物流的复杂结合。流程是企业个性化的产物,流程的优化带来的是企业运作效率的提升、质量的优化、服务的改善以及竞争力的增强。企业流程再造(BRP)的主要内容是:从职能管理和专项管理实现向业务流程管理的转变;打破企业内一切功能性的小单位;关注整体的最优化;组织结构高度服从于流程;面向整个供应链设计企业流程;一切工作建立在企业信息技术平台基础之上。

(2) 降低采购成本

采购成本在许多企业总成本中所占的比例很高,降低采购成本的手段主要有:一是尽可能广泛地询问价格,找到最佳供货商;二是在供货商报价后,对其报价进行精细的成本分析和核算,在这些基础上再合理压价。

(3) 改善库存状况

在企业的各种成本中,库存成本占据着不容忽视的比例。其中包括仓库场地的占用费、建造费和维护费,以及仓库保管人员的开支和库存商品的毁损等。此外,库存占用了企业的大量资金,也增加了企业的成本。电子商务时代物流管理的思想更是以信息代替库存,将供应链作为仓库,实现物流的敏捷配送,并最终实现零库存。

(4) 缩短生产周期

缩短生产周期是企业降低生产成本、提高市场快速反应能力的迫切需求,利用电子商务手段,采用辅助生产的信息系统,规避重复劳动,改善信息沟通状况和提高各部门间的协同能力,在保证甚至提高产品质量的前提下最大化地压缩生产周期。

产品生命周期管理(PLM)系统是企业缩短产品开发周期的有力武器。利用PLM系统可以实现产品设计者、技术研发者、销售者以及使用者之间的有效沟通,完成从产品研发、技术设计到售后支持、次品回收这一完整产品生命周期的管理。

(5) 提升客户关系

市场竞争的日益加剧、竞争者的不断增加、消费者选择余地的增大以及消费需求的个性化趋向,都需要企业全面提升与客户之间的关系。这种关系不仅仅维系于售后服务环节,而且企业在生产、经营和管理活动的方方面面都要以客户为中心,而使用传统办法要做到这一点是很困难的,需要付出较大成本。电子商务时代客户关系管理系统(CRM)以"一切以客户为中心"为管理理念,强调用信息化、智能化的手段为客户打造个性化的产品和服务,从而全面提升客户关系和客户体验,是企业自下而上发展不可或缺的部分。

(6) 降低销售价格

大幅降低产品销售价格是电子商务的巨大魅力所在。从更少的人员开支到更低的库存占用,从更扁平的分销渠道到更短的生产周期,从更低的采购价格到更有效的宣传推广,这一切都是电子商务能够降低销售价格的原因所在。

(7) 获取新的商机

Internet 的普及、电子商务的成熟给企业和个人创造了无数全新的商机,传统企业也可通过从事电子商务获得启发,从而发现新的利润来源。

(8) 全面把握市场

开展电子商务的企业必然增强了对市场的感触力,从而可以通过多种方式获取实时、全面和精准的市场信息,以辅助企业自身的各种决策。

3. 改变了人们的消费方式

改变人们的消费观念和消费方式体现在以下几方面:第一,多选择性。消费者将拥有比过去更大的选择自由。他们可根据自己的个性特点和需求在全球范围内找寻满意的商品,货比无数家,且不受时空的限制。第二,节省时间。足不出户就可把商品买回家。第三,享受低价。电子商务省去了许多中间环节,可以直接面对生产者或经销商,不必负担中间商的利润,可享受到最低的价格。第四,保护个人隐私。第五,满足个性化消费需要。

1.4.4 电子商务的不足

电子商务虽然有许多优势,但也存在一些不足之处,即交易风险要远远大于传统市场里的风险。

1. 网络购物诚信危机

信任感缺失是影响网民网上购物的重要心理因素。在网络这一新兴媒体中,发布信息不像在传统媒体上那样会受到许多制约;而且由于网络的虚拟特点,一些企业便通过在网上发表各种各样的信息,或者制造出各种各样的新闻,来吸引消费者或者创造所谓的点击率,以扩大自己的商业影响,谋求经济效益。这些虚假信息的泛滥,在一定程度上影响了消费者对网上购物的信任感。

2. 网络安全问题

电子商务的运作,涉及诸多方面的安全问题,如资金安全、信息安全、货物安全和商业秘密安全等。非网购用户不仅对网络交易的安全性存在担忧,就连在他们进行普通的网上活动时也比网购用户具有更强的不安全感,一个最为直接的体现就是他们在网上注册时更不愿意填写自己的真实信息。因此,从技术上保证交易数据的安全已成为电子商务发展中至关重要的问题。

3. 电子商务立法滞后问题

电子商务是一项复杂的系统工程，它不仅涉及参加交易的双方，而且涉及不同地区及不同国家的工商管理、海关、保险、税收和银行等部门。虽然近年来我国已经出台了一些有关的法规，但仍在跨国家、跨地区和跨部门协调方面存在不少问题，如信息基础设施和市场准入、知识产权保护、司法管辖和税赋等问题。

4. 物流问题

当前我国的电子商务物流还处在初级发展阶段，具体表现有如下四个方面：配送渠道不完善，缺乏电子商务物流人才，物流配送效率低，物流装备标准化程度低。直到目前为止，国内依然缺乏系统化、专业化的全国性货物配送大型企业，而电子商务开展网络购物最需要的环节就是物流和配送。没有足够的后勤保障，电子商务就不能进行有效的运作，也不能产生规模效应，更不能为消费者提供满意的服务。

5. 金融服务质量问题

电子商务的进行需要支付与结算，这就应与高质、高效的金融服务及其电子化相配合。银行卡网上支付的比例逐年增高，但由于商家与银行的利润分歧，银行卡支付问题并未得到根本解决。要发展电子商务，必须完善商业支付系统，提高银行电子支付水平，建立一个安全、严密、可靠的社会范围的个人信用卡和电子货币支付系统，提供各种形式的在线服务，尽快成立统一的网上结算中心。目前的支付手段可以说是土洋结合，信用卡、借记卡、储蓄卡、邮局汇款和货到付款等多种支付方式混合使用，有的甚至是使用网上查询、网下交易的方法。虽然现在银行已开始进行在线支付方式和开办网上银行业务等方面的工作，但在中国信用制度还很不完善的情况下，单靠银行的力量也很难解决这一问题。

6. 电子商务专业人才缺乏

全世界 Internet 上的商业用户和家庭用户急剧增加，但 Internet 的使用者仍然集中在年龄为 15 岁至 50 岁之间、中上收入水平、受过中等以上教育的中青年。对中国来说，特别需要提高商务人员的业务素质和网络技能。商家的发展和壮大离不开客户，如何维持原有客户、吸引新客户、发现潜在客户？这与网站的特色以及网站建设的艺术和技术是分不开的，这些都与计算机技术密切相关。电子商务还涵盖经济、管理、法律、广告和心理学等学科的知识，因此，复合型人才的缺乏制约着电子商务的快速发展。

7. 市场进出壁垒低

开设传统店面时，需要有注册资金，并需经过工商注册。而在网络上发布商品信息，成本低廉，手续简单。以在 C2C 电子商务平台上开店为例，卖家只要通过简单的身份认证，不需任何其他费用就能开店。这种低进入壁垒，就为商业欺诈埋下了隐患。

产生电子商务市场交易风险的原因很多，比如当前的信用机制不完善、网上交易税收问题和消费者风险防范意识薄弱等。

1.5 电子商务环境

电子商务是一项涉及全球的全新业务和全新服务,是网络化的新型经济活动。电子商务要求信息的无歧义性,如果供需双方之间缺乏信息共享的标准格式,那么就会对信息的传递形成障碍,信息无法准确表达,这样就会干扰电子商务的运行,影响其快捷、高效、节约等特点的发挥。实施电子商务标准化,确保信息的畅通和兼容,已成为发展电子商务的保障。

1.5.1 电子商务标准化发展现状

1. 我国电子商务标准化发展历程

我国在20世纪90年代开始了电子商务及其标准化的发展与研究工作,与发达国家相比起步较晚,差距较大。政府有关部门十分关注电子商务标准化工作的开展。我国电子商务大概经历了四个阶段:

① 1990—1993年开展EDI应用起步阶段;

② 1993—1997年开展"三金工程"阶段;

③ 1998—2000年进入互联网电子商务发展探索阶段;

④ 2001—2003年进入理性务实发展阶段,并开始了基于XML(可延伸性标示语言)的电子商务标准的研究与建设工作。从2003年开始,我国进入了基于cnXML电子商务标准体系的研究建设过程。

1999年5月,北京市技术监督局主持召开了"99北京电子商务标准化国际研讨会"。这是我国第一次以电子商务标准为主题的国际性学术研讨会,显示了我国对电子商务标准的研究及参与国际交流的积极性。

2001年3月,"首届中国电子商务技术及标准研讨会"在杭州隆重举办。

2003年10月,商务部启动了"电子商务应用标准建设与发展研究项目",积极探索构架中国电子商务的标准体系。同时,科技部、中国标准研究院、中国标准协会、中国电子商务协会、中国物品编码中心等也积极参与到电子商务标准化研究与建设工作中。

2004年8月,第十届全国人民代表大会常务委员会第十一次会议通过了我国第一部电子商务法——《中华人民共和国电子签名法》,它是我国电子商务发展的里程碑,为电子交易提供了法制环境。

2005年1月,我国第一个专门指导电子商务发展的政策性文件——《国务院办公厅关于加快电子商务发展的若干意见》颁布,并以政策性文件的形式阐释了国家对我国发展电子商务的若干重要意见,明确提出要建立和完善我国电子商务国家标准体系。

为了进一步加强电子商务标准化工作,2007年1月,国家电子商务标准化总体组正式成立,它是我国电子商务国家标准的总体协调和规划机构。总体组的成立有力地推进了我国电子商务标准化工作的进程,促进骨干企业参加电子商务国家标准的制定工作,强化电子商务标准的应用与实施,为下一步开展和制定我国电子商务国家标准,构建和完善国家电子商务标准体系起到了积极的作用。

随即,国家电子商务标准化总体组秘书处发布了《国家电子商务标准体系(草案)》,该草案建立了国家电子商务标准体系和标准体系明细表。据统计,截止到2007年,我国已制、修订电子商务国家标准共111项,其中采用国际标准的国家标准共75项;已经报批的标准共4项;需要制定的国家标准共59项,主要集中在在线支付、信用服务和安全认证三个方面。2007年6月,发布了我国《电子商务发展"十一五"规划》。这是我国在国家层面上第一次发布的有关电子商务发展的整体构想。该《规划》明确提出要完善电子商务国家标准体系:围绕电子商务发展的关键环节,鼓励企业联合高校和科研机构研究制定物品编码、电子单证、信息交换和业务流程等电子商务关键技术标准和规范,参与国际标准制、修订工作,完善电子商务国家标准体系。

目前,我国已经较完整地建立了EDI标准化体系,并研制出一套标准体系表,大约包括60多项EDI国家标准和行业标准。启动了电子商务基础性标准化工作,2003年出台了基于XML的电子商务关键技术标准的基础部分;2006年我国基于XML的电子商务关键技术标准体系基本形成,有14项基于XML的电子商务国家标准通过验收;发布了《电子商务术语标准》和《电子商务标准化指南》等。但是,我国电子商务在业务流程、在线支付和安全保密等关键技术方面的标准还有待进一步的研制和实施。

随着21世纪互联网在全球的日益普及,电子商务呈现出强劲的发展势头,这就要求我国必须加快标准化工作的发展步伐。纵观国内外电子商务标准化工作的发展现状和趋势,我国电子商务标准将形成以市场驱动为主要动力的市场化发展模式,标准内容趋于广泛涉及多种领域,标准制定统一集中并与国际接轨,向着市场化、集中化、广泛化和国际化的方向发展。

2. 我国电子商务标准化工作存在的主要问题

近几年来,在国务院各有关部门、标准化技术委员会和行业的共同努力下,我国制定了一批涉及电子商务方面的国家标准,取得了一定的成绩,这为推动我国技术进步、提高产品竞争力和促进国际贸易奠定了重要的技术基础。同时,随着社会经济和信息化的快速发展,我国的电子商务标准也呈现出一些问题。

(1) 标准体系不完善

随着信息技术的发展和普及,我国电子商务得到了快速发展,其应用初见成效,标准化工作也得到了良好的发展。但是,由于标准制定与市场需求之间的协调性和配套性较差,目前标准体系还存在标准老化、内容不完整和标准空白等诸多问题,如电子单证格式标准的完整性不足、业务流程和在线支付的标准缺失等。

(2) 系统协同性较差

由于电子商务跨越的领域较多,集成的技术范围广泛,因此其标准化工作所涉及的部门也较多。国家有关部门根据需求各自制定自己的标准,导致业务交叉和重叠局面的出现。在资源共享、协同分工方面缺乏稳定、长效的沟通协调机制;在统筹规划、高效管理方面,电子商务标准化缺乏统一的管理维护机制。

(3) 国际化程度较低

我国电子商务标准化发展历程较短,在标准化体系、方法和关键技术等方面的基础理论研究还比较薄弱,与发达国家相比,仍处在起步阶段。虽然,近几年我国电子商务标准采用国际标准和发达国家标准的比率有所提升,但是,对国外先进标准的跟踪研究和国内外标准的关联度研究仍比较缺乏,完全与国际接轨尚需时日。

(4) 市场适应性差,宣传贯彻力度不够

我国早期的电子商务发展以政府为主导,其标准大都由政府制定,企业处于接受地位,不是标准制定的主体,加上我国标准的制定与市场需求的协调性较低,这就容易使得我国企业的管理人员和执法人员标准意识淡薄,对电子商务标准了解较少,造成我国大约一半以上的电子商务标准还处于几乎未被使用的局面。

3. 我国电子商务标准化的发展和展望

"十一五"期间,我国电子商务标准化继续完善了《国家电子商务标准体系(草案)》,并在标准体系框架内有重点、有目标地推进标准的研究与制定,支持国家电子商务的发展。争取在近期使我国电子商务标准化总体水平达到国际先进水平,完成制定100项电子商务国家标准。

我国近期将开展的电子商务领域的标准集中在以下几个方面:

(1) 加强重点领域基础数据标准的研究及数据库建设

以电子商务信息的共享和交换为目标,建立电子商务领域的基础数据元和基础代码集,并针对发展迅速的重点领域建立产品元数据标准及进行数据库建设。

(2) 研究电子商务典型共性业务流程标准

研究制定电子商务模式 B2B 和 B2G 的核心交易业务流程,进一步促进电子商务的业务协同,提高商务交易效率和降低交易成本。

(3) 研究第三方电子商务服务平台等级评价和管理标准

随着第三方服务市场规模的发展和壮大,服务质量显得尤为重要,并将直接关系到相关各方的利益。因此,制定针对第三方服务平台的标准,并通过这些标准使服务相关利益方、政府以及行业协会对服务质量进行评价和监管。

(4) 制定共性服务接口与信息交换的标准

主要包括电子认证、信息搜索、征信与信用、计费管理、责任认定、即时通信等共性技术和管理标准,以及电子商务与物流接口规范、产品目录交换、电子合同交互和电子支付等相关技术标准。制定在线支付业务规范和技术标准,初步建立起用电子单证交换的技术标准。

(5) 加快制定电子商务管理标准

研究制定电子商务监督管理规范,主要包括电子合同监管,电子支付采用何种模式,电子货币发行,第三方支付服务机构的管理措施,密钥、证书和电子认证机构的管理。

(6) 研究开发符合 RFID 技术标准的产品和系统以及应用移动商务服务技术的管理措施

探索移动电子商务应用,发展新型服务模式,进一步增强电子商务应用的渗透性。

(7) 进一步完善国家电子商务标准体系

围绕电子商务发展的关键环节,鼓励企业联合高校和科研机构研究制定基础数据、电子单证、信息交换和业务流程等电子商务关键技术的标准和规范,参与国际标准的制、修订工作,完善电子商务的国家标准体系。

1.5.2 电子商务的相关法律

被誉为我国首部真正意义上的电子商务法的《中华人民共和国电子签名法》已于 2004 年 8 月颁布,并于 2005 年 4 月正式实施。

进入 20 世纪 90 年代以后,电子商务在互联网的基础上蓬勃发展,电子商务领域的技术进步速度远远超过了一个国家适时调整其法律框架的速度,即使对法律框架做大的变革以适应电子商务的需求,也无法消除不断出现的问题和变革速度上的悬殊差距,调整后的法律也总是跟不上电子商务高速发展的步伐。电子商务独特的运作方式向现有的商务模式提出了技术、财务和交易安全等多方面的重大挑战,与此同时,法律制度也面临着前所未有的挑战。

电子商务的法律问题比较复杂,涉及电子合同、网上税收、知识产权、个人隐私、消费者权益保护、电子交易的竞争规则、电子消费信用征信、电子资金支付、电子交易安全保障和计算机犯罪等。

1. 知识产权保护

电子商务把传统商务活动的手段和途径引入虚拟世界,借助互联网开拓了一个高效率、低成本的全新市场,但这个虚拟市场也使现行知识产权保护制度面临新的更加复杂的挑战,对版权、专利、商标、域名等知识产权的保护成为国际贸易与知识产权法的突出问题。

知识产权主要包括著作权、专利权和商标权。知识产权是一种无形财产,具有专有性、排他性和地域性的特点。这些特点使知识产权在互联网中遇到了前所未有的新问题。

首先,知识产权具有专有性的特点,而在互联网上本该受到知识产权保护的信息却容易成为公共的信息,所有权很难被控制。

其次,对于知识产权地域性的特点,由于互联网的国际性而难以被保障,因为在互联网上,信息传播是没有国界的。

再次,知识产权的侵权问题在传统法律程序中,绝大多数纠纷的诉讼都是以被告所在地或授权行为发生地为诉讼地。但由于互联网的国际性,往往很难确定互联网上的侵权人在哪里。

随着互联网的进一步发展,电子商务也将在世界经济活动中占据越来越重要的地位;与此同时,电子商务中的知识产权保护将成为世界共同密切关注的问题。

2. 电子合同

任何商务行为都离不开合同。在常规交易中,大多通过签订实物合同的形式来确定合同双方的权利与义务。一旦出现纠纷,合同成为解决纠纷的重要证据和尺度。但是在电子商务过程中,人们大多不签订实物合同,而是使用电子合同,从而给现行法律和法律工作者提出一些新的课题。

《中华人民共和国合同法》第十一条规定:"书面形式是指合同书、信件以及数据电文(包括电报、电传、传真、电子数据交换和电子邮件)等可以有形地表现所载内容的形式"。也就是说,不管合同采用什么载体,只要可以有形地表现所载内容,即视为符合法律对"书面"的要求,这实际上已赋予了电子合同与传统合同同等的法律效力。

常规合同常常是在双方当事人签字盖章后成立,但是对于电子合同,无法要求当事人双方在电子媒介上面签字盖章。目前国际上通行的做法是引入电子签名制度。这种电子签名是由代码和符号组成的,具有唯一性和可识别性。同时,各国建立的电子认证中心起到了对合同的认证和见证的作用。《中华人民共和国电子签名法》于2004年8月28日第十届全国人民代表大会常务委员会第十一次会议通过,规定电子签名具有与手写签字或者盖章同等的法律效力,同时承认电子文件与书面文书具有同等效力,从而使现行的民商事法律同样适用于电子文件。

3. 税 收

税收是实现国家职能的物质基础,是国家财政收入的主要来源。电子商务的出现,对原有的财政、税收、金融等体制提出了强有力的挑战。网络贸易改变了以往"一手交钱,一手交货"的交易模式,而代之以在线支付和电子结算,一切交易都在虚拟化的环境中运行。

就目前情况来看,国内外电子商务涉及的税收问题主要是以下几方面:

① 由于电子商务的无国界性,进一步促进了经济全球化(跨国、跨地区的贸易日益增多),从而引发国际间税收收入分配和国内财政收入的问题。

② 由电子商务涉及的税收规定的重新认定而引发的问题,即由于电子商务虚拟化而出现的交易时空概念模糊所引发的有关税收规定的重新界定问题。

③ 计算机加密技术加大了税务机构获取信息的难度。在电子商务中,交易方可以用加密技术和用户双重保护来隐藏有关信息。税收机构对电子商务活动进行监控的同时,需要在合理成本的范围内获取信息,同时也要保护私人隐私和知识产权。

4. 商业信用制度

商业信用问题一直是困扰着国内各商家的一个大问题。由于历史和现实的种种原因,我国企业的商业信用普遍较低,商业风险很大。买方支付货款后拿不到货,或者卖家发出货物后无人付款的事情经常出现。

电子商务虽然将经济活动搬到了网络平台,在各方面都比传统商务有很大进步,但在商业信用问题上仍然没有根本解决。同时由于电子商务的远程性、无纸化和高技术化等特点,信用风险更加明显。

目前电子商务的开展在我国时间并不长,大量网络公司和网站所从事的业务仅仅是提供信息服务,最多是进行网上零售业务。当大量的网络公司开展真正的电子商务交易后,电子商务遇到的商业信用问题会更加明显。

因此,我国立法机关应当加快立法步伐,建立权威的商业信用认证制度和法律法规,为电子商务的健康发展奠定基础。

5. 电子支付

利用电子商务进行交易必然会涉及支付,电子支付是目前电子商务发展的一个重点。电子支付的产生使货币的有形流动转变为无形的信用信息在网上流动,因而将对商务活动与银行业产生深远的影响。

6. 隐私权保护

满足消费者在保护个人资料和隐私方面的愿望是构建电子商务框架必须考虑的问题。欧盟1998年10月生效的《欧盟隐私保护指令》对网上贸易涉及的敏感性资料及个人数据给予法律保护,对违规行为追究责任。最近,世界互联网大会通过了保护隐私技术。这些均体现了隐私权保护的法律要求。

1.5.3 电子商务的立法概况

在电子商务初始的1994年,全美网络商店只有34家,而仅仅3年后,全球网上商店就已发展到万余家。1995年全球互联网网上销售额仅2亿美元,1996年达10亿美元,1998年达到500亿美元;2000年全球互联网用户数达4亿,全球电子商务交易额达到3 700亿美元;中国电子商务的交易总额在2005年达到6 200亿元人民币,而根据《2010年度中国电子商务市场数据监测报告》显示,截至2010年6月,我国总体网民规模突破4亿,2010年中国电子商务市场交易额已达4.5万亿元,在电子商务整体交易额中,B2B电子商务交易额达到3.8万亿元,行业整体仍保持稳定发展态势;网上零售市场交易规模达5 131亿元,同比增长97.3%,较2009年近翻一番,约占全年社会商品零售总额的3%。

电子商务成为21世纪全球经济增长的一大亮点。电子商务的跨越式发展,也给现行国际法律体系带来了新的挑战。电子商务立法已成为目前国际关注的重点,尽快在全球范围内营造良好的电子商务法律环境已成为国际社会的共识。

电子商务的国际立法是随着信息技术的发展而开展的。20世纪80年代初,由于计算机技术已有了相当发展,一些国家和企业开始大量使用计算机处理数据,从而引起了一系列计算机数据的法律问题,例如计算机数据的"无纸化"特点与商业文件的"纸面"要求的冲突。为此,联合国国际贸易法委员会于1984年向联合国秘书长提交了《自动数据处理的法律问题》的报告,建议审视有关计算机记录和系统的法律要求,从而揭开了电子商务国际立法的序幕。

早期的国际电子商务立法主要是围绕电子数据交换(EDI)规则的制定展开的。20世纪80年代,基于单证文本数据交换处理的EDI在国际贸易中已有较为广泛的运用。由于这种数据交换是在各个国家、各种网络和各类计算机设备之间进行,因而制定通信协议和数据文本交换标准的问题就显得尤为重要。1979年,美国标准化委员会制定了ANSI/ASC/X.12标准,X.12的推出促进了北美大陆EDI的进程。1981年欧洲国家推出第一套网络贸易数据标准,即《贸易数据交换指导原则》(GTDI),它的发展为电子商务的研制和开发奠定了基础。GTDI和X.12的推出推进了欧共体和北美内部电子数据交换的发展;但由于实施的标准不同,在两大集团之间进行数据交换则遇到较大麻烦。为此,联合国着手弥合两大标准的差异,建立世界统一的EDI标准。1990年3月,联合国正式推出了UN/EDIFACT标准,并被国际标准化组织正式接受为国际标准ISO9735。UN/EDIFACT标准的推出统一了世界贸易数据交换中的标准,使得利用电子技术在全球范围内开展商务活动有了可能。因此,UN/EDIFACT标准的诞生标志着国际电子商务的开始。此后,联合国又先后制定了《联合国行政商业运输电子数据交换规则》、《电子数据交换处理统一规则》(UNCID)等文件。1993年10月,联合国国际贸易法委员会电子交换工作组26届会议全面审议了《电子数据交换及贸易数据通信有关手段法律方面的统一规则草案》,形成了国际EDI法律基础。

20世纪90年代初,随着互联网商业化和社会化的发展,从根本上改变了传统的产业结构和市场的运作方式。以互联网为基础的电子商务出现了前所未有的迅速发展。联合国贸法会遂在EDI规则研究与发展的基础上,于1996年6月通过了《联合国国际贸易法委员会电子商务示范法》。示范法的颁布为逐步解决电子商务的法律问题奠定了基础,为各国制定本国电子商务法规提供了框架和示范文本。

WTO建立之后就立即开展了信息技术的谈判,并先后达成了三大协议:

①《全球基础电信协议》。该协议于1997年2月15日达成,主要内容是要求各成员方向外国公司开放其电信市场并结束垄断行为。

②《信息技术协议》(ITA)。该协议于1997年3月26日达成,协议要求所有参加方自1997年7月1日起至2000年1月1日将主要信息技术产品的关税降为零。

③《开放全球金融服务市场协议》。该协议于1997年7月31日达成,协议要求各成员方对外开放银行、保险、证券和金融信息市场。在WTO历史上,一年内制定三项重要协议是史无前例的,这三项协议为电子商务和信息技术的稳步有序发展确立了新的法律基础。

在现阶段,世界范围内的电子商务立法主要包括:联合国国际贸易法委员会的《电子商务示范法》和《电子签名统一规则》、美国的《国际与国内商务电子签章法》、欧盟的《欧洲电子商务行动方案》和《电子签名统一框架指令》、新加坡的《电子交易法》、中国的《中华人民共和国电子签名法》、韩国的《电子商务基本法》、日本的《电子签名与认证服务法》、澳大利亚的《电子交易法》和马来西亚的《数字签名法》等。

1.5.4 知识产权

电子商务与知识产权保护存在着内在的、密不可分的联系,这已成为一个不争的事实。这种联系主要体现在以下几个方面:

① 电子商务的核心问题是"数据信息"保护问题,知识产权法律制度是保护信息的一种法律工具。知识产权属于一种"信息产权",从某种意义上讲,它是对符合法定条件的、处于专有领域的一些"信息"提供的法律保护。

电子商务的核心是"数据信息",在构成电子商务的4种"流"中,"信息流"是最基本的、必不可少的。作为电子商务"信息流"中相当大的一部分"数据信息"是可以作为"商业秘密"直接得到知识产权法的保护的;而更多"数据信息"的固化和表达可以用文学作品、计算机软件和数据库等形式取得版权和其他权利的保护;某些"数据信息"可以商品化,构成"信息化商品"受到商标和商誉等权利的保护;电子商务中进行的商业竞争自然也要受到反不正当竞争法的制约和限制。不仅如此,现在知识产权的版权保护已经延伸到在网络环境中对作品(也是一种信息)传播和利用的保护,这对电子商务的健康发展显得尤为重要。

② 知识产权贸易已成为电子商务活动,特别是国际间电子商务活动中的一种主要形式和竞争手段。知识产权贸易,狭义的理解就是指以知识产权为目标的贸易,主要包括知识产权许可、知识产权转让等内容;广义的理解还应包括知识产权产品贸易。

③ 知识产权产品已成为电子商务中的一种主要交易对象。随着知识经济的到来,已经出现了知识产业,即以人才和知识等智力资源为第一要素配置的产业,就是通常所说的科技产业和版权产业,也可通称为知识产权产业。在有形商品贸易中,附有高新技术高附加值的高科技产品,通常被称为知识产品或知识产权产品,在这些高科技产品中凝结着相当大比重的、多种知识产权的价值,如旅游门票、电子客票、网上保险、网上汇款、数字卡和网上教育等就属于这类产品。在无形商品贸易中,计算机软件、视听作品、录音制品、文学作品等版权产业的产品占据了主要地位。简而言之,这种主要利用知识、信息和智力开发的知识产品所载有的知识财富,将成为创造社会物质财富的主要形式,这些知识产权产品已成为目前商品交易中的一种主要商品,也是电子商务中的一种主要交易对象。尤其是版权产品,大部分都可通过互联网进行上传和下载,实现网上交付,并且利用电子商务形式进行交易更是独具优势。

④ 电子商务模式已成为专利保护的一种客体。1996年,美国专利商标局颁发的《专利审查程序手册 MPEP》中已经明确允许采用电子商务方法申请专利。

美国对于这类基于互联网的电子商务经营模式的专利,采取了极为宽容的态度。那些已在现实社会中广泛应用的经营方式,首次移用到互联网上,便可获得专利保护,将已有的经营模式系统化也可获得专利保护。

尽管对互联网上的电子商务经营模式给予专利保护的争议甚大,且会产生较大的负面影响,但它确实可以刺激和推动电子商务的发展,这也是事实,不容忽视。

⑤ 电子商务为知识产权的获得提供了一种新的途径。在电子商务的影响下,一种新的获得知识产权的途径——电子申请也已问世。电子申请就是以电子文件的形式向国家知识产权主管机关提交知识产权确权申请。按照传统的做法,这类申请(如专利申请、商标注册申请等)应该是以纸质文件为载体进行的。

在 WIPO 起草的专利法案条约(PLT)和专利合作条约(PCT)细则的修改中,已提出电子申请的要求,确认了其合法性。

以电子申请形式获得专利权和商标权,从其实质内容来看,是获得知识产权的一种新途径,同时也可以看做是一种特殊的电子商务。

由于电子商务与知识产权保护存在着上述密切的联系,因此,人们在进行电子商务立法时必然会想到知识产权保护,涉及对知识产权法的相应修改。在对知识产权法进行修改时,也应同时考虑电子商务立法的要求。

1.5.5 道德问题

1. 网络营销道德的提出

20 世纪 60 年代,国外学者开始研究企业道德问题,其重点是研究企业市场营销中的道德问题。从国外的研究文献看,20 世纪 70 年代,大量的道德研究集中于市场营销的某一方面,如假冒伪劣产品和虚假广告等,与此同时,开始关注企业的社会责任以及社会营销,并且试图对市场营销者的行为和信念进行测量;20 世纪 80 年代,商业道德开始引入工商管理,企业亦开始设立相应的道德机构和制定相应的道德规章;20 世纪 90 年代以来,营销道德研究开始国际化,内容也越来越广泛,营销道德开始关注人民的健康和环境问题,如臭氧问题和全球变暖问题。可见,营销道德已经成为国外企业道德研究的一个重点。

20 世纪 90 年代以来,随着以高科技产业与信息产业为基础的新经济的发展,新经济对旧的商业模式产生了较大冲击。在人们都鼓吹新经济的时候,大多数人都相信信息技术,特别是互联网可以改变任何事物。虽然新经济的梦想随着纳斯达克股票指数的跌落而破灭,但可以肯定的是,以互联网为基础的新商业模式——电子商务却发展良好。与此同时,一种新的营销模式——网络营销也随之诞生。

网络营销必定将发展成为企业,特别是电子商务企业必须具备的策略之一。互联网是虚拟的,它具有一些独特的特性——广泛性、开放性、隐蔽性和无约束性,这些特性使得人们的网上行为也具有这些特点,使网上行为的道德性突破了传统道德的规范,诸如发生网络病毒、网络垃圾邮件、网络色情、网络欺诈和网络黑客等一些新的违背道德的行为,因此企业营销道德规范面临网络新时代的挑战。不论是企业还是消费者,都将面临道德的考验和网络营销道德的新问题。美国营销协会(AMA)和美国直接营销协会(DMA)都制定和通过了新的道德规范,已经把"网络营销道德"纳入其新的规范中。

2. 网络营销道德问题的表现

网络营销道德问题表现如下：

(1) 企业在网上收集和使用消费者个人信息过程中违反道德

一是在收集信息的过程中侵犯消费者的知情权，二是在使用信息的过程中违背收集信息的初衷。

(2) 网上发布虚假、不健康甚至是违法的商业信息而违反道德

主要有两个方面：一是发布虚假信息，二是发布内容与形式不健康甚至违法的信息。

(3) 网上使用垃圾邮件营销方法违反道德

由于网络营销的一个重要方式是电子邮件营销，现在大量的垃圾邮件泛滥，使得人们对电子邮件营销产生误解或者错误的看法，也对电子邮件营销的前景产生了不好的影响。垃圾邮件已经成为一个全球性的问题。网上使用垃圾邮件的营销方法主要是侵犯了消费者的隐私权。

(4) 网上交易的欺诈行为违反道德

由于网络交易中的商流和物流在时间和空间上是分离的，因此消费者取得商品所有权与取得实际商品在时间上是不一致的，实际商品的取得需要物流来最后完成。违反道德的网络欺诈行为主要表现如下：

① 虚假交易，骗取货款。在网上交易中，特别是在C2C（消费者对消费者的交易）的异地网上交易中，买卖双方都不能像传统交易中那样"一手交钱，一手交货"，使得采用虚假交易来骗取货款的可能性增加。

② 以次充好，以假充真。网上消费者在网上看到的商业信息大多数是文字介绍和一些简单的平面图形，文字和图形都可以进行美化处理，与实实在在的商品本身还是有差别的，这给以次充好、以假充真的诈骗者制造了机会。

3. 网络营销道德问题的规范

企业必须认识到，不道德的营销行为所能带来的利益只是暂时的，自觉遵守道德规范，树立自己在消费者和社会公众心目中的良好形象，才是企业发展的长远之计。网络营销中出现的道德问题是多方面的，对它的规范也是多重性的。

(1) 宏观上需要法律规范和舆论监督

（a）法律规范

市场经济本身就是一种法治经济，要规范网络营销中的不道德行为，特别是影响网络市场经济发展的道德问题，单靠道德本身的自我约束力量是不够的，还必须把一些具有共性的、重要的道德问题上升为法律问题，用法律进行规范。

从法律的角度来看，对道德问题的规范可以从两个层次进行：一是把道德问题上升为行业规章制度或者地方性的法规，这是用法律进行规范的第一步，操作起来比较容易实现；二是把

道德问题上升为全国性的法律,这是用法律规范的最好的办法,它具有权威性。当前对网络营销的法律规范可从三方面进行:

一是加快电子商务的立法。由于电子商务的发展时间很短,国际上对它的立法规范也较少,现在除了美国有较多的法律外,其他国家的立法还处于初始阶段,在立法过程中,可以借鉴美国相关方面的立法经验。我国的电子商务立法主要偏重于网络基础设施方面,而对电子交易方面的立法还没有。因此,应该加快电子商务的立法,特别是电子交易方面的立法,用法律来规范网络营销中的交易行为。

二是加快修改广告法。由于互联网的发展速度很快,已成为继报纸、电视、广播、杂志之后的又一新媒体,因此必须加快对广告法的修改,用来规范网络信息发布中的道德问题。

三是加快完善合同法。随着网上交易数量的不断增加,对原来的合同法进行完善是必需的,特别是对电子合同和电子单证的认可以及电子证据有效性的认可等问题进行法律规范,都将影响电子商务交易的正常发展。

当然仅仅把网络营销的道德问题上升为法律问题还是不够的,因为法律规范的关键不只是制定法律,更重要的是法律的执行问题。

(b) 舆论监督

在顾客就是上帝的时代,舆论监督对于减少营销中的不道德行为具有十分重要的意义。传统的舆论监督主要是新闻舆论监督,消费者是没有主动权和自由来实施自己的舆论监督的。互联网给广大网络消费者带来了话语权,消费者第一次可以自由地发表自己的意见并让它进行广泛传播。正是网络的这种特性,使得人们可以用它对网络营销中的不道德行为进行舆论监督。网络营销中的舆论监督可以从三方面入手:

一是充分利用网络新闻舆论监督。新闻舆论在当今信息沟通极为发达的情况下有十分重要的作用。现在网络新闻已经成为一块新的新闻阵地,很多消费者已经习惯于从网络上获取新闻。因此,网络营销道德要特别注意利用好网络媒体的新闻舆论监督。

二是充分利用消费者舆论监督。网络时代,网络既为消费者的选择提供了更加广阔的范围,同时又为消费者的舆论监督提供了广阔的天地,如 BBS 公告栏就是很好的发表监督舆论的场所。只有广大消费者都积极行动起来,抵制市场营销中的不道德行为,整个营销不道德行为才能得以抑制。在利用网络发挥消费者的舆论监督时,要求消费者自己也要注意自己的道德水平,不能让网络消费者监督成为不讲道德的人利用的场所。

三是充分利用行业协会的监督。行业协会在发挥管理作用的同时,也有监督的作用,且可以对行业内的企业进行很好的监督。

(2) 中观上需要行业协会的管理

从市场经济比较发达的国家来看,行业协会不但已普遍成为各个国家行业信息的集散地,而且成为各种行业技术标准、游戏规则和道德规范的制定者,甚至是国家制定产业政策的主要参谋和建议者。

(3) 微观上需要企业自律

总的来说,在解决网络营销道德问题上,企业自律是根本。在实践中,企业在网络营销中,除了在产品策略、价格策略、促销策略和分销策略等方面做好自律外,还应该考虑网络营销的特点,在保护消费者隐私权和商业信息发布等方面做好自律工作。具体来说,可以从以下三方面着手:

首先是树立全员道德意识。互联网的开放性使得网络营销中的道德问题已经涉及很多部门和个人,因此企业教育全体员工树立道德意识是解决网络营销道德问题的关键,如有的公司明确提出"先做人,后做事",引导广大员工从思想上树立道德意识。很多企业网站也已经在这方面做出很好的表率,如在网站上明确指出隐私保护的办法,在教育职工树立道德意识的同时,也明确告诉消费者公司在隐私保护上采取的措施,全方位保护消费者的隐私不受侵犯。

其次是建立网络营销道德规章制度。建立道德规章制度有两个方面的含义,一方面是把道德纳入到日常的规章制度中,国外的一些公司已经把道德规章制度纳入到公司的日常管理规章制度之中,这样对于这些公司的员工来说,进行道德自律就有了自己的依据。对于已经开展网络营销的公司来说,公司建立网络营销道德方面的规章制度是公司自律的保证措施之一。另一方面是建立预防违反网络营销道德的保障制度,防范网络消费者遭遇道德风险,如国内的一些C2C网站,采用评级方法和建立交易损失保障金制度,每次交易后,买卖双方都有一个评价级别,网络消费者如果因为虚假交易而产生一些损失,也可以先由这些保障金进行支付。

最后是严格实施道德规章制度。制定了道德规章制度并不等于就已经有了很好的道德,关键还是看在实际行动中如何实施道德规章制度。国外一些公司已经成立了专门的道德执行机构,来负责道德的实施。可以说,公司在实施道德规章的过程中起着十分关键的作用,主要是要做到奖惩分明。因为公司鼓励的行为,就是大家都愿意遵守的行为。如果公司虽然提出了道德规范,但具体到行为时,特别是当道德行为与公司的利益相冲突时,如果对道德行为不给予鼓励,这实际上就是对道德规范的否定。

实验一 利用网络工具采集商务信息

【实验目的】

1. 掌握一种网络搜索工具的操作方法。
2. 掌握利用网络搜索工具检索商务信息的基本方法。

【实验要求】

1. 了解常用的搜索引擎网站。
2. 掌握搜索引擎的使用方法和基本技巧。
3. 掌握对网上信息进行分析整理的能力。

第1章 电子商务概论

【实验内容】

1. 使用搜索工具检索以下内容：

(1) 搜索有关手机的信息。

(2) 在搜索结果中继续搜索 TCL 品牌。

(3) 通过分类检索在商品类中搜索与该手机有关的信息。

2. 通过搜索实践，写一篇关于电子商务人才的需求报告。

3. 选择常用的搜索引擎。

(1) 中文搜索引擎。包括：

新浪　http://www.sina.com.cn。

网易　http://www.163.com。

百度　http://www.baidu.com。

谷歌　www.google.com。

(2) 英文搜索引擎。包括：

YAHOO　http://www.yahoo.com。

Altavista　http://www.altavista.com。

Excite　http://www.excite.com。

Infoseek　http://www.infoseek.com。

HotBot　http://www.hotbot.com。

Lycos　http://www.lycos.com。

4. 使用关键字搜索。

5. 筛选搜索到的具体内容。

6. 整理内容，写出报告。

【实验步骤】

以百度搜索引擎 www.baidu.com 为例。

1. 在地址栏中输入 http://www.baidu.com 登录百度网站。

2. 查找包含"电子商务人才"和"电子商务人才需求"的网站，如图 1-3 百度搜索引擎所示。

3. 保存搜索到的信息，筛选搜索到的具体内容。

4. 整理内容，写出 1 000～1 500 字的电子商务人才需求报告。

【实验提示】

在搜索引擎的使用中，可以采用一些技巧，比如，使用加减号限定查找，使用双引号进行精确查找等，这样可在某些搜索中起到事半功倍的作用。

【实验思考】

1. 利用搜狐(www.sohu.com)中的搜索引擎，搜索包含"电子商务人才"和"电子商务人才需求"的网页，与在百度中的搜索结果进行比较。

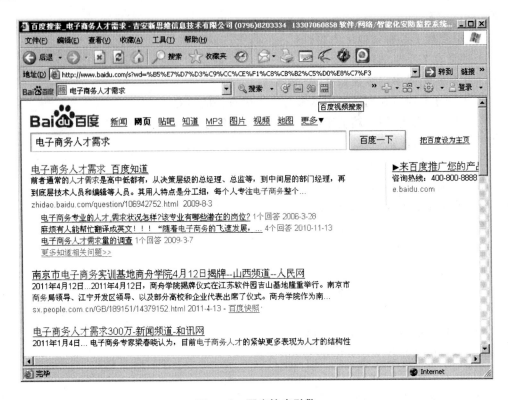

图 1-3 百度搜索引擎

2. 按照工作方式的不同，百度和搜狐分别属于哪一种搜索引擎，各有何特点？

3. 在实验中你选择的搜索主题是什么？搜索信息的来源列表（搜索到的信息的 URL 地址）是什么？

思考与讨论

1. 什么是电子商务？
2. 试述电子商务的分类。
3. 电子商务有哪些主要功能和特点？
4. 电子商务有哪些优势和不足？
5. 简述电子商务对企业经营管理方式的影响。
6. 试分析我国电子商务的发展现状。
7. 电子商务的法律和道德问题表现在哪些方面？
8. 为什么必须加强电子商务的法制建设？如何规范电子商务的道德问题？

第 2 章　电子商务交易模式

2.1　B2C 电子商务

B2C(Business to Consumer)电子商务是以 Internet 为主要手段,由商家或企业通过网站向消费者提供商品和服务的一种商务模式。目前,在 Internet 上遍布了各种类型的 B2C 网站,提供从鲜花、书籍到计算机、汽车等各种消费品和服务。由于各种因素的制约,目前以及未来较长的一段时间内,这种模式的电子商务还只能占较小的比重。但是,从长远来看,企业对消费者的电子商务将取得快速发展,并将最终在电子商务领域占据重要地位。

2.1.1　B2C 电子商务的主要模式

1. 无形产品和劳务的电子商务模式

包括网上订阅模式、付费浏览模式、广告支持模式和网上赠与模式。

(1) 网上订阅模式

网上订阅模式指的是企业通过网页向消费者提供网上直接订阅或消费者直接浏览信息的电子商务模式。网上订阅模式主要被商业在线机构用来销售报刊和有线电视节目等。主要有:在线服务、在线出版和在线娱乐。

(a) 在线服务

在线服务是指在线经营商通过每月向消费者收取固定费用而提供各种形式的在线信息服务。1996 年以前,在线服务商一般都是按实际使用时间向客户收取费用。但从 1996 年起,一些网络服务商收取固定的费用向消费者提供国际互联网的接入服务,在线服务商现在也遵从相同的做法,以固定费用的方式提供无限制的网络接入和各种增值服务。在线服务商一般都有自己服务的客户群体。以美国的在线服务商为例,美国在线(AOL)的主要客户群体是家庭使用者;ComDutServer 的客户群体是商业和高级使用者;微软网络(MSDN)的主要客户群体是 Windows 的使用者。

无论是哪种在线服务商,它们提供的服务都有以下共同特点:

一是基础信息的一步到位式服务。在线服务商一般都向订户提供基础的信息服务,所提供的基础信息服务一般可以满足订户对基础信息的需求。客户通过浏览在线服务商所提供的信息,基本上就可以满足日常收集信息的要求。有的在线服务商还独家发布在线报纸、杂志和其他信息。

二是可靠的网络安全保障。由于在线服务都是在专有的网络上运行,通过在线服务商链接的网络,其安全保障比直接链接国际互联网要可靠。美国的一些银行,如美洲银行和联合银行就是通过网络提供结算服务。目前在在线服务环境下,订户可以更放心地通过提供并传输信用卡的号码进行网上在线购物。另外,在线服务商还提供额外的安全保障措施,如在线服务商可供下载的软件都要经过反病毒查询,证明安全可靠后才向客户提供。

三是向新订户提供支持服务系统。在线服务商既通过计算机网络,又通过电话向新的订户提供支持服务。对于新的订户来讲,在线服务商能够为他们解释技术问题,在支持服务上比网络经营商要强。强大的支持服务系统加上有竞争力的价格优势使在线服务商在网络内容日益丰富的情况下能够继续生存下去。

但是,专业网络在线服务商也面临新的竞争。迅速崛起的国际互联网服务商成为在线服务商的主要竞争对手,许多企业转向当地网络服务商寻求更快捷的网络文件下载方式。由于国际互联网日益普及,内容越来越丰富,人们对在线服务能否继续发展的信心也在下降。然而,在线服务一般是针对某个社会群体所提供的服务,至少在短期内不会消失。在线服务商的强大营销攻势使他们的订户数量在稳步上升。

(b) 在线出版

在线出版指的是出版商通过计算机互联网络向消费者提供除传统纸面出版之外的电子刊物。在线出版一般仅在网上发布电子刊物,消费者可通过订阅来下载刊物的信息。但是,以订阅方式向一般消费者销售电子刊物被证明存在一定困难,因为一般消费者基本上可从其他途径获取相同或类似的信息。因此,此项在线出版模式主要靠广告支持。

大多数的类似网站使用双轨制,即免费和订阅相结合。有些内容是免费的,有些内容是专门向订户提供的。这样,这些网站既能吸引一般的访问者,保持较高的访问率,同时又有一定的营业收入。与大众化信息媒体相对的是,更趋于专业化的信息源的收费方式却比较成功,例如很多专业的数据库网站。

(c) 在线娱乐

一些网站向消费者提供在线游戏、音乐和电影欣赏等。在线游戏缩写为 Online Game,又称网络游戏,简称"网游"。它指以互联网为传输媒介,以游戏运营商服务器和用户计算机为处理终端,以游戏客户端软件为信息交互窗口,旨在实现娱乐、休闲、交流和取得虚拟成就的,具有相当可持续性的个体性多人在线游戏。游戏类型主要有:棋牌类、对战类和角色扮演类。收费模式主要分三种:道具收费,时间收费,客户端收费。

截至 2010 年 12 月,中国网络游戏用户规模为 3.04 亿人,较 2009 年底增长 3 956 万人,增长率为 15%。与此同时,网民使用率也出现了下降,从 2009 年底的 68.9% 降至 66.5%,中国网络游戏用户规模增长已经进入平台期。从网络游戏行业的发展趋势看,一方面,在网络用户增长减缓的情况下,产品的细分需求进一步提升,游戏网民的年龄偏大以及丰富的产品促使用户的选择更为理智,提升产品对于不同用户的针对性已经成为产品竞争的关键。另一方面,在新游戏用户越来越少的形势下,未来更多的是游戏类型间的用户转换,例如从小型休闲游戏用户向大型游戏用户的转换,以及网页游戏与大型网络游戏间的相互渗透等,而这种趋势也加大了游戏运营商平台的建立。

(2) 付费浏览模式

付费浏览模式是指企业通过网页安排向消费者提供计次收费性的网上信息浏览和信息下载的电子商务模式。消费者根据自己的需要,在网上有选择地购买一篇文章或者图书的部分内容作为参考,在数据库里查询的内容也可付费获取。

付费浏览模式是目前电子商务中发展较快的模式之一。该模式的成功要具备如下条件:首先,消费者必须事先知道要购买的信息,并且该信息值得付费获取;其次,信息出售者必须有一套有效的交易方法,而且该方法要允许较低的交易金额。

网上信息出售者最担心的是知识产权问题。他们担心客户从网站上获取信息之后又再次分发或出售。一些信息技术公司针对该问题开发了网上信息知识产权保护的技术,如信息购买者可以作为代理人将信息再次出售,而且给予代售者一定的佣金,这样就鼓励了信息的合法传播。

(3) 广告支持模式

广告支持模式指在线服务商免费向消费者或用户提供信息在线服务,而营业活动全部用广告收入支持。此模式是目前最成功的电子商务模式之一。例如,Yahoo、百度等在线搜索服务网站就是依靠广告收入来维持经营活动的。信息搜索对于上网人员在信息浩瀚的互联网上找寻相关信息是最基础的服务。企业也最愿意在信息搜索网站上设置广告,特别是通过付费方式在网上设置广告图标,有兴趣的上网人员通过点击图标就可直接到达企业的网址。

由于广告支持模式需要用上网企业的广告收入来维持,因此该企业网页能否吸引大量广告就成为该模式能否成功的关键。而能否吸引网上广告又主要靠网站的知名度,知名度又要看该网站被访问的次数。广告网站必须对广告效果提供客观的评价和测评方法,以便公平地确定广告费用的计费方法和计费额。目前大致有以下几种计费方式:

- 按被看到的次数计费。
- 按用户录入的关键字计费。
- 按点击广告图标计费。

(4) 网上赠与模式

网上赠与模式是一种非传统的商业运作模式。企业借助互联网向用户赠送软件产品,以扩大企业的知名度和市场份额。通过让消费者使用所赠送的产品,而让消费者下载一个该产品的新版本软件或者购买另外一个相关的软件。由于所赠送的是无形的计算机软件产品,而用户是通过国际互联网自行下载的,所以企业所投入的成本较低。因此,如果软件确有其实用特点,那么就很容易让消费者接受。

采用网上赠与模式的企业主要有软件公司和出版商。计算机软件公司在发布新产品或新版本时通常在网上免费提供测试版,用户可以免费下载试用。这样,软件公司不仅可以取得一定的市场份额,而且也扩大了测试群体,保证了软件测试的效果。当最后版本公布时,测试用户有可能购买该产品,并享受到一定折扣。有的出版商也采取网上赠与模式让用户试用,然后再购买。

2. 实物商品的电子商务模式

实物商品指的是传统的有形商品,这种商品和劳务的交付不是通过计算机这一信息载体,而仍然通过传统的方式来实现。目前在互联网上所进行的实物商品的交易取得了很大进展,网上成交额有增无减。

网上实物商品销售的特点主要是网上在线销售的市场扩大了。与传统的店铺市场销售相比,网上销售可以将业务伸展到世界各个角落。例如,美国的一种创新产品"无盖凉鞋",其网上销售的订单有2万美元是来自南非、马来西亚和日本。一位日本客户向坐落在美国纽约的食品公司购买食品,付出的运费相当于产品的价值。然而,客户却非常满意,因为从日本当地购买相同的产品,其代价更昂贵。

除此之外,网上商店仅需要少量的雇员,有些情况下,网上商店可以直接从经销商处订货,省去了商品储存的环节。对于网上销售的商品,一些出售独特商品的网上商店较为成功。独特商品商店之所以较为成功,是由其产品特点和国际互联网的特点决定的。在实际市场上,对于特殊商品的需求是有限的,由于市场上的特殊商品的消费者比较分散,传统的实物店铺市场的覆盖范围不足以支持店铺经营。而国际互联网触及世界市场的各个角落,人们可以根据自己的兴趣来搜索网上商店,因此,见缝插针式的商品在在线销售方面就更容易成功。另一类在线销售较成功的商品是一些众所周知、内容较确切的实物商品,如书籍、磁盘和品牌计算机、电子产品等。

企业实现在线销售目前有两种形式:一种是在网上设立独立的虚拟店铺;一种是参与并成为网上在线购物中心的一部分。通常,互联网服务商可以帮助企业设计网页,创立独立的虚拟商店,为用户提供接入服务。

在线销售目前也面临着一些障碍,主要来自于三个方面:一是目前普通消费者入网的较少,即使上网,使用费用也相对较高,这就限制了一大批消费者网上购物,因此,目前广大消费者还是通过传统的实物市场购物;二是国际互联网络非常庞大,对于中小企业,要引起网上用户或消费者的注意也不是容易的事情。而且,开发在线成交系统相对投资较大,中小企业未必能承受。三是商品质量及网络安全问题。

3. 综合模式

实际上,多数企业的网上销售并不仅仅采用一种电子商务模式,而往往采用综合模式,即将各种模式结合起来实施电子商务。在网上销售中,一旦确定了电子商务的基本模式,企业不妨可以考虑一下采取综合模式的可能性。例如,一家旅行社的网页向客户提供旅游在线预订业务,同时不妨也接受度假村、航空公司、饭店和旅游促销机构的广告,如有可能还可向客户提供一定的折扣或优惠,以便吸引更多的注意。一家书店不仅可以销售书籍,而且可以举办"读书俱乐部",接受来自其他行业和其他零售商店的广告。在网上尝试综合的电子商务模式有可能会带来额外的收入。

2.1.2 B2C电子商务企业类型

目前已建立或准备建立B2C模式的电子商务的企业大致可分为:经营离线商店的零售商、没有离线商店的虚拟零售企业和商品制造商。

1. 经营离线商店的零售商

这些企业有着实实在在的商店或商场,网上的零售只是作为企业开拓市场的一条渠道,它们并不依靠网上的销售生存。如美国的沃尔玛(Wal-Mart)、上海书城、上海联华超市和北京西单商场等。

2. 没有离线商店的虚拟零售企业

这类企业是电子商务的产物,网上销售是它们唯一的销售方式,它们靠网上销售生存。如美国的亚马孙(Amazon)网上书店目前已成为世界销售量最大的书店。

3. 商品制造商

商品制造商采取网上直销的方式销售其产品,不仅给顾客带来了价格优势上的好处及商品客户化,而且减少了商品库存的积压。例如DELL计算机制造商是商品制造商网上销售最成功的例子。由于建立了网上直销,使DELL公司跻身业内主要制造商之列。青岛海尔集团是中国家电制造业中的巨头之一。海尔通过建立自己的电子商务网站,一方面宣传海尔企业的形象;另一方面通过网上销售,加大了自己产品的市场推销力度。

2.1.3 B2C电子商务企业的收益模式

经营B2C电子商务网站的企业其收益模式是不同的,一般有三种收益模式:收取服务费、会员制和扩大销售量。

1. 收取服务费

网上购物的消费者,除了要按商品价格付费外,还要向网上商店付一定的服务费。例如,Peapod网上商店(http://www.peapod.com)对每个网上购物的消费者,除了收取实际所卖商品的费用外,还要另外收取订货费5美元和订货总金额5%的服务费。尽管顾客要交纳服务费,但他们仍愿意在该网站上购买商品。

2. 会员制

网络交易服务公司一般采用会员制,按不同的方式和服务范围收取会员的会费。一般有两种方式:按时间,如按年、月、季收取固定的会费;按照会员的实际销售规模,按比例收取会费。目前大多数网站都是会员制,如 e90365.com、8848.comm 和 85818.com 等。

3. 降低价格,扩大销售量

网上销售商提供低价格的商品或服务,为的是扩大销售量,提高企业形象。

当当网上书店是目前全球最大的中文书店,面向全世界中文读者,提供超过 20 多万种中文图书,占国内图书市场品种的 90%。当当网上书店以打价格战为其营销战略,在网络上获取最大的市场。它提供的所有商品的价格都平均低于市价,最高可享受 20% 的折扣。

2.1.4 B2C 电子商务的主要环节

1. 物流配送

物流配送是指在经济合理的区域范围内,根据用户的要求,对物品进行拣选、加工、包装、分割和组配等作业,并按时送达指定地点的物流活动。

在电子商务领域,物流配送则指 B2C 电子商务网站接到消费者所下的有形商品订单以后实现的从上游供应商向消费者的空间和时间的转移。按照流程和交易对象,整条电子商务网站的物流配送链主要分为从上家订购、储存、分拣以及向下家备货、配装和运送两大过程。虽然与上游供应商的交易无疑影响到物流配送链的成本和速度,但是随着物流信息化进程的加快,上游物流配送速度的增加和成本的下降可以通过数据库的对接来实现。相比较而言,把商品送到消费者手中这一环节直接关系到消费者对 B2C 电子商务网站的评价,因此显得更为重要。

现阶段 B2C 电子商务企业采用的物流配送模式基本上分为三类:

① 内置履行服务,即公司自营物流管理;

② 传统流通渠道,即由制造厂商直接向顾客发送货物;

③ 第三方物流(3PL,Third Party Logistics),即由供给方和需求方之外的第三方部分或全部利用供给方的资源通过合约向需求方提供物流服务,亦称为外包或合同物流。

2. 支付结算

支付方式决定了资金的流动过程,目前,在 B2C 电子商务方式中的主要支付方式有货到付款、汇款、银行转账和电子支付。

(1) 货到付款

这是最原始的付款方式。商家将商品交给客户,客户查验货物后以现金的方式支付给商家。例如,上海书城、8848 等网站都支持这种付款方式。这种付款方式的最大优点是,不依赖于任何支付系统,很适合于偶尔购物的普通消费者。

(2) 汇款和银行转账

汇款指客户在完成订单时,通过邮政系统或银行系统汇款,当商家接到汇款后,再将商品发给客户。这种支付方式有以下两个缺点：
① 客户网上购物后需要再到邮政系统或银行去一次。
② 客户购买的商品不满意，调换起来非常麻烦。
汇款方式适用于购买外地不易损坏的商品。

(3) 电子支付

所谓电子支付，是指从事电子商务交易的当事人，包括消费者、厂商和金融机构，通过信息网络，使用安全的信息传输手段，采用数字化方式进行的货币支付或资金流转。

电子支付是采用先进的技术通过数字流转来完成信息传输的，其各种支付方式都是采用数字化的方式进行款项支付的；而传统的支付方式则是通过现金的流转、票据的转让及银行的汇兑等物理实体的流转来完成款项支付的。电子支付具有方便、快捷、高效、经济的优势。用户只要拥有一台能上网的 PC 机，便可足不出户，在很短的时间内完成整个支付过程。支付费用仅相当于传统支付的几十分之一，甚至几百分之一。

电子支付的业务类型按电子支付指令的发起方式分为网上支付、电话支付、移动支付、销售点终端交易、自动柜员机交易和其他电子支付。

电子支付涉及客户、商家、银行和 CA 中心等。一般的电子商务支付过程是：
① 根据所购买的商品价格，客户填写资金的卡号，并将这些信息提交给商家。
② 商家将需转账的金额及自己的账号一同转给支付网关。支付网关的作用是将外部的公用网络与银行的内部网络隔离开来，以保证银行内部网络的安全。
③ 支付网关验证客户的卡号是否有效。如果有效则请求银行冻结客户卡内的款项，将信息转给该商家，告诉商家可以支付给客户商品。
④ 商家告诉客户可以完成此订单。
⑤ 商家发出信息给支付网关，请求兑现。
⑥ 支付网关将客户卡内冻结的款项划到商家账号内。
电子支付的流程图如图 2-1 所示。

随着计算机技术的发展，电子支付的工具越来越多。这些支付工具可以分为三大类：电子货币类，如电子现金和电子钱包等；电子信用卡类，包括智能卡、借记卡和电话卡等；电子支票类，如电子支票、电子汇款（EFT）和电子划款等。这些方式各有自己的特点和运作模式，适用于不同的交易过程。以下介绍电子现金、电子钱包、电子支票和智能卡。

(a) 电子现金（E-Cash）

电子现金是一种以数据形式流通的货币。它把现金数值转换成一系列的加密序列数，通过这些序列数来表示现实中各种金额的市值，用户在开展电子现金业务的银行开设账户并在账户内存钱后，就可以在接受电子现金的商店购物了。

(b) 电子钱包（Electronic Wallet）

电子钱包是电子商务活动中网上购物顾客常用的一种支付工具，是在小额购物或购买小

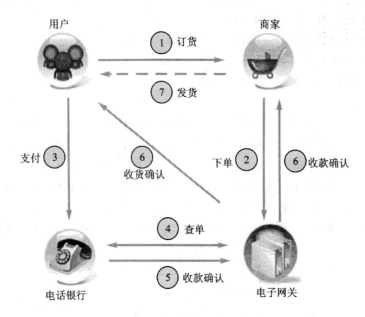

图 2-1 电子支付流程示意图

商品时常用的新式钱包。

电子钱包一直是全世界各国开展电子商务活动中的热门话题,也是实现全球电子化交易和互联网交易的一种重要工具,全球已有很多国家正在建立电子钱包系统以便取代现金交易的模式,目前,我国也正在开发和研制电子钱包服务系统。使用电子钱包购物,通常需要在电子钱包服务系统中进行。电子商务活动中的电子钱包软件通常都是免费提供的,可以直接使用与自己银行账号相链接的电子商务系统服务器上的电子钱包软件,也可以从互联网上直接调出来使用采用了各种保密方式的互联网上的电子钱包软件。目前世界上有 VISACash 和 MondeX 两大电子钱包服务系统,其他的电子钱包服务系统还有 HP 公司的电子支付应用软件(VWALLET)、微软公司的电子钱包 MS Wallet、IBM 公司的 Commerce POINT Wallet 软件、MasterCard Cash、EuroPay 的 Clip 和比利时的 Proton 等。

(c) 电子支票(Electronic Check,E-Check 或 E-Cheque)

电子支票是一种借鉴纸张支票转移支付的优点,利用数字传递将钱款从一个账户转移到另一个账户的电子付款形式。这种电子支票的支付是在与商户及银行相链接的网络上以密码方式传递的,多数使用公用关键字加密签名或个人身份证号码(PIN)代替手写签名。

用电子支票支付,事务处理费用较低,而且银行也能为参与电子商务的商户提供标准化的资金信息,故而可能是最有效率的支付手段。

(d) 智能卡(Smart Card or IC)

智能卡是在法国问世的。20 世纪 70 年代中期,法国 Roland Moreno 公司采取在一张信用卡大小的塑料卡片上安装嵌入式存储器芯片的方法,率先开发成功 IC 存储卡。经过 20 多年的发展,真正意义上的智能卡,即在塑料卡上安装嵌入式微型控制器芯片的 IC 卡,已由摩托罗拉和 Bull HN 公司于 1997 年研制成功。

如图 2-2 所示,2010 年是网上支付的快速发展期。截至 2010 年 12 月,网上支付用户规模达到 1.37 亿人,使用率为 30%。这一规模比 2009 年底增加了 4 313 万人,年增长率高达 45.9%。网上支付用户规模三年之间增长了 3 倍,比 2007 年底增加了 1.04 亿用户。

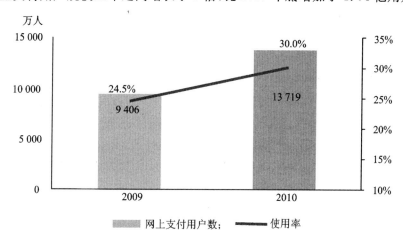

图 2-2　2009 年 12 月—2010 年 12 月网上支付用户数及使用率

如图 2-3 所示,2010 年网上支付发展较为快速的原因在于:一是网络购物依然是网民接受网上支付的重要渠道,网络购物市场的火爆拉动网上支付快速发展。二是 2010 年网上支付的行业拓展是发展亮点。除了传统网络购物外,航空、保险和基金等行业都开始积极布局网上支付。这些行业的资金流转量更大,使得网上支付的进一步拓展深入发展。三是手机支付作为网上支付的重要组成部分,推动网上支付快速发展。各主流网上支付服务提供商、银行及运营商都在加大对手机支付的投入,2010 年 9 月 1 日起施行的手机预付卡实名制及 3G 用户的快速增长都推动了手机支付的快速发展。

如图 2-4 所示,2010 年中国第三方网上支付行业强劲增长,预计整体交易规模将达到 10 105 亿元,突破万亿元大关。细分市场方面,支付宝以 50.02% 的市场份额大幅领先于其他支付企业,财付通和快钱分列第二和第三位。艾瑞咨询预计,2011 年中国第三方网上支付交易规模将达到 17 200 亿元,至 2014 年,整体市场将有望突破 4 万亿元大关。

3. 安全认证

安全认证包括消费者的身份确认及支付确认。在 B2C 电子商务模式中,消费者的身份确认大多数采用电话和电子邮件确认。对于通过 CA 认证中心的身份确认,由于其操作技术的复杂性,目前还不十分普及。

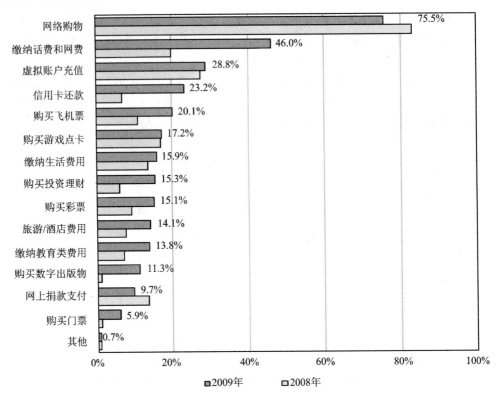

图 2-3 中国网上支付应用领域情况表

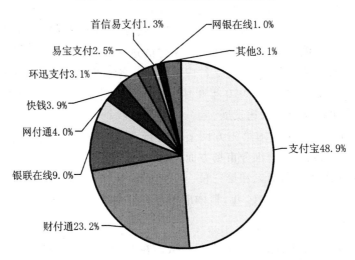

图 2-4 2010 年第三方网上支付企业市场份额示意图

2.1.5 网上消费市场及购买行为特征

消费者永远是网络营销关注的热点,把握网上消费者的特征,对于企业网络营销的决策和实施都是十分重要的。企业要想吸引顾客,保持持续的竞争力,就必须对网上消费者进行系统的分析,了解他们的特点,制定相应的策略。从图2-5中可以看出网上消费者最关注的是质量和营销合同问题。

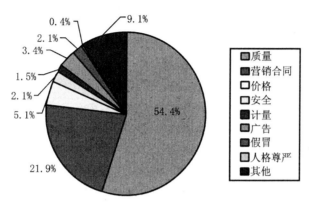

图2-5 网上消费者关注的问题

1. 购物类型

一般可以将网上购物的消费者分为以下五种类型。

(1) 简单型

简单型的顾客需要的是方便、直接的网上购物。他们每月只花少量时间上网,但他们进行的网上交易却占了一半。零售商们必须为这一类型的人提供真正的便利,让他们觉得在你的网站上购买商品将会节约更多时间。

(2) 冲浪型

冲浪型的顾客占常用网民的8%,而他们在网上花费的时间却占了32%,并且他们访问的网页是其他网民的4倍。冲浪型网民对常更新、具有创新设计特征的网站很感兴趣。

(3) 接入型

接入型的顾客是刚触网的新手,占36%的比例,他们很少购物,而喜欢在网上聊天和发送免费问候卡。那些有着著名传统品牌的公司应对这群人保持足够的重视,因为网络新手们更愿意相信生活中他们所熟悉的品牌。

(4) 议价型

议价型顾客占网民8%的比例,他们有一种趋向购买便宜商品的本能,著名eBay网站一半以上的顾客属于这一类型,他们喜欢讨价还价,并且有强烈的愿望在交易中获胜。

(5) 定期型和运动型

定期型和运动型的网络使用者通常都是被网站的内容所吸引。定期网民常常访问新闻和商务网站，而运动型的网民喜欢运动和娱乐网站。

目前，网上销售商面临的挑战是如何吸引更多的网民，并努力将网站访问者变为消费者。网上销售商应将注意力集中在其中的一两种类型上，这样才能做到有的放矢。

B2C 电子商务网站在分析了消费者的特点和购买行为后，就可以有针对性地设计 B2C 模式的电子商务网站的功能了。例如，要提供方便的商品目录检索、宣传商品的质量和品牌、提供商品的图片等详细资料及做好网上的促销广告。

2. 影响网络消费者购买的主要因素

(1) 产品的特性

首先，由于网上市场不同于传统市场，网上消费者有着区别于传统市场的消费需求特征，因此并不是所有的产品都适合在网上销售和开展网上营销活动。根据网上消费者的特征，网上销售的产品一般要考虑产品的新颖性，即产品是新产品或者是时尚类产品，比较能吸引人的注意。追求商品的时尚和新颖是许多消费者，特别是青年消费者重要的购买动机。

其次，考虑产品的购买参与程度，一些产品要求消费者的参与程度较高，消费者一般需要现场购物体验，而且需要很多人提供参考意见，对于这些产品不太适合于网上销售。对于消费者需要购买体验的产品，可以采用网络营销推广功能，辅助传统营销活动进行，或者将网络营销与传统营销进行整合。可以通过网上宣传和展示产品，消费者在充分了解产品的性能后，可以到相关商场再进行选购。

(2) 产品的价格

从消费者的角度说，价格不是决定消费者购买的唯一因素，但却是消费者购买商品时肯定要考虑的因素，而且是一个非常重要的因素。对一般商品来讲，价格与需求量之间经常表现为反比关系，同样的商品，价格越低，销售量越大。网上购物之所以具有生命力，重要的原因之一是网上销售的商品价格普遍低廉。

此外，消费者对于互联网有一个免费的价格心理预期，那就是即使网上商品是要花钱的，价格也应该比传统渠道的价格要低。这一方面，是因为互联网的起步和发展都依托了免费策略，因此互联网的免费策略深入人心，而且免费策略也得到了成功的商业运作。另一方面，互联网作为新兴市场，它可以减少传统营销中的中间费用和一些额外的信息费用，可以大大削减产品的成本和销售费用，这也是互联网商业应用的巨大增长潜力所在。

(3) 购物的便捷性

购物的便捷性是消费者选择网上购物的首要考虑因素之一。一般而言，消费者选择网上购物时考虑的便捷性，一方面，是指时间上的便捷性，可以不受时间的限制并节省时间；另一方面，是指可以足不出户，在很大范围内选择商品。

(4) 安全可靠性

网络购物另外一个必须考虑的因素是网上购买的安全性和可靠性。由于在网上消费时，消费者一般需要先付款后送货，这使过去购物的"一手交钱，一手交货"的现场购买方式发生了变化，网上购物中的时、空发生了分离，消费者有失去控制的离心感。因此，为了减轻网上购物的这种失落感，在网上购物的各个环节中必须加强安全措施和控制措施，保护消费者购物过程的信息传输安全和个人隐私，以树立消费者对网站的信心。

除了以上几个因素以外，影响消费者网上购物的还有一些其他因素。中国互联网络信息中心（CNNIC）发布的《2009年中国网络购物市场研究报告》，对用户在网络购物整体体验中各个评价指标进行分析后显示，网民满意度排名最高的是支付便利。目前，网络购物用户对支付便利性的满意度高达84.2%，之后是网站查找方便，如图2-6所示。商品品质问题是造成网民网购不满意的主要原因。在13.2%的有过不满意网络购物经历的用户中，35.7%的人是因为商品与图片不符。产品品质问题也容易引起用户的不满，在有过不满意网络购物经历的用户中，有36%的用户是因为商品是伪劣或仿冒的，如图2-7所示。

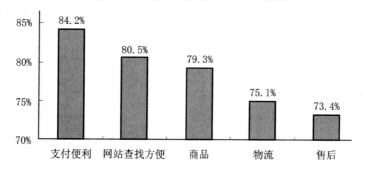

图2-6 网络购物用户满意度最高的五类服务所占百分比

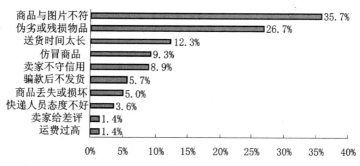

图2-7 网络购物用户不满意的原因所占百分比

3. 网络消费者的购买过程

网络消费者的购买过程也就是网络消费者购买行为形成和实现的过程。购买过程可以粗略地分为五个阶段：诱发需求、收集信息、比较选择、购买决策和事后评价。

(1) 诱发需求

网络购买过程的起点是诱发需求。消费者的需求是在内外因素的刺激下产生的。当消费者对市场中出现的某种商品或某种服务发生兴趣后,才可能产生购买欲望。这是消费者做出消费决定过程中所不可缺少的基本前提。如若不具备这一基本前提,消费者也就无从做出购买的决定。

对于网络营销来说,诱发需求的动因只能局限于视觉和听觉。文字的表述、图片的设计和声音的配置是网络营销诱发消费者购买的直接动因。从这方面讲,网络营销对吸引消费者具有相当的难度。这要求从事网络营销的企业或中介商注意了解与自己产品有关的实际需求和潜在需求,了解这些需求的不同时间和不同程度,了解这些需求是由哪些刺激因素诱发的,进而巧妙地设计促销手段去吸引更多的消费者来浏览网页,诱导他们的消费需求。

(2) 收集信息

在购买过程中,收集信息的渠道主要有两个,即内部渠道和外部渠道。内部渠道是指消费者个人所储存、保留的市场信息,包括购买商品的实际经验、对市场的观察以及个人购买活动的记忆等。外部渠道则是指消费者可以从外界收集信息的通道,包括个人渠道、商业渠道和公共渠道等。

个人渠道主要来自消费者的亲戚、朋友和同事的购买信息和体会。这种信息和体会在某种情况下对购买者的购买决策起着决定性的作用。网络营销绝不可忽视这一渠道的作用。

商业渠道,如展览推销、上门推销、中介推销和各类广告宣传等,主要是通过厂商的有意识的活动把商品信息传播给消费者。网络营销的信息传递主要依靠网络广告和检索系统中的产品介绍,包括在信息服务商网页上所做的广告、中介商检索系统上的条目以及自己主页上的广告和产品介绍。

一般说来,在传统的购买过程中,消费者对信息的收集大都出于被动进行的状况。与传统购买时信息的收集不同,网络购买的信息收集带有较大主动性。在网络购买过程中,商品信息的收集主要是通过互联网进行的。一方面,上网消费者可以根据已经了解的信息,通过互联网跟踪查询;另一方面,上网消费者又不断地在网上浏览,寻找新的购买机会。由于消费层次的不同,上网消费者大都具有敏锐的购买意识,始终领导着消费潮流。

(3) 比较选择

消费者需求的满足是有条件的,这个条件就是实际支付能力。没有实际支付能力的购买欲望只是一种空中楼阁,不可能导致实际的购买。为了使消费需求与自己的购买能力相匹配,比较选择是购买过程中必不可少的环节。消费者对各条渠道汇集而来的资料进行比较、分析和研究,了解各种商品的特点和性能,从中选择最为满意的一种。一般说来,消费者的综合评价主要包括对产品的功能、可靠性、性能、样式、价格和售后服务等的评价。

网络购物不直接接触实物。消费者对网上商品的比较依赖于厂商对商品的描述,包括文字的描述和图片的描述。网络营销商对自己的产品描述不充分,就不能吸引众多顾客。而如果对产品的描述过分夸张,甚至带有虚假的成分,则可能永久失去顾客。

(4) 购买决策

网络消费者在完成了对商品的比较选择之后,便进入到购买决策阶段。与传统的购买方式相比,网络购买者的购买决策有许多独特之处。首先,网络购买者理智动机所占的比重较大,而感情动机的比重较小。其次,网络购买受外界影响较小,大部分的购买决策都是自己做出或是与家人商量后做出的。最后,网上购物的决策行为较之传统的购买决策要快得多。

网络消费者在决定购买某种商品时,一般必须具备三个条件:第一,对厂商有信任感;第二,对支付有安全感;第三,对产品有好感。所以,树立企业形象,改进货款支付办法和商品邮寄办法,全面提高产品质量,是每一个参与网络营销的厂商必须重点抓好的三项工作。这三项工作抓好了,才能促使消费者毫不犹豫地做出购买决策。

(5) 事后评价

消费者购买商品后,往往通过使用商品,对自己的购买选择进行检验和反省,重新考虑这种购买是否正确、效用是否理想以及服务是否周到等问题。这种购后评价往往决定了消费者今后的购买动向。

为了提高企业的竞争力,最大限度地占领市场,企业必须虚心倾听顾客反馈的意见和建议。互联网为网络营销者收集消费者购后评价提供了得天独厚的优势。方便、快捷、便宜的电子邮件紧紧连接着厂商和消费者。厂商可以在订单的后边附上一张意见表。消费者购买商品的同时,可以同时填写自己对厂商、产品及整个销售过程的评价。厂商从网络上收集到这些评价之后,通过计算机的分析、归纳,可以迅速找出工作中的缺陷和不足,及时了解消费者的意见和建议,随时改进自己的产品性能和售后服务。

2.1.6 适合于网上销售的商品

在网上销路比较好的商品多为一些小商品,例如,世界最大的网上零售商店亚马逊就是从书籍零售起家的,其他的像唱片、软件等都有很好的销路。相比之下,下列商品比较适合于网上销售。

(1) 计算机软硬件产品

这是基于两个原因:首先,网络用户大多是电脑发烧友,对于这类信息最为热衷;其次,电脑软件通过网络传输非常方便,可以采用试用或免费赠送等方式引起消费者的兴趣,网上消费者在使用过软件的试用版之后,就可以决定是否购买软件的正式版。

(2) 知识含量高的产品

比如,书籍和音像制品等。

(3) 创意独特的新产品

利用Internet沟通的广泛性和便利性,创意独特的新产品的别致之处可以更主动地向更多的人展示,以满足那些品位独特、需求特殊的顾客"先睹为快"的心理。

(4) 纪念物等有特殊收藏价值的商品

在网络上,可使这类商品为大众所共识,世界各地的人都能有幸在网上一睹其"芳容",这无形中增加了许多商机,通过网上淘金收获的机会肯定大得多。

(5) 服务等无形产品

这类产品包括旅馆预订、文艺演出票的订购、旅游线路的挑选、储蓄业务和各类咨询服务等。借助于网络,这类服务显得更加方便、快捷、有效,也更加人性化。

(6) 一般产品

不要认为一般产品是网络营销的禁区。事实上,大多数产品都可以在网上进行销售前期的一切营销活动。

根据来自 SSI 的数据,针对美国和中国等国家的购物者进行的一项全球网上购物调查显示,2009 年在全球范围内,书籍、服装和音乐制品是广受欢迎的网购商品。实际上在中国,服装是最普遍的网上购买商品。2010 年,从网民购买的商品类别看,用户网络购物的生活化趋势较明显。服装鞋帽稳坐购买用户数首位,超过半数的网民都在网上购买过服装鞋帽,如图 2-8 所示。

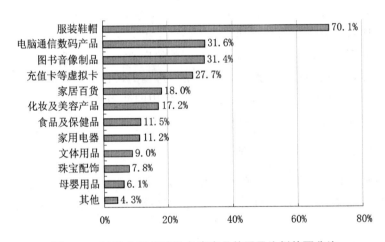

图 2-8 2010 年网络购物各类商品的网民比例的百分比

服装鞋帽销售的走俏,与商品、渠道和用户特点都有关。首先,服装鞋帽是易耗品,其更新换代的短时消费与网络流行时尚、产品多样化结合,能较好地发挥网络购物的优势。其二,服装鞋帽具有金额小、易保存、体积小等特点,逐渐成为商家纷纷上架的产品。其三,随着时尚元素向网购市场的渗透,与男性在 3C 产品上的消费热度对应,女性在服装鞋帽上展现了强大的购买力。由于女性往往是家庭采购的主力,对服装鞋帽的网购具有良好体验的女性,可能将家庭日常购物中的部分商品也通过网上购买来实现,从而带动了日用品网络零售的增长。目前服装鞋帽的购买潜力还未完全释放,未来生活化用品的网购将会在更多网民中渗透。

2.2 B2B 电子商务

2.2.1 B2B 电子商务的交易过程

企业对企业的电子商务也称为 B2B 电子商务,指的是企业通过互联网、外联网、内联网或者私有网络,以电子化方式进行交易。这种交易可能是在企业及其供应链成员间进行,也可能是在企业和任何企业间进行。这里的企业可以指代任何组织,包括私人或者公共的,营利性的或者非营利性的。

B2B 的主要特点是企业将交易过程自动化以改进该过程,所以详细了解交易的过程是很有必要的。

1. 私有和公共电子市场

采用一对多模式开展电子商务有时被称为私有电子市场。它与多对多市场相对应,后者被称为公共电子市场或者交易所。

2. B2B 电子商务的开展方式

B2B 电子商务可以在买卖双方间直接进行,也可以通过在线中介开展。中介可以是某个组织、个人或者电子系统。

传统的企业间的交易往往要耗费企业的大量资源和时间,无论是销售、分销还是采购都要占用产品成本。通过 B2B 的交易方式,买卖双方能够在网上完成整个业务流程,从建立最初印象,到货比三家,再到讨价还价、签单和交货,最后到客户服务。B2B 使企业之间的交易减少了许多事务性的工作流程和管理费用,降低了企业经营成本。网络的便利及延伸性使企业扩大了活动范围,企业发展跨地区、跨国界,成本更低廉。

B2B 不仅仅是建立一个网上的买卖者群体,它也为企业之间的战略合作提供了基础。任何一家企业,不论它具有多强的技术实力或多好的经营战略,要想单独实现 B2B 是完全不可能的。单打独斗的时代已经过去,企业间建立合作联盟逐渐成为发展趋势。网络使信息通行无阻,企业之间可以通过网络在市场、产品或经营等方面建立互补互惠的合作,形成水平或垂直形式的业务整合,以更大的规模、更强的实力、更经济的运作真正达到全球运筹管理的模式。

基于 Internet 的 B2B 电子商务与在私有网络或者增值网上运行的传统 EDI 之间具有相当大的区别。其中最主要的原因是将一个小范围的、局部的、专一的、昂贵的商务概念推广到一个开放的、公众化的、普适的、廉价的系统当中。

3. B2B 电子商务开展的基础

在 Internet 上实现 B2B 电子商务必须具备一定的基础,其主要表现是:信息的标准化、用户身份验证和电子商务集成化。

(1) 信息标准化

如果在买卖双方之间不能定义一种标准格式,那么相互交换的信息就不可能表达清楚。而信息的无歧义性是电子商务的基本要求。在商务伙伴之间交换电子数据采用的传统技术是具有几十年历史的 EDl 技术,现在作为数据通信和营销工具的 Internet 的出现向这一传统技术提出了巨大挑战,因此,出现基于 Internet 的非 EDI 信息交换标准和协议也就成为了必然。

传统 EDI 信息标准的最大缺点在 EDI 信息交换的内部。事实上,运用 EDI 时缓慢的一个原因就是,虽然它经过几十年的发展,但信息标准陷入了制定几百个不同的、严格的、精细的类型定义当中,而且这些标准只适用于少数特殊行业中的固定合作伙伴之间进行的高价值、高重复性的交易,如汽车业和航空业。更加遗憾的是,美国的 EDI 标准与欧洲和亚洲的竟然不兼容,而且所有 EDI 标准都不适用于通过 Web 来进行数据搜索、定位和显示,而这些正是那些现代 Internet 小型企业与一些不固定商业伙伴进行小型交易的最基本要求。

虽然 Internet 有很多缺点,但其运行的低成本对各种企业都具有巨大的吸引力。因此,首要的任务就是建立一个广泛接受的信息交换标准格式。这样一个标准应当使 B2B 电子商务网站很容易被各种客户使用,并且可以方便地与企业内部产品的产进销存渠道融合到一起。

目前,有两个非营利组织即 Commerce Net 和 Rosetta Net 正在致力于建立这种标准。前者是由银行、通信公司、增值网提供商、ISP、软件和服务公司等组成的协会,其目的是促进 B2B 电子商务的发展。其下属的 OBI(Open Buying on the Internet)组织则负责制定一种适用于产品批发的企业级的电子商务标准。这是一个开放的、可升级的、独立的和适应性很强的标准。Rosetta Net 由诸多 IT 业的巨头组成,目前包括 Cisco Systems,Compaq,GE,HP,IBM,Microsoft,Netscape,NEC 和 Oracle 等 38 个企业,其目的是制定一个适用于 IT 产品通过 Web 技术在网络上实时进行企业级交易的电子商务标准。

(2) 用户身份验证

B2B 电子商务中的另外一个困难是用户身份验证,如贸易伙伴彼此之间的认证或者金融中介机构的认证。今天这似乎变成了 B2B 电子商务中最大的问题。以前 EDI 在封闭网络中使用时,其在数据存取控制、数据归档、数据恢复、网络使用、客户验证、信息发送以及安全性上具有很高的可靠性;而在利用互联网(Internet)作为信息和营销渠道时,这些方面却难以得到有效保证。Internet 的这种开放性使得参与交易的双方都迫切需要确认对方的身份。

Internet 上最典型的身份验证办法是交易双方和中介机构事先从一个大家都信任的交易以外的被称为 CA(Certificate Authority)的第三方机构获得自己的"数字签名",而这种数字签名可以确保在网络上的身份认定。在电子商务交易过程中,商务伙伴之间、企业和金融机构之间都可以通过这种数字签名来确认彼此的身份,而其中采用的 PKI 技术保证了信息传递的安全可靠。同时通过一些立法,数字签名在法律上也具有不可抵赖性。目前,一些银行机构已经开始逐步充当起这种被信任的第三方角色,它们发放数字证书或者向交易伙伴和金融机构提供数字签名等。例如,作为美国银行协会的下属机构的 ABAecom 和从全球信任组织发展而来的 Identrus(http://www.identrus.com/)都从事为企业发放数字证书的业务。

(3) 电子商务集成化

B2B 电子商务同时也要求企业内部和外部的电子商务集成化。企业内部是指参与交易的企业内部基于 Web 技术进行的运作,涉及进销存各个方面;而外部是指参与交易的企业双方彼此的链接和与为其服务的金融机构之间的联系。企业电子商务集成化的第一步是建立内联网(Intranet),在达到一定规模之后,企业之间采用外联网(Extranet)链接起来。Internet, Extranet 和 Intranet 之间的关系如图 2-9 所示。只有一体化的供产销存的电子商务网络才可以发挥电子商务的真正优势,这同样适用于"木桶原则"。

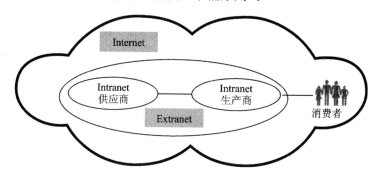

图 2-9 Internet,Extrant 和 Intranet 之间的关系

内联网是用于内部业务目的的一组互联网络,这些网络为公司或机构所拥有。通常,只有授权的用户(公司职员)使用口令才能进入和访问内联网。

外联网是公司内联网的一个扩展。一般是公司以外的被选定的人员和团体能够访问外联网。多数的 B2B 交易是在外联网上进行的。当获得密码后,就能通过互联网进入公司网站,在公司的外联网上进行交易,并获取普通用户无法访问的信息。

4. B2B 电子商务的交易类型

一般将 B2B 交易分为两种基本类型:即期购买和战略性物资采购。即期购买是指以市场价格来购买产品和服务,价格根据供需情况动态决定。买卖双方一般互不相识。股票交易和普通商品交易都属于这种类型。与此相反,战略性物资采购是在买卖双方磋商的基础上建立的长期合同关系。即期购买可以由第三方交易所来支持,战略性物资采购可以通过改进供应链来高效地进行。

B2B 电子商务的关键实体及其关心的问题是:
① 卖方公司 从个别公司的营销角度看问题。
② 买方公司 从个别公司的采购管理角度看问题。
③ 电子中介 类似交易所和供应链服务中心的第三方中介服务提供者。
④ 交易平台 定价和议价的规则,如拍卖和反向拍卖等。

⑤ 支付服务　提供将货款支付给销售商的机制。
⑥ 物流提供商　包装、仓储、运输和其他交易所必需的后勤服务。
⑦ 网络平台　互联网、内联网、外联网和增值网。
⑧ 通信协议　EDI 或 XML。
⑨ 其他服务　目录服务、撮合买卖双方、安全以及第三者托管。
⑩ 后台集成　连接到 ERP、数据库、内联网和其他应用系统。

2.2.2　B2B 电子商务交易的优势

B2B 电子商务提供互联网进行贸易，贸易双方从贸易磋商、签订合同到支付等均通过互联网完成，整个交易完全虚拟化。B2B 交易的优势首先在于交易成本大大降低，具体表现在以下方面：

① 距离越远，网络上进行信息传递的成本相对于信件、电话和传真的成本就越低。此外，由于缩短了时间及减少了重复的数据录入，从而也降低了信息成本。

② 买卖双方通过网络进行商务活动，无须中介者参与，减少了交易的有关环节。

③ 卖方可通过互联网络进行产品介绍和宣传，避免了在传统方式下的做广告和分发印刷品等大量费用。

④ 电子商务实行"无纸贸易"，可减少文件处理费用。

⑤ 互联网使得买卖双方即时沟通供需信息，使无库存生产和无库存销售成为可能，从而使库存成本显著降低。

B2B 交易减少了交易环节和大量的订单处理，缩短了从发出订单到货物装运的时间，提高了交易效率，促使企业取得了竞争优势，图 2-10 所示为 B2B 电子商务交易流程示意图。

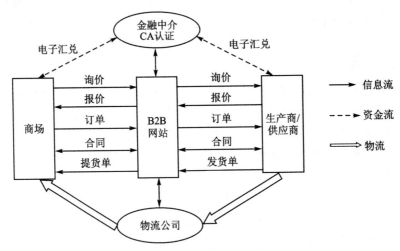

图 2-10　B2B 电子商务交易流程示意图

2.2.3 B2B 电子商务交易模式

B2B 电子商务有多种交易模式,这里把它分为三种模式:以企业为中心的交易模式、多对多的市场交易模式和其他交易模式。

1. 以企业为中心的交易模式

在以企业为中心的交易模式中,由一家企业进行所有的销售,称为卖方市场;由一家企业进行所有的购买,称为买方市场。

(1) 卖方市场

卖方市场的两种主要交易模式是直销和正向拍卖。

(a) 直 销

卖方市场是企业通过基于 Web 的私有销售渠道(通常通过外联网)向客户提供商品。小型企业一般使用互联网,并采取一定的加密手段。卖方可以是制造商或中间商(制造商必须是实体,而中间商可以是虚拟的),他们向批发商、零售商和大企业直接销售,即一个卖家对多个潜在的买家进行销售。

在线销售商可以提供智能化客户服务,从而节省费用。如通用电气公司每年接到 2 000 万个关于其产品的求助电话,其中绝大部分来自个人用户,也有许多来自企业。通过使用互联网和自动应答软件代理,每个电话应答的成本从 5 美元降低到了 0.2 美元。

同时,企业可以通过在线目录进行直销。企业可以为所有客户提供一个目录,或者为每位客户定制目录。许多销售商为主要客户提供独立的页面和目录。

直销模式的成功案例包括戴尔、英特尔、IBM 和思科。现在有越来越多的企业在采用这种模式。如果企业在市场上有良好的声誉和足够多的忠诚客户,那么直销模式就有可能取得成功。

(b) 正向拍卖

一些企业将物品展示在拍卖网站上,以求物品迅速售出,这种拍卖也可称为正向拍卖。如通用公司在自己的网站上通过拍卖的方式出售资本资产。

正向拍卖方式可以为卖家带来以下好处:

① 带来收入。新的销售渠道可以支持并扩展在线销售,并为企业处理过剩、废弃和报废的物品提供了一个新的场所。

② 增加浏览量。拍卖给网站带来了"黏性",参加拍卖的客户会在网站上花费更多的时间,带来更多的页面浏览量。

③ 争取和留住成员。所有竞标活动都会带来新的注册成员。

正向拍卖有多种类型。企业可在自己的网站上进行拍卖,这种方式往往适合于一些资金及技术实力较强的大企业,如通用公司;企业也可通过中介(如一些 B2B 的拍卖网站)来进行拍卖,这种方式比较适合于中小企业,因为它对资源没有要求,且实现时间较短。

(2) 买方市场

B2B独有的一项特色是买方市场及其在采购方面的应用。当买方进入卖方市场后,其采购部门必须将订单手工输入到信息系统中。而且,在电子商店或电子商城中,搜索和比较供应商及产品的速度慢且成本高。因而,一些大型买方企业开放自己的市场,并称之为买方市场。在这种模式下,买方企业在自己的服务器上开设电子市场,邀请潜在的供应商对自己所需的产品进行投标。这种模式可以称为反向拍卖、招标或竞标模式。

在电子采购的使用中,通过将采购职能自动化和精简化,采购人员可将注意力集中在更具战略性的采购上,以提高采购的效率,通过产品标准化和集中采购来降低购买价格及采购费用,改进信息流和管理,尽量减少从非合同供应商处采购,减少购买和运输过程中的错误,发现更好的供应商。

在大型采购中最常见的模式是反向拍卖。有众多企业采用反向拍卖的模式,如有的企业邀请供应商对网站上的零件进行投标。政府和大企业经常采用这种模式,因为它会节省一笔可观的费用。

反向拍卖可以在企业的网站上进行。另外,和正向拍卖一样,反向拍卖也可通过第三方中介来进行。如通用电气公司的TPN在线采购系统同时向其他买家开放自己的竞标网站,这样其他买家就可以借助这一竞标网站发布自己的询价请求。因此,TPN网站可以被视为一家中介市场。

2. 多对多的市场交易模式

与以企业为中心的B2B市场交易模式不同,多对多市场交易模式包括许多卖家和许多买家。它们都是公开的电子商场,并且有许多称呼和多样化的功能,如电子商场、交易所、交易社区、B2B门户网站等。

"交易所"一词经常被用来描述多对多的电子商场,因此,本书中使用"交易所"来描述多对多电子交易市场。

(1) 交易所的分类

交易所的分类有多种方式,本书根据面向对象的不同将交易所分为水平交易所和垂直交易所。

(a) 水平B2B电子商务交易所

水平交易所可以将买方和卖方集中到一个市场上来进行信息交流、广告、拍卖竞标、交易和库存管理等,如阿里巴巴和环球资源网等都属于水平B2B交易所。之所以用"水平"这一概念,主要是指这种网站的行业范围广,很多行业都可以在同一个网站上进行贸易活动。

水平交易所可以产生很多的利润流。通常情况下,如果水平交易所将眼光放在广告上,那么可以有一个很好的赢利机会。另外,水平交易所通常会举办网上拍卖会,这样它可以向成交的卖方收取一定比例的交易费。水平交易所还可以靠出售网上店面来赚钱。除此之外,水平交易所还可以自己开展电子商务,从商务活动中直接赚钱。表2-1显示了水平B2B交易所的利润来源。

表 2-1 水平 B2B 交易所的利润来源

利润来源	概 述	代 表
交易费用	B2B 电子交易市场的公司大都对在其网站上达成的交易收取一定额度的交易费用,通常是交易额的某个百分比。无论是取自买方还是卖方,都是网站的一个主要收入来源。许多拍卖网站也向店家收取商家的登录费用,虽然该收入不是利润的主要来源,但却可保证商家的信誉与产品品质	如 Chemdex 之类的一手包办产品库存与物流的网站,或者仅建立虚拟交易市场让买卖双方交易的网站
拍卖佣金	有买方主导和卖方主导两种拍卖形式,网站向卖方抽取提成。该模式对卖方的好处是,如果交易不成,则无须付费	如 paperchange 网站向卖方抽取成交金额的 3%
软件许可费	这是大部分 B2B 平台软件商的主要利润来源	如拍卖软件商 OpenMarket
广告费	这是目前许多电子商务公司的一个主要收费项目。电子商务公司可对网上显示出来的一切有关商品和商家信息进行收费。一些网上拍卖市场会对参加拍卖的商品的信息展示进行收费。即使一些公司并不把信息展示费看得很重,但它可以利用对商品征收展示费来保证所列商品的质量。这是因为一般厂家不会花钱将别人不会要的劣等品展示出来。这样可以防止网上商品泛滥和将优质商品淹没	阿里巴巴网站介绍其商品和服务。赞助商广告以最常见的横幅广告为主。另外还有竞价排名和点击推广等
会员费和增值服务	很多中小企业成为付费会员,按照自己的所需购买合适的增值服务,这样就能轻易地凭借电子商务掌握商机,提升市场竞争力	现在阿里巴巴网站在中国的企业会员超过 100 万家,提供的增值服务有网销宝、黄金展位、精准营销和询盘管理等。此模式是阿里巴巴网站的业务及客户取得长期成功的关键
出售"内容"	收集整理厂商目录、客户信息和业务动态等信息	以 Horizonta 网站为代表,其模式是收集不同厂家的产品目录,然后添加搜索功能让买家使用更为方便
节省成本的回报	电子市场为买卖双方带来可观的成本缩减,在此模式中,网站从商品差价中提成;好处在于将采用新交易模式的投资报酬纳入赢利渠道,如果成本不减反增,则无须付费	在互联网咨询业中常见
其他服务费用	专门提供 B2B 所必需的资金流、物流或应用软件等方面的服务,分享利润,如信用卡公司提供的信用认证	如 Corio 公司的 eMarket 软件专为电子交易市场量身定做,用来将市场的交易机能与公司的 ERP 和 CRM 等系统集成在一起

网络商品中介交易是通过网络商品交易中心,即通过虚拟网络市场进行的商品交易。这是水平B2B电子商务的一种主要形式。在这种交易过程中,网络商品交易中心以互联网为基础,利用先进的通信技术和计算机软件技术,将商品供应商、采购商和银行紧密地联系起来,为客户提供市场信息、商品交易、仓储配送和货款结算等全方位的服务。

通过网络商品中介进行交易具有许多突出优点。

第一,网络商品中介为买卖双方展现了一个巨大的世界市场。以中国商品交易中心为例,这个中心控制着从中心到各省分中心、各市交易分部及各县交易所的所有计算机系统,构成了覆盖全国范围的"无形市场"。这个计算机网络能够储存中国乃至全世界几千万个品种的商品信息资料,可联系千万家企业和商贸单位。每一个参加者都能充分宣传自己的产品,及时沟通交易信息,最大限度地完成产品交易。这样的网络商品中介机构还通过网络彼此链接起来,进而形成全球性的大市场。这个市场是由国际消费者组成的,而且其数目仍以每年70%的速度递增。

第二,网络商品交易中心可以有效解决传统交易中"拿钱不给货"和"拿货不给钱"这两大难题。在买卖双方签订合同之前,网络商品交易中心可以协助买方对商品进行检验,只有符合质量标准的产品才可入网。这样就杜绝了商品"假、冒、伪、劣"的问题,使买卖双方不会因质量问题产生纠纷。合同签订后便被输入网络系统,网络商品交易中心的工作人员开始对合同进行监控,观察合同的履行情况。一旦出现一方违约的现象,系统就自动报警,合同的执行就会被终止,从而使买方或卖方免受经济损失。如果合同履行顺利,那么当货物到达后,网络商品交易中心的交割员将协助买方共同验收。买方验货合格后,在24小时内将货款转到卖方账户方可提货,卖方也不用再担心"货款拖欠"问题了。

第三,在结算方式上,网络商品交易中心一般采用统一集中的结算模式,即在指定的商业银行开设统一的结算账户,对结算资金实行统一管理,这样有效地避免了多形式、多层次的资金截留、占用和挪用,提高了资金的风险防范能力。这种指定委托代理清算业务的承办银行大都以招标形式选择,有商业信誉的大商业银行常常成为中标者。

第四,网络商品交易中心仍然存在一些问题需要解决:① 目前的合同文本还在使用买卖双方签字交换的方式,如何过渡到电子合同,并在法律上得以认证,尚需解决有关技术和法律问题;② 整个交易涉及的资金二次流转及税收问题仍需认真研究;③ 信息资料的充实也有待于更多企业、商家和消费者参与;④ 整个交易系统的技术水平如何与飞速发展的计算机网络技术保持同步,则是在网络商品交易中心起步时就必须考虑的问题。

网络商品中介交易的流转程式如图2-11所示。

网络商品交易中心的流转程式是:

① 买卖双方将各自的供应和需求信息通过网络传递给网络商品交易中心,网络商品交易中心通过信息发布服务向参与者提供大量、详细、准确的交易数据和市场信息;

② 买卖双方根据网络商品交易中心提供的信息选择自己的贸易伙伴;

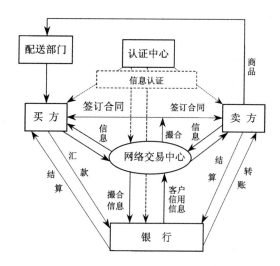

图 2-11 网络商品中介交易的流转程式

③ 网络商品交易中心从中撮合,促使买卖双方签订合同;
④ 买方在网络商品交易中心指定的银行办理转账付款手续;
⑤ 指定银行通知网络商品交易中心买方货款到账;
⑥ 网络商品交易中心通知卖方将货物发送到设在买方最近的交易中心配送部门;
⑦ 配送部门送货给买方;
⑧ 买方验证货物后通知网络商品交易中心货物收到;
⑨ 网络商品交易中心通知银行买方收到货物;
⑩ 银行将买方货款转交卖方;
⑪ 卖方将回执送交银行;
⑫ 银行将回执转交买方。

(b) 垂直 B2B 电子商务交易所

垂直 B2B 电子商务交易所可以分为上游和下游两个方向。生产商或商业零售商可以与上游的供应商之间形成供货关系,比如 DELL 计算机公司与上游的芯片和主板制造商就是通过这种方式进行合作的。生产商与下游的经销商可以形成销货关系,比如 Cisco 公司与其分销商之间进行的交易。

不同行业的 B2B 电子交易所在功能上可能有一定差别,但总的来说仍然属于信息发布平台类网站。例如,易创化工网是中国化工行业一个功能较完善、信息较全面的互联网在线交易网站,为用户提供一个开放式、全天候的中外化工供求交流的平台,用户除了可以在公告板上免费发布商业信息外,还开设有在线拍卖和在线招标两种双向竞价模式;中国钟表网除了提供供求信息发布、会员网站链接等服务外,还为会员提供录入和管理资料等服务项目;中国粮食贸易网则集成了网上采购、拍卖和网上交易等一系列功能,网站收取年度会员费。因此,垂直B2B交易所除了在行业集中方面与综合B2B交易平台不同外,二者的经营模式基本相同。

由于垂直交易所的专业性强,因此其面对的客户很多都是本行业的,潜在购买力强,其广告的效用也会较大。也正因为如此,垂直交易所的广告费较水平交易所的要高。一般来说,其广告的千次点击(CPM,Cost Per Thousand Impressions)费用是200美元,即广告每被点击一千次便会向客户收取200美元。除了旗标广告外,垂直交易所还可通过产品列表及网上商店门面收费。

与水平交易所一样,垂直交易所也可以举办一些拍卖会,并向交易成功的卖方收取一定比例的交易费。此外,还可以收取客户的信息费,即数据库使用费。

垂直交易所成功的最重要因素是专业技能。一个垂直网站面对的是一个特定的行业、特定的专业领域,因此,网站本身应该对这个领域相当熟悉。

典型垂直交易所的创始人往往对专业技能非常熟悉,他们通常是采购经理、技术部门负责人或者顾问。他们能够洞察全行业的内外需求,能一针见血地指出各家"进场入市"企业的需要,并向他们提供灵活有效的各种解决方案。

垂直交易所成功的另一个因素是传统行业的低效率。传统行业的中间环节越多,环节链接效率越低,该行业的垂直网站就越有机会整合其中间环节,因此也就越容易成功。例如,NetBuy是一个电子行业的垂直网站,整合了代表着2 000多个生产厂商的60多个授权经销部,提供33 000多种产品信息。除了用丰富的产品吸引客户再次光临以外,NetBuy还提供了一个社区环境,如讨论区和聊天室等,这也吸引了许多回头客。

垂直交易所吸引着更合格、更狭窄且经过预选的参与者,这种市场一旦形成,就具有极大的竞争优势。所以,垂直网站更有聚集性、定向性,它们较喜欢吸收团体会员,以便于建立起忠实的用户群体,吸引固定的回头客。其结果是,垂直网站形成了一个集约化市场,且客户也多是有效客户。因此这类电子市场是有价值的市场,它们拥有真正有效的购买者。

运作垂直交易所需要较深的专门技能。专业化程度越高的网站,越需要投入昂贵的人力资本来处理很狭窄的、专门性的业务,发挥该虚拟市场的商业潜能。

垂直交易所面临的最大挑战是很难转向多元化经营或者向其他领域渗透,这是由其具备鲜明行业特征的专门知识和客户关系所决定的。

(2)交易所的所有权

交易所的所有权有以下三种基本模式。

(a) 行业巨头

由一家制造商、分销商或经纪商建立并经营交易所。IBM就是一个例子。IBM建立了一个交易所用于出售专利,它将自己的25 000多项专利放在网上销售。

(b) 中立主办者

由第三方中介建立交易所,并承诺高效和公正地运营交易所。韩国三星公司就拥有多家交易所，其中一家专门用于鱼类产品交易。

(c) 行业联盟或合作社

行业中多家公司集合在一起，并规定没有一家企业可以控制交易所，这样大家都可以获益，Covisint 就是这样一家交易所。

(3) 交易所成功的关键

根据著名管理咨询公司——麦肯锡公司的观点，下列五个因素将是 B2B 交易所成功的关键。

(a) 早期流动性

流动性是指开展的业务量。企业越早达到必要的流动性程度，就越有机会生存下去。在交易所进行交易的买家越多，愿意参与的供应商就越多，这将使得交易成本下降，从而进一步提高流动性。

(b) 合适的所有者

交易所提高流动性的方法之一是与能带来流动性的公司建立伙伴关系。比如 Covisint 公司是由几家大型汽车生产商创建的。这些厂商都通过交易所进行采购，这就是许多垂直交易所都采取联盟形式的原因。在购买者和供应商都很分散的情况下，交易所最好的所有者可能是一家中介，它能够推动买卖双方进行交易从而增加流动性。

(c) 正确的管理

良好的管理及公平高效的运营和规则都是成功的关键。管理能提供交易规则、消除矛盾及支持决策制定。而且，好的管理能带来必要的流动性，并使所有者和参与者之间的矛盾最小化。

(d) 开放性

无论从组织观点还是技术观点看，交易所都必须向所有人开放。管理委员会应该将标准公开，但这些标准事先应获得一致同意。

(e) 全方位服务

虽然价格很重要，但买卖双方对降低总成本也很感兴趣。因而，能够帮助降低存货成本、减少物品损坏和能够进行独立购买等情况的交易所将吸引更多参与者。许多交易所与银行、物流公司和 IT 公司合作提供支持服务。

2.3　C2C 电子商务

C2C 模式即消费者通过 Internet 与消费者之间进行的个人交易。C2C 同 B2B 一样，都是电子商务的几种模式结构之一。二者不同的是：C2C 是用户对用户的模式，C2C 商务平台就是通过 C2C 企业网站为买卖双方提供一个在线交易平台，使卖方可以主动提供商品上网拍卖，而买方可以自行选择商品进行竞价。C2C 模式适合于个人用户。

从理论上说,C2C 模式最能体现互联网的精神和优势,因为数量巨大、地域不同、时间不一的买方或卖方通过一个平台找到合适的对家进行交易,在传统领域要实现这种大的工程几乎是不可想象的。

中国 C2C 网上零售交易规模快速增长。2004 年为 33.7 亿元,受 2008 年下半年开始的全球经济危机影响,网络购物得到进一步发展。2009 年中国 C2C 网上零售市场交易规模达到 2 630 亿,较 2008 年增长 1 倍以上。根据艾瑞咨询发布的 2010 年第二季度中国网络购物市场监测数据显示,2010 年第二季度中国网络购物市场交易规模继续高速增长,达到 1 112.3 亿元,同比增长 97.5%,如图 2-12 所示为 2008—2013 年中国网络购物市场交易规模及增长率。

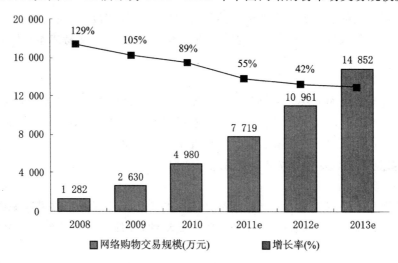

图 2-12 2008—2013 年中国网络购物市场交易规模及增长率

目前,C2C 电子商务的运作模式主要有拍卖平台和店铺平台。中国九成以上的网络购物交易发生在平台式购物网站。中国 C2C 市场格局基本稳定,淘宝网一家独大,占据 80% 以上的市场份额;拍拍网次之,但考虑到 QQ 庞大的用户群体,从长期来看,拍拍网的交易规模将有较大突破。可见 C2C 已成为电子商务中越来越受到关注的模式。

2.3.1 拍卖平台运作模式

这种模式指 C2C 电子商务企业为买卖双方搭建拍卖平台,并按比例收取交易费用。

网络拍卖的销售方式保证了卖方的价格不会太低,他们可以打破地域限制把商品卖给地球上任何一个角落出价最高的人;同理,买方也可以确保自己不会付出很高的价位。更为重要的是,网络拍卖这个虚拟大市场克服了传统商店的种种限制,在这里,每个人都站在同一水平线上。网络拍卖彻底震撼了全球每个商人做生意的方式。同时,它将进一步侵蚀国与国之间的经济障碍,加速将交易整合为一个单一的全球化市场。

1. 网络拍卖的定义

网络拍卖(auction online)是通过互联网进行在线交易的一种模式。

网络拍卖指网络服务商利用互联网通信传输技术,向商品所有者或某些权益所有人提供有偿或无偿使用的互联网技术平台,让商品所有者或某些权益所有人在其平台上独立开展以竞价、议价方式为主的在线交易模式。

关于网络拍卖的主体,目前大多数观点认为它大致分为以下三种。

(1) 拍卖公司

拍卖公司的网站一般多用于宣传和发布信息,属于销售型网站。

(2) 拍卖公司与网络公司或其他公司相联合

两者都属于拍卖公司为实现其现实空间(实际生活)中的既有业务而在网络空间上的延伸。

(3) 网络公司

网络公司在网络拍卖中提供交易平台服务和交易程序,为众多买家和卖家构筑一个网络交易市场(net-markets),由卖方和买方进行网络拍卖,其本身并不介入买卖双方的交易。这类网络公司在我国以易趣网、淘宝网为首要代表。网站仅供用户物色交易对象,就货物和服务的交易进行协商,以及获取各类与贸易相关的服务的交易地点。网站不能控制交易所涉及的物品的质量、安全或合法性,商贸信息的真实性或准确性,以及交易方履行其在贸易协议项下的各项义务的能力。网站并不以买家或卖家的身份参与买卖行为本身,它只提醒用户应该通过自己的谨慎判断来确定登录物品及相关信息的真实性、合法性和有效性。

2. 网络拍卖与传统拍卖的区别

(1) 拍卖的运作成本

在传统拍卖中,举行一场拍卖会成本非常高,要制作、印刷拍品宣传画册和拍卖目录,组织拍品展示,在公开媒体上刊登拍卖公告,租用拍卖场地等。每项工作都有一定费用。

在网络拍卖中,大多数拍卖网站仅仅是向买卖双方提供一个商品交易载体,即一个虚拟的网络空间,而不用租用场地进行拍品展示及举行拍卖会,拍卖网站只是在计算机系统的服务器上安装一个专门的竞价软件,而后由买卖双方自己完成网上拍卖过程中的所有事情,从而有效减少了公司的运作成本。

(2) 拍卖周期

在传统拍卖中,进行一次拍卖的工作周期一般较长。从产品构思到拍卖实施,再到最后成交,有许多环节需要考虑,所花时间至少达数十日之久。如果是一场规模较大的拍卖会,其运作周期会更长。

网络拍卖则有所不同,网络拍卖是一个连续的、不间断的过程。卖家只要向拍卖网站登记拍卖物品的信息,一件拍品的拍卖就开始了,其中省去了拍卖会前期的大量准备工作。

(3) 拍卖的时空限制

在传统拍卖中,拍卖会的举行受到时间和空间的限制。世界各地的拍卖行各自占领着小份额的拍卖市场,在同一地区会有许多家拍卖行激烈竞争同类物品的拍卖业务。参与拍卖会的竞买人也受时间和地点的限制,在拍卖会进行的时间里,竞买人可能无法及时参加。拍卖会现场空间的大小也限制了竞买人的数量。

通过互联网进行网上拍卖,将完全打破这种时间和空间上的限制,不同物品的拍卖可以在同一时间进行,一天 24 小时,每周 7 天,拍卖网站上随时都有拍品在拍卖。原有的拍卖交易市场无限制地扩大了,使过去不能参与拍卖的人能够参与拍卖,使更多的物品可以进行拍卖,并使交易范围扩大到了全球。

(4) 拍品的审查

在传统拍卖中,举行拍卖会前要对征集到的拍品进行严格审查。而大部分由网络公司建立的拍卖网站只是一个网上竞价交易载体,拍卖网站自身不具备拍卖人主体资格,企业内没有专门的拍品鉴定和估价人员。而且,网络拍卖兴起初期,拍卖网站对卖方全面开放,只要是有物品要卖的人都可以上网进行交易。

(5) 拍卖公告的发布

在传统拍卖中,拍卖是一种公开竞买的活动,所有公民都有被告知举行拍卖会的平等权利。我国《拍卖法》中就明确规定:拍卖人应当于拍卖日的七日前通过报纸或其他媒体发布拍卖公告。

网络拍卖则是一个随机的过程,卖方将拍品的相关信息登录到拍品网站上后,就可以开始竞买过程了。拍卖网站的用户只有在拍品拍卖的时间内登录拍卖网站,才会知道有些拍品正在进行拍卖。

(6) 拍品的展示

根据我国《拍卖法》的相关规定,拍卖行应在拍卖前展示拍卖标的,并提供查看拍卖标的的条件及有关资料。

在网络拍卖中,展示的仅仅是拍品的相关资料和图片,并且,这些拍品的信息和图片是由卖方自己提供的。

(7) 拍卖过程的实时监控

在传统拍卖会上,竞价过程完全透明,竞买人可以随时观察现场其他竞买人的出价情况,并根据自己的意愿及时出价。

在网络拍卖的竞价过程中,竞买人位于不同的计算机终端前,通过互联网完成竞价。竞买人无法看到其他竞价人当时是否正在出价,所以,极有可能错过加价机会,以至于让他人抢先出价了。

(8) 拍卖标的的拍卖时限

在传统拍卖中,每场拍卖会将经过长时间的前期准备,但正式举行的时间却只有短短几小时,一件拍品的成交与流标,在极短时间里就被决定了。

在网络拍卖中,一件拍卖标的的拍卖时间从一天、三天到一周不等。不同的拍卖网站,所规定的拍卖时间不尽相同,但总体上均比传统拍卖中拍卖标的的拍卖时限长很多。延长拍品的竞价时间,竞买人出价时有更充分的时间进行判断和思考,同时,在较长时间内还可以吸引更多的竞买人。

(9) 拍卖现场气氛

在传统拍卖会现场,聚集着参加拍卖会的所有竞买人,拍卖现场气氛浓烈,竞买人可以在现场感受到紧张激烈、互不相让的竞价氛围,同时还可享受现场叫价的乐趣。现场的激烈气氛会感染竞价人的情绪,使拍品的竞价过程更加激烈。

网络拍卖则是一个无声的拍卖过程,竞买人只要坐在计算机前面,输入自己愿意出的价格,按动鼠标,网上竞价就实现了,竞买人听不到其他对手喊价时激昂高亢的声音,也无法感受到所有竞买人同聚一堂的热烈气氛。

(10) 支付方式

在传统拍卖中,竞买人成为拍品的最终买方后,可采用现金、支票、信用卡、邮汇和电汇等方式支付拍品的定金、佣金和其他费用。

在网络拍卖中,买受人除了以上述方式支付拍卖成交的所有价款外,还可通过网上银行或拍卖网站自己的支付系统支付价款。

(11) 拍品的点交过程

点交过程也即拍品的权属转移。在传统动产拍卖中,拍品在拍卖前保存在拍卖行,并在拍卖会现场或专门的场地进行展示。一旦拍卖成交,买受人在拍卖会结束后当即付款,拍品也当场移交给买受人,完成拍品的权属转移。在不动产拍卖中,委托人向买受人移交不动产的所有权和使用权,并协助办理相关不动产权利转移证明。网络拍卖只是一个虚拟的交易过程,拍品在拍卖前一般由委托人保管,竞买人与委托人分处在不同的地理位置。竞买人通过网络参加拍卖网站上的拍品竞买后,由拍卖网站通知竞买人竞买成功,然后买受人再通过拍卖网站与委托人取得联系,而拍品则直接由委托人移交到竞买人手中。拍卖网站在拍卖交易过程中只进行信息传递。当然,部分拍卖网站有自己的配送系统,或通过专门的速递公司帮助委托人将拍品送达竞买人手中。

(12) 拍卖信息的交流

传统拍卖信息的交流仅限于拍卖行的拍卖公告、拍品目录和拍品实物展示,以及竞买人从拍卖行获得的相关拍卖介绍资料。拍卖行与竞买人之间的信息是不对称的,并且竞买人与委托人之间没有更多的信息交流,而竞买人之间也缺乏信息沟通。

网络是一个全开放式的信息平台。拍卖信息交流贯穿网络拍卖全过程。通过互联网,拍卖网站的用户可以获得众多的信息资料。除了拍品展示信息交流外,卖方可从网站上的竞买情况中了解现在的竞买人更喜欢什么物品,以便投其所好。竞买人可从拍卖网站的聊天室和留言板上获得更多相关的拍品评价信息,为自己的竞买决策提供帮助。

3. 网络拍卖的分类

(1) 按照专业程度分类

(a) 专门的拍卖网站

此类网站从事的主要活动就是专门进行各种物品的网上拍卖,以竞价方式为其主要交易方式,网站的主要收入来源是网上拍卖业务。例如,美国的 eBay 和中国的雅宝等网站都属专门的拍卖网站。

(b) 门户网站上的拍卖服务或拍卖频道

互联网上的大部分网站向网上用户提供的主要服务并不是网络拍卖。这些网站在自己的网页中加入拍卖服务或开通拍卖频道,目的是通过网络拍卖吸引更多的网上注册用户,以此作为营销手段,增加其网上零售的交易额。另外,有些门户网站本身就拥有众多的注册用户,这为其网络拍卖业务的发展提供了客户基础,而拍卖业务又为它带来了更多的用户点击率,并创造了可观的收入。

(2) 按照网站的经营者分类

(a) 无拍卖主体资格的拍卖网站

一般将这类网站称为"竞价网站"。它们只是一个由网络技术公司经营的、虚拟的、全天候服务的网上拍卖交易载体,不具备《拍卖法》中所要求的拍卖人资格,其网上拍卖交易多以一般消费品和二手货为主,网络技术公司通常不承担拍卖交易中的法律责任,也不对拍卖商品的品质作担保。

(b) 有拍卖主体资格的拍卖网站

这些拍卖网站由传统拍卖公司经营。经营者具有《拍卖法》中规定的拍卖主体资格,强调拍卖过程的合法性和对拍品品质的保证。这类拍卖网站目前数量极少。

专业型的拍卖网站又可细分为两种:一种是仅将网站当做企业传统拍卖业务的宣传窗口;另一种则是在网上推行实时的拍卖,使网上拍卖与传统拍卖相结合。

4. 网络拍卖中拍卖标的的类型

在网络拍卖中,拍卖标的的种类日益增多。大至太空舱残骸,小至价格低廉的日用消费品都被搬到网上进行拍卖,使得网上拍卖更像平民化的竞价交易。拍卖标的主要有以下几种。

(1) "低度触摸"商品

在网络拍卖刚兴起时,网站上展示的拍品大多是"低度触摸"商品,如计算机、书籍和CD等。这些商品的成交量高,竞买人无须试用或当面检验就能放心购买。而另一类属于"高度触摸"商品,如衣服和鞋子等,竞买人在竞买前喜欢看看质地、试试尺寸大小,这些物品在网络拍卖中略显冷清。但是现在,"低度触摸"和"高度触摸"的界限正在消失,例如在拍卖衣物时,拍卖网站可提供一个标准尺码以供竞买人作参照。

(2) 标准化产品

网络拍卖中的大部分拍品是标准化产品,能进行反复复制,同类商品在品质上无差别,如书籍和音像制品等,它们易于用文字进行准确描述,竞买人可根据网站上拍品的文字描述和图片外观来决定是否竞买。

(3) 艺术收藏品

艺术收藏品在传统拍卖中是最主要的拍品,而且艺术收藏品的拍卖发展至今已趋于成熟;但是网上艺术收藏品的拍卖则刚刚起步。竞买人很难仅仅凭借一张拍品的照片就判断拍品的真伪和品质,而且那些价值昂贵、年代久远的艺术收藏品,其具体情况不易于用简单语言清楚而准确地描述。所以,网络拍卖中价格高昂的艺术收藏品一般乏人问津,最易成交的大多是中低价格的艺术品。

5. 拍卖网站的赢利模式

(1) 拍卖成交后的佣金

拍卖交易佣金是拍卖网站最大的收入来源。拍卖网站为卖方和竞买人的拍卖活动提供了交易载体。在拍卖交易成功之后,会按拍品成交额的一定比例向卖方或买卖双方收取佣金。

(2) 保留价费用

在传统拍卖中,当拍卖交易不成功时,拍卖企业会向委托人收取一定的服务费用,这在网络拍卖中称为保留价费用。也就是拍卖网站根据卖方事先设置的拍品保留价的高低收取费用。

(3) 登录拍品信息的费用

卖方如果想在某一拍卖网站上进行物品的拍卖活动,则拍卖网站会向卖方收取拍品信息登录费用。

(4) 额外的服务费用

拍卖网站会通过拓展它的服务内容来收取其他的费用。如为拍品提供多角度的拍摄,为拍品提供文字描述等。

2.3.2 店铺平台运作模式

这种模式是电子商务企业提供平台以方便个人在该平台上开店铺,可以会员制方式收费,也可通过广告或提供其他服务收取费用。这种平台也可称为网上商城。

想要入驻网上商城开设网上商店的用户需要依托网上商城的基本功能和服务,因此,平台的选择非常重要。但是用户在选择网上商城时往往存在一定的决策风险,尤其是初次在网上开店,由于经验不足以及对网上商城了解较少等原因而带有很大的盲目性。有些网上商城没有基本的招商说明,收费标准也不明朗,只能通过电话咨询,这也为选择网上商城带来一定困惑。

不同网上商城的功能、服务、操作方式和管理水平相差较大,理想的网上商城应具有以下基本特征:

① 良好的品牌形象，简单快捷的申请手续，稳定的后台技术，快速周到的顾客服务，完善的支付体系，必要的配送服务，以及售后服务保证措施等；

② 有尽可能高的访问量，具备完善的网店维护和管理以及订单管理等基本功能，并且可以提供一些高级服务，如对网店的推广和网店访问流量分析等；

③ 收费模式和费用水平也是重要的影响因素之一。

不同的个人可能对网上销售有不同的特殊要求，选择适合本商店产品特性的网上商城需要花费不少精力，完成对网上商城的选择确认过程大概需要几小时甚至几天时间，不过，这些前期调研的时间投入是值得的，它可以最大可能地减小盲目性，增加成功的可能性。

由于网上商店的建设和经营具有一定难度，需要经验的积累，因此在初次建立网上商店时，最好进行多方调研，选择适合自己产品特点和经营者个人爱好的、同时又具有较高访问量的网上商城；此外，在资源许可的情况下，不妨在几个网上商城同时开设网上商店。

1．网上商店的交易方法

通过网上商城进行网上交易应当保证购物的便利，首先应当了解消费者网络购物的一般步骤及网上商店的业务流程。

(1) 消费者网上购物的一般步骤

(a) 进入网上商城首页

消费者首先进入商店，挑选所要的商品。利用网上商店提供的分类、目录或搜索功能，浏览商品的说明、功能、价格、付款方式、送货条件、退货条件和售后服务等信息，了解是否符合需求，决定是否订购。

(b) 订　购

当决定要购买后，就可以订购了。订购时可使用该网上商店的订购程序直接进行，既可通过在线形式直接下订单，也可将订购单打印出来，填写后再传真或邮寄到该公司完成订购。

(c) 付　款

通常一家网上商店会有多种付款方式可供选择，选择一种自己认为最好的付款方式并支付货款，基本上就完成了在线购物，接下来只要静候商品的送达。

(d) 获得商品

实体商品利用传统的配送渠道，如邮寄、快递或货运公司等来传送，数字化商品则可通过 Internet 直接传送。

(2) 一般网上商店的业务流程

一般情况下，网上商店的业务流程是密切按照顾客网上购物的步骤，再根据商店本身的特点进行量身定制，以求合理地利用资源。

目前网上商店的业务流程大同小异，一般有以下几个步骤。

(a) 用户注册

通常，没有进行用户注册的浏览者不能进行网上交易，注册的作用在于获得顾客的联系方式以便送货或进行购物确认。如果顾客已经通过了注册,则应当进行用户登录。

(b) 选择商品

顾客根据需要可以直接搜索,或者进行分类查找,当找到所需商品后,应当允许顾客进行即时订购,为此网上商店最好提供购物车功能。

(c) 下订单付款

顾客完成商品选择后即可下订单付款。这时网上商店应明确显示送货方式、送货地址、联系电话以及付款方式。

(d) 处理订单

当顾客完成订单后,网上商店应当及时根据顾客需求完成交易,并尽快把商品送到顾客手中。

2. 网上商店的维护和更新

互联网的魅力在很大程度上取决于它能源源不断地提供最及时的信息。人们把网络归入IT行业,也就是信息产业,是因为信息是一切的中心,是网络之所以存在和发展的基础。网上商店的生存和发展也离不开信息的及时更新。

网上商店需要更新的理由是:

① 没有新鲜的内容怎能吸引人。没有一家商场开张多年从没有添加或减少过一种商品。如果一个网上商店的内容从制作完成后几年内从没更改过一次,那么这样的网上商店怎能吸引人来此购物。这个时代网店众多,因此,要想让更多的人来网店购物,就应考虑给它加入新鲜的要闻或者不断更新产品信息及其他有用信息,只有这样才能吸引更多人的关注。

② 让网上商店充满生命力。一个网上商店只有不断更新才会有生命力。人们上网购物无非是要获取所需,所以,只有那些能不断提供人们所需内容的网店,才能具有吸引力。

③ 与推广并进。网上商店的推广会给它带来访问量,但这很可能只是短期效应,要想真正提高商店的知名度和有价值的访问量,只有靠回头客。网上商店应当经常提供吸引人的有价值的内容,这样才能吸引网民经常访问。

总之,一个不断更新的网上商店才会有长远的发展,才会给用户带来真正的效益。

下面主要介绍一些对网上商店的内容和服务进行维护与更新的方法(不包括硬件的维护和更新)。

(1) 即时管理商店

内容包括:

① 安排每天的工作,检查语音留言或传真,回复邮件,提炼订单,下订单,更新站点,查看E-mail,处理发货单。

② 及时添加新商品,删除已缺货的商品。

③ 处理邮件,将 E-mail 按次序区分过滤,设置自动回复,用文件夹组织信件。

④ 对网站进行设计更新,定期进行特色推荐。

⑤ 组织好站点的后台工作环境,分析商店流量,分析顾客购物偏好,进行数据备份。
⑥ 建立顾客数据库,对顾客建立一对一的关系。

(2) 通过在线顾客服务建立忠实的顾客群

内容包括:
① 开展在线咨询,设计常见问题,及时处理用户问题,认真对待用户投诉。
② 建立电子邮件列表。
③ 保护顾客隐私。

(3) 打败竞争对手

内容包括:
① 关注 Internet 竞争的独特问题,建立尽可能广泛的顾客服务渠道,保证低廉的启动资金和小的库存,不断完善网站内容。
② 追踪竞争对手,进行比较购物,听取顾客意见;观察正在关注自己的竞争对手,最好的防御是进攻。
③ 与网络社区保持联系,保证获取第一手的资料信息。
④ 注重法律。

实验二 体验网上购物

【实验目的】
1. 通过网上购物的体验,进一步理解电子商务的内涵。
2. 能够分析电子商务的物流、资金流、信息流和商流。
3. 会利用电子商务标准对 B2C 网站进行全面分析比较。

【实验要求】
1. 了解网上商店的结构特点。
2. 掌握网上购物的运作环节。
3. 体会网上购物的特点和存在的问题。

【实验内容】
1. 进入相关的电子商务网站。
2. 熟悉电子商务网站的结构和功能。
3. 查询和选择购买商品。
4. 注册成为新会员。
5. 网上支付结算货款。
6. 查询订货状态。
7. 会员信息反馈。

8. 画出购物流程图。

【实验步骤】

1. 进入相关的电子商务网站,或在地址栏中输入 http://www.taobao.com 登入淘宝网。
2. 如果购买手机就可直接单击导航条,然后选择商品;也可以直接在分类栏中进行查询;还可以在分类栏中进行模糊查询或快速查询。
3. 单击"对比选中的宝贝"。
4. 选择价格最低的掌柜为"孤独石子"的手机,单击"立即购买"。
5. 如果还没有注册,则先注册,单击免费注册。
6. 激活邮件,注册成功后,确认购买信息。
7. 等待买家付款。
8. 付款给"支付宝";确认到货;"支付宝"打款给卖家,完成交易。

【实验提示】

选择买家虽然主要是比较价格,但还必须考虑信用指数和买家所在地等因素,毕竟交易的安全是最重要的。

【实验思考】

1. 如何用框图描述淘宝网的交易过程?
2. 完成本次实验后,你是否对电子商务有了更深入的了解?在此次交易中至少涉及了哪些交易对象?
3. 在交易中,你选择的是什么支付方式和配送方式?淘宝网提供了哪些支付方式和配送方式?
4. 你认为"支付宝"安全吗?为什么?
5. 对照电子商务相关内容进行全面比较分析。
6. 自己寻找浏览 3 个典型的"商务网",谈谈其特色和存在的问题。

思考与讨论

1. B2C 电子商务的主要模式有哪些?
2. B2C 电子商务企业有什么类型?其收益模式有哪些?
3. 简述 B2C 电子商务的主要环节。
4. 简述 B2B 电子商务交易的主要模式。
5. C2C 电子商务交易的主要模式有哪两种?各有何特点?
6. 网上购物的消费者可以分为哪几种类型?影响网上购物的主要因素有哪些?
7. 试分析最适合在网上销售的商品或服务有哪些?

第 3 章 电子商务系统建设

3.1 电子商务系统的构成

从技术角度看,电子商务应用系统由企业内部网和企业外部网(企业内部网与互联网连接)两部分组成。

3.1.1 企业内部网

企业内部网是由 Web 服务器、电子邮件服务器、数据库服务器、电子商务服务器和客户端的计算机组成的网络系统。所有这些服务器和计算机都通过网络设备集线器(hub)或交换器(switch)连接在一起。Web 服务器最直接的功能是可以为企业内部提供一个 WWW 站点,其功能包括以下几点:

① 可以完成企业内部日常的信息访问。
② 邮件服务器为企业内部提供电子邮件的发送和接收。
③ 电子商务服务器和数据库服务器通过 Web 服务器对企业内部和外部提供电子商务处理。
④ 协作服务器主要保障企业内部某项工作能协同工作。开发人员可以通过协作服务器共同开发一个软件。
⑤ 账户服务器提供企业内部网络访问者的身份验证,不同的身份对各种服务器的访问权限将不同。
⑥ 客户端 PC 机上要安装有 Internet 浏览器,如 Microsoft Internet Explorer 或 Netscape Navigator,借此访问 Web 服务器。

在企业内部网中,每种服务器的数量随企业的情况而有所不同。例如,如果企业内部访问网络的用户较多,则可以放置一台企业 Web 服务器和几台部门级 Web 服务器;如果企业的电子商务种类较多或者电子商务业务量较大,则可以放置几台电子商务服务器。

3.1.2 企业外部网

为了实现企业与企业之间、企业与用户之间的连接,企业内部网必须与互联网进行连接,但连接后会产生安全性问题。所以在企业内部网与互联网连接时,必须采用一些安全措施或具有安全功能的设备,如防火墙。

为了进一步提高安全性，企业往往还会在防火墙外建立独立的 Web 服务器和邮件服务器供企业外部访问，同时在防火墙与企业内部网之间，一般会有一台代理服务器。

3.2 网站规划

随着互联网的普及和发展，电子商务成为企业和商家的最终选择。它具有开放性、国际性、实时性、互动性和低成本的特点，是"永不关门"的商场。电子商务的实施和运作依赖于电子商务系统，电子商务网站是电子商务系统工作和运行的主要承担者和表现者，建立一个功能完善、界面美观、符合企业自身特点的电子商务网站，是企业能否成功实施电子商务的重要保证。

很多企业从 Amazon 的成功中认识到网站所带来的利润，因此也开始不断尝试。实践证明，电子商务网站的实施过程是利润和风险并存的。电子商务网站是在网络和现代信息技术的基础上开展的商务活动。由于外界环境不断变化，尤其是信息技术和网络技术环境的变化，电子商务网站的实施要求企业的商务活动具有高度灵活性。但是，这种适应变化环境的能力不是每个企业都具备的，对于某些行业来讲还相当困难。所以，就需要对电子商务网站每个步骤的实施进行详细周全的规划，如什么时间实施、如何统筹安排、如何降低风险以及如何吸引网络用户等。

3.2.1 电子商务网站的概念和类型

电子商务网站是电子商务系统中最重要的部分，是买方和卖方进行信息传递的渠道，企业通过电子商务网站体现其企业形象，实施经营战略，是企业展开商务活动的平台。简单地说，电子商务网站是由一系列网页、制作工具、编程技术和后台数据库等构成，具有实现不同电子商务应用的各种功能，可以实现广告宣传、经销代理、银行与运输公司中介等方面的功能。

企业竞争日趋激烈，因此，在虚拟网络上建立自己的网站，争取网络客户成为企业竞争的另一热点。电子商务网站可以让全球的用户全年无休每天 24 小时地访问，为企业的宣传和营销带来便利，经营者可以即时发布最新信息。几乎在同一时间，用户便可得到企业发布的最新消息。电子商务网站为企业和用户之间提供了便利的交流方式。最关键的是，网站的开销相对实体店面费用较少。

随着网络技术的迅速发展，电子商务网站多如牛毛，各网站在结构、形式、功能和规模上有很大差别。目前，互联网上的电子商务网站可以划分为以下三类。

1. 信息型

这类电子商务网站数量最多，可以说它们是一种初级状态的电子商务网站。因为信息型网站给网络用户提供企业信息，包括企业文化、企业动态、企业产品与服务，满足用户对企业历史和发展的了解，而不能实现用户的网络订货和在线交易。信息型网站使用的技术简单，实现方便,所需资金最少,一般是小型企业的首选类型。

2. 销售型

销售型网站可以在网上接受订单,进行网络支付。其目的是销售自己的产品和服务。企业通过销售型网站直接向网络用户销售商品和服务,改变了传统的销售渠道,使传统的商业活动规则不再适用。一般称这类企业为完全化电子商务企业,它们采用独特的经营方式进行管理,是目前管理学研究的一个热门话题。

3. 综合型

综合型电子商务网站是一种高级形式,除了将企业文化、企业动态、企业产品和服务等信息发布到网络上,还能够接受网络订单,实现网络支付,具备完善的网络订单跟踪处理能力,而且这类网站集成了供应链管理等企业流程的信息处理系统。这类网站要求的技术含量很高,需要大量的人力、物力和财力方可实现,一般是有实力的大企业所采纳的形式。

对于传统企业来说,电子商务网站作为服务客户的窗口,与普通网站还是有所区别的。电子商务网站是基于互联网并支持企业价值链增值的信息系统。电子商务网站作为一个整体,不仅包括企业商务活动的外部电子化环境,而且包括企业商务活动的内部电子化环境,即企业内部信息系统的各种信息。网站向外发布信息,改变了原来企业信息利用率不高,资源无法被外界获得的局面。

3.2.2 网站设计规划

通常,规划是为了完成某个目标而设计相关的实施步骤,提供一个可以达到目标的行动计划。在项目管理中,通常称之为项目计划,其中包括任务的分解和人员的安排。电子商务网站的规划是以完成企业核心业务转向网站服务为目标,在企业的电子商务战略下,设计支持这种转变的体系结构,并分解该结构的内容和实施任务,选择实现这一系统的技术方案,给出系统建设的实施步骤和时间安排,组织好系统建设中的人员安排,预算系统建设的开销和收益。

制定电子商务网站规划时,通常有如下几个步骤。

(1) 确定电子商务网站的边界,明确规划目标、人物与要求

内容包括:
- 确定电子商务网站的范围,即确定是整体规划还是企业中某个部门的规划。
- 确定规划的时间限制。
- 确定电子商务网站的战略目标。

(2) 建立指定电子商务网站规划的组织

内容包括:
- 确定项目负责人。
- 确定小组成员,其中包括企业经营人员、技术人员以及相关领域(如物流和金融等)的专家顾问等。

(3) 制订规划进度表

建设一个电子商务网站需要制订一个详细的进度表,以便及时检查和掌握进度。同时,进度表中需要规定各个人物的先后次序、完成时间、使用的资源和人员分配。

(4) 现行系统的调查与分析

调查当前企业的目标和任务、组织结构和管理体系以及可利用的资源和约束条件等。

(5) 提出新的开发方案

确定新系统的目标、功能、结构,以及开发进度计划、成本、需求和开发的方式方法等内容。

(6) 可行性研究

包括新系统的必要性、开发方案的经济性、技术的可行性和组织管理的可行性等。

(7) 提出系统规划报告

系统规划报告包括绪论、系统建设的背景、必要性和意义、系统的候选方案、可行性分析、几种方案的比较研究和建设性结论。

3.2.3 用户需求

用户需求是电子商务网站使用者或相关人员对想要开发的网站提出的初步需求。用户需求可能由与电子商务网站相关的人员提出,但由于每人所在的地位和角度不同,表达的重点和风格各异,所以要明确和完善的内容也就各有不同的侧重。

在明确了需求的同时,还要了解用户需求的来源。用户需求的来源一般有以下几个方面:

① 企业的领导。这种需求着眼于全局,但往往不具体。

② 企业中有关部门人员。这类需求着眼于本部门业务管理,具体实际,但往往缺乏全局观念。

③ 信息部门的系统管理人员。这类需求较多涉及系统技术与系统本身。

④ 外部机构。这类需求主要提出其机构对所需信息的要求,很少考虑系统的内部情况。

⑤ 网上客户。网上客户是电子商务网站的最终使用者,他们的需求最重要。

用户需求的内容一般有四个方面:

① 系统现状的概述。

② 新系统应解决的问题与要实现的目标。

③ 可提供的设备、人力与资金。

④ 对开发进度的要求。

3.2.4 商务模型

商务模型规划是一种战略层的规划,主要目标是为电子商务网站规划提供依据。

在对企业核心业务过程进行分析,以及对影响企业基本业务流程的环境因素进行分析的基础上,根据已确定的商务模式,对企业核心业务过程进行流程再造,以缩短企业的产品供应链、加速客户服务响应、提高客户个性化服务、提高企业信息资源的共享和增值为目标,抽象企业电子商务的基本逻辑组成单元,界定相互关系,确定企业外部环境,最后明确企业信息流、资金流和商品流的关系,建立企业的商务模型。图3-1给出了商务模型规划的基本过程。

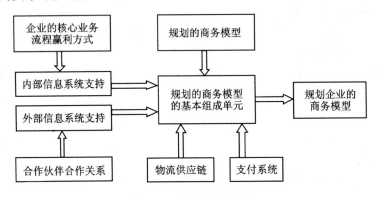

图 3-1 商务模型规划

3.2.5 可行性分析

可行性分析是在初步调查、分析以及电子商务网站开发方案拟订的基础上,分析电子商务系统开发方案的可行性,最后做出是否继续开发的明确结论。

1. 经济上的可行性分析

经济上的可行性分析主要是对开发项目的投资与效益做出预测分析,即从经济的角度分析电子商务系统的开发方案是否有价值,分析电子商务系统所带来的经济效益是否超过开发和维护成本。

(1) 成本估算

电子商务的成本包括固定成本和变动成本。固定成本能够进行比较精确的测定,而变动成本则要根据历史资料加以预测。表3-1列出了一些电子商务的成本项目。

表 3-1 电子商务的成本项目

成本类型	细分项目	内　容
固定成本	计算机、网络设备	购置、安装费用
	系统软件、网络软件	购置费用
	网站域名	注册、维护费用
	人员	工资

续表 3-1

成本类型	细分项目	内　　容
变动成本	软件	开发费用
	人员	培训费用
	管理	管理费用
	通信	通信费用
	系统	维护费用
	宣传	宣传费用

(2) 效益估算

企业通过电子商务网站获得的效益可从直接经济效益和间接经济效益两方面分析。

直接经济效益包括降低管理成本、降低库存成本、降低采购成本、降低交易成本、时效效益和扩大销售量等方面。

间接经济效益包括提高管理工作水平所带来的综合效益,提高企业知名度所带来的综合效益,实施电子商务后的成本节约和收益,企业通过互联网为客户提供的产品技术支持等。

2. 技术上的可行性分析

主要是确定所提出的开发方案在现有技术条件下是否有可能实现。技术上的可行性可从设备条件和技术条件两方面分析。

设备条件的分析应包括计算机的内外存容量、联网能力、主频速度、外部设备、可靠性和安全性等方面。分析它们是否满足系统的性能要求。

技术方面的分析主要考虑从事系统开发和维护工作的技术力量。在系统开发、使用和维护各阶段,分析所提供的系统分析员、系统设计员、程序员、操作员、录入员及软硬件维护员等各类专门人员是否满足要求。

3. 管理的可行性分析

管理的可行性分析是确定企业是否在管理方面具有电子商务网站开发和运行的基础条件和环境条件,包括以下方面:

① 企业领导、部门主管对电子商务系统的开发是否支持,态度是否坚决。

② 与项目有直接关系的业务人员对系统开发的态度如何,配合情况如何。

③ 业务管理基础工作如何,现行商务系统的业务处理是否规范。

④ 新系统的开发运行导致业务模式、数据处理方式及工作习惯的改变,业务人员能否接受。

4. 环境的可行性分析

除了技术因素与经济因素外,还有很多社会环境因素对项目的发展起着制约作用。环境的可行性分析包括以下内容：

① 股东、客户或供应商对准备开发的系统是否支持，此系统能否为他们带来利益，负面效应如何。

② 准备开发的系统是否可能违反法律。

③ 准备开发的系统是否符合政府法规或行业要求。

④ 外部环境的可能变化对准备开发系统的影响如何。

⑤ 网上客户对系统提供的功能、性能和内容等诸多方面是否满意。

通过以上四个方面的分析，可得出可行性分析的结论。

3.2.6 制定项目规划书

1. 确定网站类型和用户群

首先要明确是否提供销售模块。只有明确目标用户群才能更准确地分析用户需求，才能满足用户需求以吸引用户。

2. 确定网站内容

调查企业内部信息和外部环境，以及它们的关系，对所有信息进行分类，通常分为四类：网站公布的信息、需要及时更新的信息、未来将公布的信息和禁止公布的信息。

通常，企业文化和企业历史属于网站公布信息。公司的某些政策变更，公司的产品和服务信息需要定时更新，以便用户及时了解公司的发展状况。某些公司信息属于可能需要发布，但还没有确定，属于未来将公布的信息。禁止公布的信息是指一些公司机要，甚至是竞争的重要资源信息，不能公布，这些信息建议不要放在服务器上，并且要妥善保管好。

3. 确定网站的功能和结构

网站的功能包括提供信息、提供互动、提供网络交易、支持订单追踪服务、提供物流支持服务和提供网络支付等。当然，不是每一个电子商务网站都需要提供所有这些功能，而是要根据网站的发展需要、客户需要和网站预算来决定电子商务网站的功能。网站的结构要尽早确定，并且一定要简单明了，且易于被大众所接受。

4. 确定网站风格和服务器类型

根据目标群的特点和网站的类型等因素，确定合适的网站风格。这一部分需要美工的配合，而且是较能体现网站创意的部分。这一部分包括网站的名字、LOGO、布局和色调等。

5. 准确预算

项目管理中的资金和时间预算很重要。在电子商务网站中，资金预算主要有软件开发、硬件配置、维护费用和实施费用等。电子商务网站采用信息技术，对时间的要求一般较高。因为技术瞬息即变，如果网站开发时间过长，会导致开发的产品不具备先进性和时效性。

3.3 网站建设

3.3.1 电子商务的体系结构

一个完善的电子商务系统应该包括哪些部分,目前还没有权威的论述。电子商务覆盖的范围十分广泛,必须针对具体的应用才能描述清楚系统架构。从总体上来看,电子商务系统体系结构由三个层次和一个支柱构成。

这三个层次是:网络平台、安全基础结构与电子商务业务。一个支柱是公共基础部分,包括社会人文性的公共政策、法律及隐私问题和自然科技性的各种技术标准、安全网络协议和文档等。电子商务体系结构的三个层次如图3-2所示。

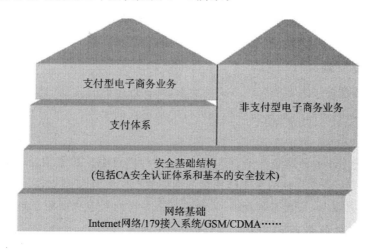

图3-2 电子商务体系结构层次

网络平台处在底层,是信息传送的载体和用户接入的手段,也是信息流通的主要通道,它包括各种各样的物理传送平台和传送方式,如远程通信网、有线电视网和无线电通信网等。但是,目前大部分的电子商务应用都建筑在 Internet 网络上,其主要硬件有电话设备、调制解调器(modem)、集线器(hub)、路由器(router)、交换机(switch)和有线电视等。

安全基础结构包括各种加密算法、安全技术、安全协议以及 CA(Certificate Authority)认证体系,为电子商务平台提供了安全保障。

电子商务业务包括支付型业务和非支付型业务,其中支付型业务架构在支付体系之上,分别根据业务需求使用相应的支付体系;而非支付型业务则直接架构在安全基础结构之上,使用这一层提供的各种认证手段和安全技术提供安全的电子商务服务。

公共基础部分始终贯穿于上述三个层次中,并对电子商务的推广、普及和应用起着重要的制约作用,是创造一个适应电子商务发展社会环境的基础。

3.3.2 模块划分

1. 网上电子商务系统

商务网站最主要的功能就是在网上开展电子营销。因此该系统是整个网站的核心模块,也是大多数电子商务网站中技术最成熟的模块。

2. 用户认证系统

电子商务网站一个很重要的功能是对客户的管理,这主要是通过对用户提交的注册信息进行分析,对不同业务系统的用户登录进行统一认证,包括用户密码、身份及权限的认证等。

3. 询价系统

电子商务网站中的询价系统应为用户提供灵活的商品价格查询和分析手段,用户可以自己定义复杂的查询条件,从不同角度搜寻自己需要的商品和价格。

4. 商品检索引擎

商品检索引擎系统应该支持多种方式的检索,既支持简单的关键词检索,也支持复杂的智能检索,并且支持同时对商品及商品分类等进行的高速查询服务。

5. 网上调查系统

网上调查系统用于各种调查活动,可以插入在各种栏目中。商务网站一般采用通用网上Web调查系统。网上调查系统的主要作用是协助企业在网上开展调查,以了解客户的消费心理,从而更好地改善服务,并通过调查结果,及时掌握客户的需求和市场走向。

6. 广告管理与发布系统

可以实现按年、月、日、时对广告投放点击进行统计,并对网友进行区域分析,以提供给商家各种相关数据。

3.3.3 功能设计

对电子商务网站的模块进行划分之后,需要给每个模块的功能进行定义和设计。

1. 系统用户登录和身份验证

内容包括:

① 系统用户注册;

② 验证用户的注册信息;

③ 系统用户进入系统时的身份验证;

④ 系统用户在不用页面浏览时的身份验证。

2. 销售系统

内容包括：

① 允许用户浏览所有商品；

② 允许用户按照商品种类、商品名称、商品提供商、商品品牌和商品厂家进行查询；

③ 允许用户购买自己喜欢的商品；

④ 允许用户对购物车进行管理；

⑤ 系统实现订单的处理（后台管理部分）；

⑥ 系统完成整个购物流程，并提供良好的帮助信息和购物环境。

3. 后台维护管理系统

内容包括：

① 对管理员的身份进行验证；

② 管理数据库中的商品；

③ 对注册用户和系统用户进行管理；

④ 对订单信息进行管理；

⑤ 设置促销策略，即最新商品、打折商品和热卖商品等；

⑥ 统计数据库和进行财务管理。

4. 网站论坛

内容包括：

① 允许任何用户浏览帖子；

② 注册用户有发表帖子的权力；

③ 系统管理用户有删除帖子的权力；

④ 设计多个论坛版块，并可设定各版版主。

5. 注册用户开店要求

内容包括：

① 允许注册用户申请网络商店（提供二级域名）；

② 允许注册用户设置网络商店的店铺样式；

③ 允许注册用户管理自己的商品；

④ 允许注册用户管理自己的订单；

⑤ 允许注册用户设置自己的促销策略；

⑥ 允许注册用户统计和分析自己的经营情况；

⑦ 全程提供良好的帮助信息和方便的操作环境。

3.3.4 流程设计

事务的处理需要按照一定的流程进行。在设计网站时,也需要按照事务流程的实际需要进行开发。因此详细分析事物流程的需要很有必要。下面以订单处理事务为例进行分析。

订单处理是电子商务网站必不可少的内容。要求网站能够准时向客户提供其所订购的商品和服务,同时还包括提供所有相关的客户服务。例如,当客户拿到新商品时,必须同时能得到安装和操作说明书,可以将文字说明书附在商品中,也可以在网上提供电子说明。如果客户对商品不满意,必须提供换货或退货服务。因此,订单主要是后台运作的一部分,但与前台运作密切相关。

通常,订单处理的流程如下所述。

(1) 确定客户付款

根据支付方式和预先安排的不同,必须对支付的有效性进行检查。这项任务由公司的财务部门和金融机构完成。

(2) 检查存货情况

无论供应商是制造商还是零售商,都必须检查是否有存货。这时,可能涉及原材料管理部门、生产部门和外部供应商等。

(3) 安排装运

如果有货则尽快送达客户。产品可以是数字化的,也可以是实物。如果是实物且有现货,则安排包装和运输。这一步设计属于装运部门以及内部运输人员或外部运输公司的任务。

(4) 保 险

有时候需要对装运的货物进行保险,这涉及财务部门和保险公司。此时,信息不但要在公司内部流动,还要流向客户和保险代理人。

(5) 生产和与之相关的准备工作

如果产品面临缺货,就要立即告知企业尽快组织生产。

(6) 采购和仓储

如果卖方是零售商,就要从制造商采购。采购过来的商品可能要存放在仓库中。

(7) 联系客户

销售人员需要与客户保持持续联系,从接受订单通知开始,这种联系大多是通过电子邮件完成,这类邮件一般是自动产生的。

(8) 退 货

在某些情况下,客户希望更换或退还商品。

另外,还有些管理与订单有关,如需求预测和反向物流等。

3.3.5 数据库设计

数据库是长期储存在计算机内的、有组织的、可共享的数据集合。电子商务网站需要处理大量信息,如商品资料、客户资料和交易合同资料等。随着网站运营销售记录等数据与日俱增,这些数据都需要在数据库中保存,因此数据库对电子商务网站是至关重要的。

这里的数据库设计是针对电子商务网站的运营环境进行的。从用户对数据的需求出发,研究并构造数据库结构,使之能有效地存储数据,满足各种用户的应用需求。数据库设计的两个重要目标是满足应用功能的需求和具有良好的数据库性能。

数据库设计通常分为四个步骤:需求分析、概念设计、逻辑设计和物理设计。需求分析是了解与分析用户的信息及应用处理的要求,并将结果按一定格式进行整理。概念设计是在系统分析的基础上,按照特定的方法设计满足应用需要的信息结构,完成 E - R 图,即概念模型。逻辑设计是将概念结构向一般的关系、网状或层次模型转换,然后向特定的 DBMS 支持下的数据模型转换,最后进行模型的优化。物理设计是对于一个给定的数据库逻辑结构,权衡各种利弊因素,研究并确定一种高效的物理存储结构,以达到既能节省存储空间,又能提高存储速度的目的。

3.3.6 用户界面设计

用户界面设计关系到数据的输入和输出,也关系到用户对网站的印象,尤其是首页和商品的页面是网站中最重要的页面。

首页犹如商店的橱窗,应该有很强的吸引力,让顾客停留较长时间。在首页中,顾客应该能很清楚地看到商品销售的种类,尤其是特别推荐商品。页面的内容应该尽可能地实事求是,不要说大话,以免造成对整个网站的不信任感。

下面列出的几点是网站首页要注意的地方:

① 站点的首页应该包括邮寄地址、电话号码、传真号码和帮助信息等内容。

② 首页中的链接最好不要用图片链接,如果使用了图片,则请加上文本注释,因为一般的搜索引擎不辨别图像而只提取文本。

③ 首页中不要放 JavaScript 代码,这会影响搜索引擎的效果。

④ 首页应用 800×600 的像素规格,因为大多数用户都是使用这个尺寸模式浏览。

⑤ 首页中应该有一个徽标。徽标是网站的标志,一般放在左上角。

另外,商品目录也是电子商务网站的核心界面。网站出售的商品很多,如何让客户一目了然地看清楚网站提供的商品而又不会眼花缭乱呢? 就是给商品进行合理分类,这一点非常重要。按照人们的习惯,将商品分类,既方便网站管理,又便于顾客挑选自己喜爱的商品。

商品目录是传统商品目录的虚拟化,应包含商品的文字描述和图片,以及关于促销活动、折扣、支付方式和交货方式的信息。

3.3.7 网页设计

1. 网页设计的内容

(1) 网站栏目的规划

在需求分析阶段成果的基础上,对网站栏目进行规划,并对栏目进行具体解析,解析出站点信息相互间的链接关系,给出网站架构图,着手撰写项目实施方案。

网站的题材确定后,相信已经收集和组织了许多相关的资料内容。一般认为这些都是最好的、肯定能吸引网友来浏览网站的内容。但是,是否将最好的、最吸引人的内容放在了最突出的位置呢?是否让好的东西在版面分布上占据了绝对优势的位置呢?

栏目的实质是一个网站的大纲索引,索引应该将网站的主题明确显示出来。在确定栏目时,要仔细考虑,合理安排。一般的网站栏目安排要注意以下几个方面。

(a) 一定要紧扣主题

一般的做法是将主题按一定的方法分类,并将它们作为网站的主题栏目。主题栏目的个数在总栏目中要占绝对优势,使网站主题突出,专业性强,容易给人留下深刻印象。

(b) 设置一个最近更新或网站指南栏目

如果首页没有安排版面来放置最近更新的内容信息,就有必要设立一个最近更新的栏目。这样做是为了照顾常来的访客,让主页更有人性化。如果主页内容庞大(超过 15 MB),层次较多,而又没有站内的搜索引擎,则建议设置"本站指南"栏目。

(c) 设定一个可以双向交流的栏目

此类栏目不需要很多,但一定要有,比如论坛、留言板或邮件列表等,可以让浏览者留下他们的信息。有调查表明,提供双向交流的站点比简单地留一个 E-mail 地址更具有亲和力。

(d) 设定一个下载或常见问题回答栏目

网络的特点是信息共享。在主页上设置一个资料下载栏目,肯定会得到大家的喜欢。另外,如果站点经常收到关于某方面的问题来信,那么最好设立一个常见问题回答的栏目。

至于其他的辅助内容,如"关于本站"和"版权信息"等可以不放在主栏目里,以免冲淡主题。所以说,划分栏目应尽可能删除与主题无关的栏目,同时尽可能将网站最有价值的内容列在栏目上,以方便访问者的浏览和查询。

(2) 网站的风格设计

网站的整体风格及其创意设计是网站设计者们最希望掌握的,也是最难学习的。困难在于没有一个固定的程式可以参照和模仿。

风格是抽象的,是站点的整体形象给浏览者的综合感受。这个"整体形象"包括站点的 CI(标志、色彩、字体、标语)、版面布局、浏览方式、交互性、文字、语气、内容价值、存在意义和站点荣誉等诸多因素,例如,网易的网站是平易近人的,迪斯尼的网站是生动活泼的,IBM 的网站是专业严肃的。这些都是网站给人们留下的不同感受。

风格独特是一个网站不同于其他网站的地方，无论是色彩、技术，或者是交互方式，都能让浏览者明确分辨出这是某个网站所独有的，例如新世纪网站的黑白色、网易壁纸站的特有框架，即使只看到其中一页，也可以分辨出是哪个网站。

风格是有人性的，通过网站的外表、内容和文字，以及与其交流都可以概括出一个网站的个性和特点。它可能是温文儒雅、执著热情的，或者是活泼易变的。像诗词中的"豪放派"和"婉约派"，可以用人的性格去比喻。风格鲜明的网站与普通网站的区别在于能对网站风格有更深一层的感性认识。

（3）网上信息的组织与划分

网上信息的组织大致可分为三个步骤来进行。

（a）按照逻辑单位划分

互联网上的大多数信息都是由较短的信息块构成的，一般来说，它们是非连续阅读的。实际上，短小分立而又统一组织的信息特别适合在 Web 上使用，这是因为：

① 分立的信息块可以在较小的范围内提供大量信息，使浏览者不必花时间联机阅读或是将文件下载阅读。

② 分立的小信息块特别适合于超链接。访问者单击某个链接通常是期望找到一个专门的有关信息，而不是包含这一有用信息的一整本书。当然，也不要把信息分得过细，否则，也会给用户带来不便。

③ 分立的信息块采用一种统一的格式来组织和发布信息。这可以使访问者利用他们在访问头几个页面时所获得的经验来浏览整个站点，使他们能预知该站点上其他没有读到的信息是如何组织的。

④ 计算机屏幕适合展示简明扼要的信息板块。因为屏幕只提供了有限的可视空间，而过长的信息将迫使用户不得不多次滚动屏幕。

（b）按照重要性与通用性划分

将信息按等级结构组织，既符合人们的认知习惯，也便于为用户决定基本的导航结构。通常，大多数信息块都应当按照它们的重要性来排列，按照它们的相互关系来组织。这样，一旦设计人员确定了一种逻辑的优先序列，就能够建立一种从最重要或最基本的概念到最具体的题目的等级秩序。这种等级秩序在网站上是很必要的，它将从一个站点的宏观轮廓（主页）向下贯穿延伸到各个越来越专门的细目（其他页面）。

（c）按照结构单元划分

当用户面临一个新的复杂的信息体系时，就会在心里建立一个相应的认知模式，然后用这个模式来把握各个题目之间的相互联系，推测在哪里可以找到他们想要的信息。换言之，一个站点的信息组织是否成功，很大程度上取决于信息的组织是否适应用户的期望。一个符合逻辑的站点组织以统一的方式组合、排序和标定信息，以及用图表方式安排信息，将使用户能够将他们从已经访问过的页面上获得到的知识扩大到他们还没有访问过的页面上。如果用一种不合逻辑的结构对信息进行组织划分,则可能会影响访问者的认知模式,进而影响网站的浏览情况。

(4) 网页的评价标准

在网上发布的信息要靠编辑网页来体现,而在网页的设计中,结构安排又是重点,以下几个问题是最基本的要求:

① 信息分类科学准确,主次信息有明确的划分。

② 各个模块都有概括性很强且具吸引力的标题,在模块内也有主次之分。

③ 重点信息放在突出、醒目的位置上。站点上的关键信息应使浏览者能够很容易捕捉到,同时精美的设计能够刺激浏览者的反应,吸引网民点击链接。

④ 网页中留出可调整的位置,用于满足临时性或短期营销活动的宣传需要,将有关临时性条目放在网页中最突出的位置,既让新的内容有突出的体现,又不至于冲淡其他重点。

⑤ 各个模块中的信息量分布均衡。在单独的模块中信息量太多,不合乎用户的网上阅读心理;信息量太少又会使页面显得枯燥乏味。因此,适当把握信息量也是网页成功的关键。

⑥ 文字与图形的布局需要重点突出、版面和谐,避免因图形而淹没文字,也不能因图形太少而让人觉得单调。因此,在设计网页时对视觉的吸引和诱惑力是不能低估的。

⑦ 链接位置的安排要符合主次层次的划分,应使访问者对区域链接层次内容一目了然。

⑧ 单独网页的大小应当适当加以控制,网页打开速度过慢,会影响整个网站的浏览情况。如果是整篇文章或是手册型的内容,则可通过下载或打印的方式供浏览者进行访问。

2. 网页设计要领

网页的内容一般以文字、动画和声音为主。然而,在 Web 上,内容有更宽泛的含义,它可以是一篇文字性材料、漂亮的动画、数据库和多媒体产品,也可以是站点提供的软件下载服务等。

网站形象是网站营销环节中非常重要的部分,如同人的衣着一样;并且信息空间的构造也需要恰如其分的包装,在页面设计时,对图形图像等多媒体材料的巧妙运用往往能对烘托站点的形象起到画龙点睛的作用。

(1) 图 像

一幅图形或图像胜过千言万语,图形图像对站点的设计具有重要意义。从大的方面讲,以图形图像为代表的多媒体信息,给广大计算机用户带来了简单易用的图形界面,是迅速流行的直接原因;从小的方面讲,图形图像的应用有助于站点风格的形成;从另一个方面讲,大批图形图像设计工具的推出和应用,又为图形图像在 Web 上的应用创造了更好的条件,这使得一般网页设计人员能够很轻松地使用多媒体材料作为创作素材,设计出高质量、声情并茂的页面。

然而,图形图像往往占用较大的页面存储空间。网络技术近几年发展突飞猛进,网络传输速率已经大幅提高,设计主页时图形图像的大量应用成为可能。但同样要辩证地看待这个问题,既反对不加区分的"一刀切",也不赞成过多地使用多媒体素材。

（2）背景色彩和背景图案

背景色彩和背景图案是最先也是最持久的留给浏览者网站形象的因素，往往对站点的风格起到画龙点睛的作用。它们与公司标志一起影响着站点的风格，成为公司形象设计的组成部分，像 IBM 公司的蓝色和可口可乐公司的红色等。不过需要说明的一点是，背景色彩基本上不占用页面文件的存储空间，而背景图案却占用页面文件的存储空间。

建立网页的风格可从以下几方面入手：

① 色调。色调能调节页面的气氛，在某种程度上决定了页面是活泼还是庄重，是素色的还是艳色的。像花卉公司宜选择比较艳丽的色彩，因为素的色彩无法体现出植物和花卉那种生机盎然、娇艳欲滴的感觉。

② 画面。网站需要考虑是写实还是写意，是体现专业性还是大众化，是为儿童服务还是为成人服务等。例如，如果一个网站的目标群体是技术人员，那么他们可能不在乎站点的风格；相反，简洁的内容以及表现力强的页面可能更受他们的欢迎。

③ 简繁。网站是追求简洁还是花哨，不同性质的网站在这方面会有所不同。如艺术网站，会不厌其烦地用各种手法来展示其创意。以一家介绍中国瓷器的站点为例，该网站以白色为背景，营造出洁净、细腻、典雅的氛围，同时与色彩斑斓的瓷器形成强烈的反差，让人感觉到瓷器工艺品的精致和美丽，这种颜色搭配是展现色彩丰富的工艺品的一种和谐方式。

如果从塑造网上形象的角度考察，以下视觉元素是不可缺少的：

① 主体色。主体色是一种可以强化的识别信号，对网站的形象有很大影响，可以帮助访问者对网站进行识别。所以，主体色一经确定，就要保持一定的稳定性，它对识别和强化网站的产品信息有很大作用。

② 公司形象标志。形象标志不仅要放在最醒目的位置上，而且要始终如一地坚持不变，增强访问者的认知感。

③ 背景图案。恰当的背景图案，既能改善页面的视觉和布局，也能随时宣传公司的主要业务。

④ 主体图形。主体图形是网页设计的基础，表达内容的栏目划分和位置安排也要依靠主体图形来体现。主体图形要保持相对稳定，不需要经常变化，可以适时进行再创意，因为图形的变化可以给人新鲜的感觉。

总之，色彩等在网站形象中具有重要地位。新闻类网站通常会选择白底黑字，不仅是因为这种方式对带宽要求最低，更多的是因为人们平时习惯于像这样阅读报纸，所以在潜意识中，采用这种色彩把新闻传达到脑海的效率最高。但是在其他类型的网站上，就不见得只使用白色了，例如上面提到的可口可乐公司网站，它将色彩融入该公司的整体企业识别中，大大加强了网站对浏览者感官的冲击。在色彩的使用上，一定要与所要表达的主题一致，如果能与公司文化保持一致将更为理想。

3. 流行网页的评测标准

(1) 网页尺寸

内容包括：

① 800 像素×600 像素能照顾到所有用户的计算机。

② 1 024 像素×768 像素渐成主流。1 024 像素×768 像素能比 800 像素×600 像素多出一栏的信息。

③ 正文页采用自适应设计，能在正文页做更多相关内容。首页也可以尝试自适应设计。自适应设计的核心是要留出宽度伸缩自如的栏。

④ 在 1 024 像素×768 像素模式下，页面的长度不宜超过 10 屏。

⑤ 随着计算机升级换代，分辨率提高，计算机屏幕能够提供的面积越来越大，这是一种难得的资源，要充分利用。网站改"宽版"，不增加任何成本。

(2) 字体字号

内容包括：

① 目录页用小字号，为的是放更多的标题。

② 正文页用大字号。为的是让读者舒适阅读。

③ 慎用不容易看清楚的楷体。楷体的作用等同于图片，主要起美化版面的作用。

④ 多用对搜索引擎友好的标粗来表示重点。

(3) 网页颜色

内容包括：

① 同一个页面的颜色不要超过 4 种。否则容易使人眼花缭乱，产生视觉疲劳。

② 颜色对比不要反差太大。网页版面不是美术作品，要避免形式对内容的喧宾夺主。

③ "文字＋底色"能够起到很好的突出作用，在视觉变化上相当于图片的作用。

(4) 静态化

内容包括：

① 访问量大的网页都应该静态化，以便减少服务器压力，增强网站稳定性。访问不到的网页是最差的网页。

② 动态化和静态化在一个页面中结合使用，能同时得到轻负荷和即时交互性的好处。

(5) 分　栏

内容包括：

① 首页选 4 栏或 3 栏，因为主要是以标题目录为主。

② 正文页多用 2 栏，因为浏览对象已经相对具体化，主要要求信息比较详细。

③ "纵向逻辑"是指将相近的内容从上至下排列，而不是从左向右排列。如果读者对这方面内容感兴趣，他会从上至下逐行阅读。这样让首页增多从上至下阅读的可能。

④ 避免一栏太强，一栏太弱。可以通过图片、套红等手段进行调控。平均分配读者的注

意力,使读者不愿放过左、中、右的任何一栏内容。

(6) 图　片

内容包括:

① 十分必要时才用。因为图片的编辑成本和带宽成本都比文字高很多。

② 目录页中的图要小些,多用特写;而正文页中要有足够的版面,图片要保证清晰、美观。

③ 正文页在 5 屏之内,尽量不要分页,让读者一次读完。

(7) 导航条与网站地图

内容包括:

① 导航条是网站的门牌号码,不能随意更改。否则,读者会找不到原来看过的内容。

② 导航条上分类名的前后次序要兼顾重点和读者阅读逻辑,即归类摆放。

③ 导航条最多 3 行,最好 2 行,太多行显得沉重。

④ 导航的作用就是网站地图。网站地图的摘要版可以放在网站底部,成为底部导航。网站的底部导航很有必要,其好处是:可放多行,可形成网站底部的阅读重点,在将读者从首屏带到最后一屏的期间会增加很多点击。

⑤ 主导航和频道导航。主导航每页都有,频道导航只在本频道页面出现。

(8) 首页更新成本

内容包括:

① 首页设计不能只考虑美观和协调,还要考虑 24 小时更新一遍的要求,更新是网站的生命,一定要最大限度地降低首页更新成本。

② 交叉自动同步更新的设计,可有效降低各种首页的更新成本,给读者以内容丰富的感觉。

③ 更新及时的首页会让更多的新标题充满首页,如此循环,该首页就会得到更多关注。而更新不及时的首页是网站的"鸡肋",会越来越寂寞,最终会被荒废。

④ 首页的设计至少要有一个让读者点击进去的理由,即时更新比独家内容成本低。

4. 网页设计开发软件

目前,由于网页主要有静态网页和动态网页之分,因此相应的网站开发技术也分为静态网页开发技术和动态网页开发技术。静态网页开发技术的核心是 HTML 语言,而动态网页的开发技术主要采用 ASP,PHP 和 JSP 等。

对于动态网站来说,数据库是存储信息的仓库。数据库通常选用 Oracle,DB2 和 SQL Server 等大型数据库。数据库的组织结构直接关系到数据操作的速度,因此,数据库的设计在网站建设中也是非常重要的工作。

5. 网页的上传

网页的发布和更新都需要上传,上传有很多方法,CuteFTP 是一个非常优秀的上传、下载工具,经常上网的人恐怕没有几个不知道它的大名。CuteFTP 因其使用方便、操作简单、速度稳定、界面友好、自带许多免费的 FTP 站点以及资源丰富等特点而受到很多网民的喜爱。

(1) 下载文件

首先运行 CuteFTP，出现 CuteFTP 主窗口，如图 3-3 所示。一旦连接到 FTP 站点，就可以上传和下载文件了。主窗口左侧包含本地计算机上的文件名称，右侧包含所连接到的站点服务器上的文件。下载文件的步骤是：

① 建立自己的地址簿。CuteFTP 自带了许多免费的 FTP 站点。除此之外，还可在 CuteFTP 的地址簿中管理创建自己搜集的 FTP 站点，选择"文件"→"站点管理器"菜单项，打开如图 3-4 所示的站点管理器。它与 IE 收藏夹很相似，除了可以免去每次输入一串地址的麻烦外，还可以迅速找到要去的站点。按照搜集的 FTP 站点的类别建立相应的文件夹。

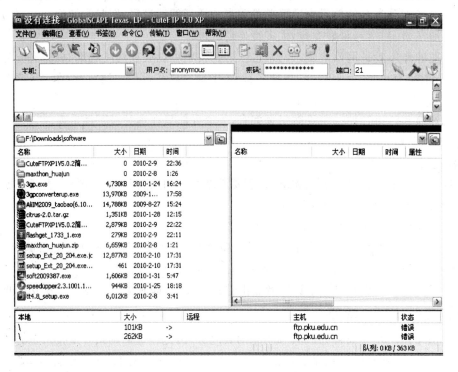

图 3-3　CuteFTP 主窗口

② 开始连接。选中地址簿中的一个地址，单击"连接"按钮，CuteFTP 开始连接、登录站点。CuteFTP 主窗口中最上面的是状态窗口。所有与 FTP 站点的交互信息均在该窗口里显示，通过状态窗口可以知道当前的连接状态、文件是否成功下载、已下载文件的传输速度和所用时间以及正在进行的上传、下载或文件目录的操作等。

③ 当 FTP 站点连接成功之后，可以看见站点服务器内的目录，如图 3-5 所示。此时界面主要分成左、右两部分：左边是本地目录，可以选取相应的文件夹，以便存放下载的文件；右

第 3 章 电子商务系统建设

图 3-4 站点管理器

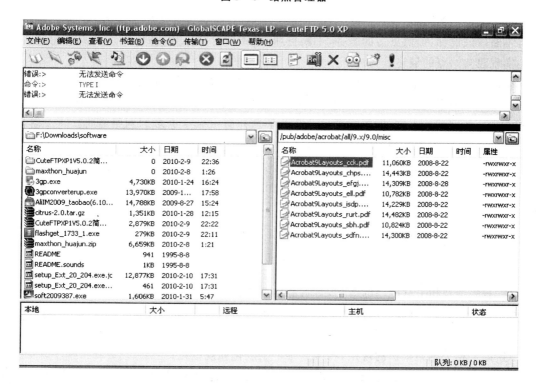

图 3-5 连接站点窗口

边是站点服务器目录,可以选择相应的目录及下一级文件进行下载。找到所要下载的文件后,单击工具栏中的"下载"按钮,即可将该文件下载到本地计算机上的当前文件夹中。

(2) 上传文件

上传文件的方法与下载的方法基本一样,不同的是上传是指将本地计算机上的文件传递到远程计算机上。另外,用户在登录远程计算机时需要账户和密码,而不可能匿名登录。当连接成功后,用户可在站点服务器目录中创建一个新的文件夹,以便于上传文件时使用。

图3-6 确认上传文件

首先运行CuteFTP进入主界面并登录到服务器上。创建新文件夹,然后选中左侧本地目录中的文件,并拖放到右侧站点服务器上新建的文件夹中,此时系统弹出一个"确认"对话框,如图3-6所示,单击"是"按钮即可完成操作。

3.4 网站的维护与管理

建立电子商务网站并不是最终目的,而仅仅是进行电子商务活动的开始。在网站运作后,只有不断改进设计、提供更多的服务,不断更新、增添信息,电子商务网站才会具有生命活力,才会实现建立站点的最终目的。

电子商务网站的维护和管理是网站建设生命周期中持续时间最长的环节,也是资源投入最多的阶段。电子商务网站维护的目的是为了让网站能够长期稳定地运行在Internet上,及时调整和更新网站的内容,以便在瞬息万变的信息社会中抓住更多的网络商机。这个阶段工作质量的高低,直接关系到该电子商务网站目标的最终实现。

电子商务网站的维护和管理包括多层次多类型的工作,既有经常的一般性维护管理,也有定期或不定期的更新与调整;既有信息技术层面的网页外观设计的优化,也有营销和管理层面的创意。

3.4.1 一般性维护

具体包括:

① 服务器及相关软硬件的维护,对可能出现的问题进行评估,制定响应时间;

② 数据库维护,有效利用数据是网站维护的重要内容,因此数据库的维护要受到重视;

③ 内容的更新和调整等;

④ 制定相关网站维护的规定,将网站维护制度化和规范化;

⑤ 做好网站安全管理工作,防范黑客入侵网站,检查网站的各个功能,查看链接是否有错。

3.4.2 网站安全的维护

电子商务网站是对外开放的,这便于企业发布商务信息和客户选择所需商品,但这同时也给网站的安全带来了威胁,保证网站的安全运营是网站维护不可缺少的部分。为了维护网站的良好形象,保证网站业务系统的正常运行,保证商务信息的秘密不外泄,网站的管理人员应该不断寻找网络中的薄弱环节和安全漏洞,及时进行修复和改进。

1. 服务器软硬件的维护

计算机硬件在使用中常会出现一些问题,同样,网络设备也同样影响企业网站的工作效率,网络设备管理属于技术操作,非专业人员的误操作有可能导致整个企业网站瘫痪。没有任何操作系统是绝对安全的。维护操作系统的安全必须不断地留意相关网站,及时为系统安装升级包或者修复改进。

2. 网站安全的维护

随着黑客人数日益增长和一些入侵软件的猖獗,网站的安全日益受到挑战,像 SQL 注入、跨站脚本、文本上传漏洞等,因此,网站的安全维护也成为日益受到重视的模块。网站安全的隐患主要源于网站存在的漏洞,而世界上不存在没有漏洞的网站,所以网站安全维护关键在于早发现漏洞和及时修补漏洞。网上也有专门的网站漏洞扫描工具,如亿思网站的安全检测平台。一旦发现漏洞就要及时修补,特别是一些采用开放源码的网站更是如此。

3. 网站安全维护措施

网站与信息安全维护措施很多,下面列出其中一部分:

① 采取专业工具辅助进行。有许多针对网站安全的检测平台,通过这些网站安全检测平台能够迅速找到网站的安全隐患,而且这些平台都会针对其隐患给出相应措施。

② 通过加密连接管理自己的站点,使用强健的、跨平台的兼容性加密。根据目前的发展情况,SSL 已经不再是 Web 网站加密的最先进技术。可以考虑 TLS 即传输层安全,它是安全套接字层加密的继承者。

③ 不要共享登录等重要信息,否则会引起诸多安全问题。

④ 采用基于密钥的认证而不是口令认证。

⑤ 网站服务器和其他计算机之间设置经过权威认证的防火墙,并与专业网络安全公司合作做好安全策略,拒绝外来的恶意攻击,保障网站正常运行。

⑥ 在网站服务器及工作站上均安装正版的防病毒软件,对计算机病毒和有害电子邮件有整套的防范措施,防止有害信息对网站系统的干扰和破坏。

⑦ 在操作系统上建立严格的安全策略和日志访问记录,保障密码安全以及网络对系统的访问控制安全,并且记录网络对系统的一切访问和动作。

⑧ 交互式栏目具备 IP 地址、身份登记和识别确认功能,对没有合法手续和不具备条件的

电子公告服务立即关闭。

⑨ 网站信息服务系统建立双机热备份机制,一旦主系统遇到故障或受到攻击导致不能正常运行,保证备用系统能及时替换主系统提供服务。

⑩ 关闭网站系统中暂不使用的服务功能及相关端口,及时用补丁修复系统漏洞,定期查杀病毒。

⑪ 网站提供集中式权限管理。服务器平时处于锁定状态,并保管好登录密码;后台管理界面设置超级用户名及密码并绑定 IP,以防他人登入。由网站系统管理员设置共享数据库信息的访问权限,并设置相应的密码及口令。不同的操作人员设定不同的用户名,且定期更换。对操作人员的权限严格按照岗位职责设定,并由网站系统管理员定期检查操作人员的权限。

⑫ 公司机房按照电信机房标准建设,内有必备的独立 UPS 不间断电源、高灵敏度烟雾探测系统和消防系统,定期进行电力、防火、防潮、防磁和防鼠检查。

3.4.3 网站内容的更新

一个电子商务网站建立起来之后,要想让它发挥尽可能大的作用,吸引更多的浏览者,壮大自己的客户群,就必须研究和跟踪最新的变化情况,及时发布企业最新的产品、价格和服务等信息,保持网站内容的实效性。

1. 更新内容

网站内容的更新包括三个方面:

① 维护新闻栏目。网站的新闻栏目是客户了解企业的门户,所以应将企业的重大活动、产品的最新动态、企业的发展趋势和客户的服务措施等及时、真实地呈现给客户,让新闻栏目成为网站的亮点,以此吸引更多的客户前来浏览和交易。

② 维护商品信息。商品信息是电子商务网站的主体,随着外在条件的变化,商品信息(如商品的价格、种类和功能等)也在不断变化,网站必须追随其变化,不断对商品信息进行维护更新,反映商品的真实状态。

③ 为保证网站中的链接通畅,网站的维护人员要经常对网站所有的网页链接进行测试,以保证各链接正确无误。

2. 更新效率

内容更新是网站维护过程中的一个瓶颈,因此,快捷方便地更新网页就显得十分重要。提高更新效率可从以下四个方面来考虑:

① 在网站的设计时期,就应充分考虑站点的维护计划,因为站点的整体运作具有开放性、动态性和可扩展性,所以站点的维护是一个长期性工作,其目的是提供一个可靠、稳定的系统,使信息与内容更加完整、统一,并使内容更加丰富、新颖,不断满足用户更高的要求。

② 对经常变更的信息尽量采用结构化方式(如建立数据库和规范存放路径)管理起来,以

避免数据杂乱无章的现象。在网站开发过程中,在对网站的结构进行策划设计时,既要保证信息浏览环境的方便性,又要保证信息维护环境的方便性。

③ 制定一整套信息收集、信息审查和信息发布的信息管理体系,保证信息渠道的通畅和信息发布流程的合理性,既要考虑信息的准确性和安全性,又要保证信息更新的及时性。

④ 根据需要选择合适的网页更新工具,如数据库技术和动态网页技术。

实验三 IIS 安装及使用

【实验目的】

通过安装和使用互联网信息服务(IIS,Internet Information Service),让学生学会自己制作电子商务网站。

【实验要求】

掌握 IIS 这一必备的知识点。

【实验内容】

1. 安装 IIS。

2. 配置和使用 IIS。

【实验步骤】

1. 启动计算机,执行"控制面板"→"添加或删除程序"→"Windows 组件向导"命令,选择"Internet 信息服务(IIS)"选项,如图 3-7 所示。

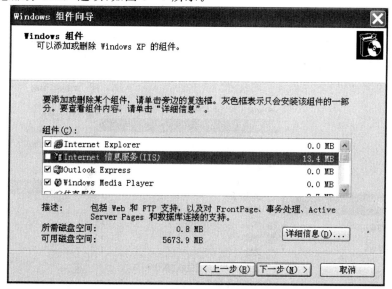

图 3-7 组件向导

2. 选中"Internet 信息服务(IIS)"选项后单击"下一步"按钮,一般情况下,系统会提示插入光盘信息,如图 3-8 所示,放入光盘后,选择正确的目录即可进行安装,如图 3-9 所示。

图 3-8　插入光盘

图 3-9　光盘安装

3. 选择"开始"→"程序"→"管理工具"→"Internet 信息服务(IIS)管理器"菜单项,启动 IIS 管理器,如图 3-10 所示。

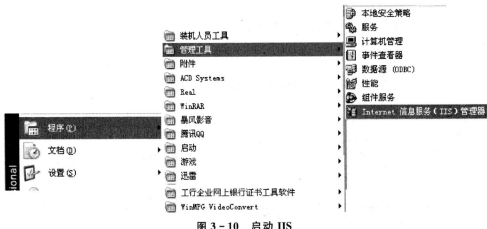

图 3-10　启动 IIS

4. 在"Internet 信息服务(IIS)管理器"窗口左侧的网站文件夹上右击,选择"新建"→"网站"菜单项,如图 3-11 所示,自动进入"网站创建向导"界面,单击"下一步"按钮,如图 3-12 所示。

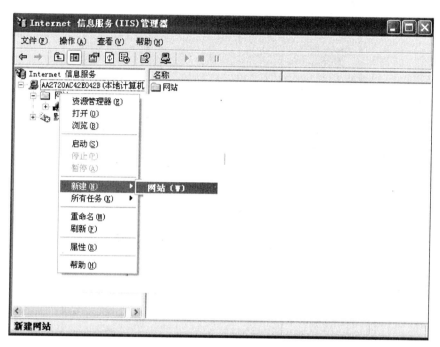

图 3-11 新建网站

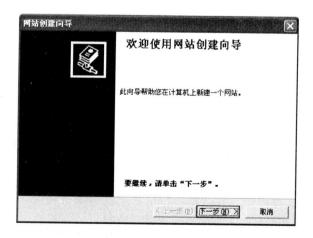

图 3-12 "网站创建向导"界面

5. 在"网站描述"对话框中输入网站描述后单击"下一步"按钮,如图3-13所示。

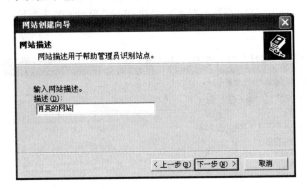

图3-13 网站描述

6. 在"IP地址和端口设置"对话框中输入网站IP地址和对应的端口,单击"下一步"按钮,如图3-14所示。

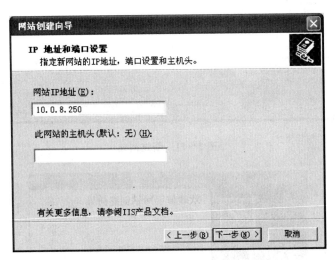

图3-14 IP地址和端口设置

7. 在"网站主目录"对话框中输入主目录的路径,单击"下一步"按钮,如图3-15所示。

8. 设置一般访问者访问的权限,单击"下一步"按钮,如图3-16所示。最后在"已成功完成网站创建向导"对话框中,单击"完成"按钮,此时,Web站点就创建好了。

【实验提示】

IIS的设置必须注意安全性设置,而且要经常升级,防止黑客入侵。

【实验思考】

选择IIS要考虑哪些因素?

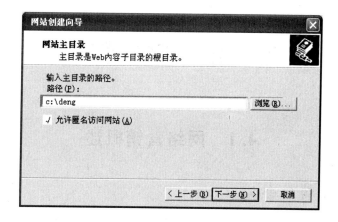

图 3-15　网站主目录的路径

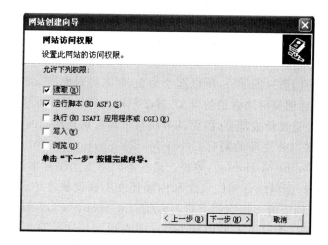

图 3-16　访问权限设置

思考与讨论

1. 从技术角度看,电子商务应用系统由哪几部分组成?
2. 试述电子商务网站的概念和类型。
3. 制定电子商务网站规划主要有哪些步骤?
4. 在电子商务网站规划中,可行性分析主要包括哪几方面的分析研究?
5. 试述电子商务的体系结构。
6. 电子商务网站维护主要包括哪些工作内容?

第4章 网络营销

4.1 网络营销概述

4.1.1 网络营销的含义

营销是指以满足人类各种需要和欲望为目的,通过市场将潜在交换变为现实交换的活动的总称。市场营销作为一门学科,于20世纪初诞生于美国,它经历了以生产为导向的营销观念、以产品为导向的营销观念、推销观念、以市场为导向的营销观念以及社会营销观念5个阶段。近年来,营销理论又有了新的发展,主要表现在随着Internet的普及,从而对市场营销策略和理念产生了巨大冲击。

由于网络营销是一门新兴的学科,所以迄今为止,学术界对网络营销的含义还没有一个统一的、完善的定义。要想明确网络营销的含义,就必须对其背景和本质进行科学的概括。网络营销是市场营销的一个重要组成部分,因而其本质与市场营销是相同的,但在技术手段和应用背景上又有其特点。在国外使用的词有Cyber Marketing,Internet Marketing,e-Marketing,Network Marketing,Online Marketing,等等。这些不同的概念没有本质区别,只是从不同角度反映网络营销的特点,而网络营销的概念和内涵还在不断发展之中。其中,Cyber Marketing主要是指在计算机构成的虚拟空间上进行营销;Internet Marketing是指在Internet上开展营销活动;Network Marketing是指包括Internet在内的可在计算机网络上开展的营销活动,这些网络可以是专用网或增值网;而e-Marketing是目前比较习惯采用的表述方法,"e-"表示电子化、信息化、网络化,既简洁又直观明了,而且与电子商务(e-Business)、电子虚拟市场(e-Market)等相对应。所以,e-Marketing是指在电子化、信息化、网络化环境下开展的营销活动。

网络营销的本质是排除或减少障碍,通过网络引导商品或服务从生产者转移到消费者的过程。从商品供求的角度看,这个过程包括商品或服务实现从设计创造到销售和消费的全过程;从营销系统的角度看,这个过程包括信息传递与沟通以及商品与货币交换的全过程,在这个过程中,存在着种种时间或空间、意识或技术上的障碍。而开展市场营销就可以在一定程度上排除这些障碍。比如,企业进行充分的市场调查,就可以更好地了解市场需求,开发满足顾客要求的产品,设计有效的经营方案;还可以了解企业自己产品的市场现状和竞争对手的情况,不断改进经营管理,实现竞争优势,增加企业收益。再比如,使用广告的手段是为了使产品信息送达给必要的受众,以吸引消费者与使用者的注意力,推荐商品与服务,促成和引导交易实现。网络营销的价值就在于,它可以使从生产者到消费者的价值交换更便利、更充分、更有效率。它的独特之处是利用网络手段与技术,面向特殊的网络市场环境。这个特征已经深刻影响了企业未来的生存方式。网络营销将成为现代营销的最基本形式。因此,网络营销的基本目的、思想和营销工具与传统营销是基本一致的,只是在实施和操作过程中与传统营销方式的方法和手段有着较大差别。

综合起来,可以将网络营销更全面地定义为:网络营销是指企业以现代营销理论为基础,利用互联网技术和功能,最大限度地满足客户需求,以达到开拓市场、实现赢利目标的经营过程。网络营销是企业整体营销战略的一个组成部分,作为企业经营管理的手段,是企业电子商务活动中最基本和最重要的网上商业活动。营销的核心是商家与客户的沟通,网络营销并不能完全替代传统营销,它只是对传统营销的扩展和延伸。

4.1.2 网络营销的特点

随着互联网技术的发展成熟以及互联网成本的低廉,互联网好比是一种"万能胶"将企业、团体、组织及个人跨时空地联结在一起,使得他们之间的信息交换变得"唾手可得"。市场营销中最重要也是最本质的方面是组织与个人之间进行信息传播和交换。如果没有信息交换,那么交易也就是无本之源。正因如此,互联网具有营销所要求的某些特性,使得网络营销呈现出以下一些特点:

(1) 多媒体

互联网被设计成可以传输多种媒体信息,如文字、声音和图像等,使得为达成交易所进行的信息交换能以多种形式存在和交流,可以充分发挥营销人员的创造性和能动性。

(2) 虚拟性

表现在网络营销本身依附于虚拟空间,业务的全过程是在一种"虚拟"的网络环境中,在没有实物和现场环境的气氛下进行的商业活动。

(3) 交互式

互联网通过展示商品图像以及采用商品信息资料库提供有关查询,来实现供需互动与双向沟通;还可以进行产品测试与消费者满意度调查等活动。互联网为产品联合设计、商品信息发布以及各项技术服务提供了最佳工具。

(4) 个性化

网络营销的信息传递是针对搜寻者的主动查询来进行的"一对一"式的信息传递,对其他上网者没有信息干扰。因此,网络营销是一种理性的、消费者主导的、非强迫性的、循序渐进式的,而且是一种低成本与人性化的促销,避免推销员强势推销的干扰,并通过信息提供与交互式交谈,与消费者建立长期良好的关系。同时,它还针对服务对象的个性化要求来提供帮助。

(5) 服务性

一是表现在营销服务的全天候。营销服务一天 24 小时地运转,没有下班,没有节假日,更能体现随时随地服务的优势。二是营销服务的全方位。可对研发、设计、生产、销售如使用各方面提供服务,并可在订购者的网络监控下进行动作。三是营销服务的广泛化。无论是顾客,还是一般的浏览者,都会得到体贴的服务。

(6) 技术性

网络营销是建立在高技术作为支撑的互联网的基础之上的,企业实施网络营销必须有一定的技术投入和技术支持,改变传统的组织形态,提升信息管理部门的功能,引进懂营销与计算机技术的复合型人才,未来才能具备市场的竞争优势。

(7) 成长性

互联网使用者数量快速成长并遍及全球,使用者多属年轻、中产阶级和具有高教育水准的人,由于这部分群体购买力强而且具有很强的市场影响力,因此是一个极具开发潜力的市场渠道。

(8) 参与性

顾客可以利用网络的互动性参与产品的设计、生产和推广,参与服务和咨询,对问题展开讨论以及参与产品宣传等。

(9) 经济性

通过互联网进行信息交换,代替以前的实物交换,一方面可以减少印刷与邮递成本,以及减少由于迂回多次交换实物带来的损耗;另一方面网络营销没有店面租金成本,因此能实现产品直销,帮助企业减轻库存压力,从而降低营销成本。

(10) 整合性

互联网上的营销可从商品信息至收款和售后服务一气呵成,因此也是一种全程的营销渠道;并且企业可以借助互联网将不同的传播营销活动进行统一设计规划和协调实施,以统一的传播咨讯向消费者传达信息,避免因不同传播中的不一致性而产生的消极影响。

4.2 网络营销的商务模式

4.2.1 网络营销的分类

按照不同的标准,网络营销可划分为不同类型。

1. 按照商业活动的运作方式分类

按照商业活动的运作方式不同,网络营销可分为完全网络营销和非完全网络营销。

(1) 完全网络营销

指可以通过网络营销方式实现和完成整个交易的交易行为和过程。换句话说,完全网络营销是商品或者服务的完整过程,是在信息网络中实现的一种网络营销方式。完全网络营销能使双方超越地理空间的障碍进行网络交易,可以挖掘全球市场的潜力。

(2) 非完全网络营销

指不能完全依靠网络营销方式实现和完成整个交易的交易行为和过程。非完全网络营销要依靠一些外部因素,如运输系统等。

2. 按照开展网络交易的范围分类

按照开展网络交易的范围不同,网络营销可分为3类:本地网络营销、远程国内网络营销和全球网络营销。

本地网络营销通常是指利用本城市或者本地区的信息网络实现的网络营销活动,网络交易的范围较小。本地网络营销系统是开展国内营销事务和全球网络营销的基础系统,因此,建立和完善本地网络营销信息系统是厂家实现全球网络营销的关键。

远程国内网络营销是指在本国范围内进行的网络交易活动,其交易的地域范围较大,对软硬件和技术要求较高,要求在全国范围内实现商业电子化和自动化,实现金融电子化,交易各方具备一定的网络营销知识、经济能力和技术能力,并具有一定的管理水平和能力。

全球网络营销是指在全世界范围内进行的网络交易活动,参加网络营销的交易各方通过网络进行贸易活动。它涉及有关交易各方的相关系统,如买卖双方国家的进出口公司系统、海关系统、银行金融系统、税务系统和保险系统等。全球网络营销业务内容繁杂,数据来往频繁,要求网络营销系统严格、准确、安全、可靠,应制定出在全球达成共识的网络营销标准和网络营销协议,使网络营销顺利发展。

3. 按照商务活动的内容分类

按照商务活动的内容不同,网络营销可分为间接网络营销和直接网络营销。

间接网络营销是指有形货物的电子订货与付款等活动,它依然需要利用传统渠道(如邮政服务、商业快递车送货、运输和物流等)送货。

直接网络营销是指无形货物或者服务的订货或付款等活动,如可数字化的知识产品、计算机软件以及娱乐内容的联机订购、付款和交付,或者是全球规模的信息服务。

4. 按照使用网络的类型分类

按照使用网络的类型不同,网络营销主要分为基于EDI网络的网络营销、基于Internet网络的网络营销和基于Intranet(企业内部网)网络的网络营销。

基于EDI网络的网络营销就是利用EDI网络进行网络交易。EDI是指将商业或行政事务按照一个公认的标准,形成结构化的事务处理或文档数据格式,实现从计算机到计算机的电子传输方法。简而言之,也就是按照商定的协议,将商业文件标准化和格式化,通过计算机网络,在贸易伙伴的计算机网络系统之间进行数据交换和自动处理。

基于Internet网络的网络营销就是利用Internet进行网络交易。Internet是一种采用TCP/IP协议组织起来的、松散的、国际合作的国际互联网络。

基于 Intranet 网络的网络营销就是利用企业内部网络进行网络交易。Intranet 是在 Internet 基础上发展起来的企业内部网,是在原有局域网上附加一些特定的软件,将局域网与 Internet 链接起来,从而形成企业内部的虚拟网络。

5. 按照交易对象分类

按照交易对象的不同,网络营销可以分为 4 类:商业机构对商业机构的网络营销、商业机构对消费者的网络营销、商业机构对政府的网络营销和消费者对政府的网络营销。

商业机构对商业机构的网络营销(B2B,Business-to-Business)是指企业和企业之间进行的网络营销活动。这种网络营销已经存在很多年,其中以企业通过专用网或增值网(VAN)采用 EDI 方式所进行的商务活动尤为典型。这种类型是网络营销的主流,也是企业面临激烈市场竞争、改善竞争条件、创造竞争优势的主要方法。

商业机构对消费者的网络营销(B2C,Business-to-Consumer)是指企业与消费者之间进行的网络营销活动。这类网络营销主要借助于 Internet 开展在线销售活动,例如,Amazon 的在线销售书店。近年来,Internet 为企业和消费者开辟了新的交易平台,再加上全球网民的增多,使得这类网络营销得到了较快发展。另外,Internet 提供的搜索浏览功能和多媒体界面,使得消费者更容易寻找和深入了解所需的产品。因此,开展商业机构对消费者的网络营销具有巨大潜力,是今后网络营销发展的主要动力。

商业机构对政府的网络营销(B2G,Business-to-Government)是指企业与政府机构之间进行的网络营销活动。例如,在美国,政府采购清单可以通过 Internet 发布,公司可以以电子化方式回应;另外,政府通过电子交换的方式向企业征税等。目前这种方式仍处于试验阶段,但可能会很快发展起来,主要是因为这种方式可以更好地树立政府的形象、实施对企业的行政事务管理以及推行各种经济政策等。

消费者对政府的网络营销(C2G,Consumer-to-Government)是指个人对政府的网络营销活动。例如,社会福利基金的发放以及个人报税等。这类网络营销活动目前还没有真正形成,但随着商业机构对消费者以及商业机构对政府网络营销的发展,各国政府将会对个人实施更为完善的电子方式服务。

4.2.2 网络营销的基本流程

1. 交易过程

网络营销的交易过程大致分为以下 3 个阶段:交易前、交易中和交易后。

(1) 交易前

这一阶段主要是指买卖双方和参与交易各方在签约前的准备活动,包括在各种商务网络和 Internet 上寻找交易机会、通过交换信息来比较价格和条件、了解各方的贸易政策和选择交易对象等。

买方根据自己要购买的商品，准备购货款，制定购货计划，进行市场调查和市场分析，反复进行市场调查，了解各个卖方国家的贸易政策，反复修改购货计划和进货计划，确定和审批购货计划，再按计划确定要购买商品的种类、数量、规格、价格、购货地点和交易方式等，尤其要利用 Internet 和各种营销网络寻找自己满意的商品和商家。

卖方根据自己所销售的商品，全面进行市场调查和市场分析，制定各种销售策略和销售方式，了解各个买方国家的贸易政策，利用 Internet 和各种营销网络发布商品信息，寻找贸易合作伙伴和交易机会，扩大贸易范围和商品所占的市场份额。

其他参加交易各方如中介方、银行金融机构、信用卡公司、海关系统、商检系统、保险公司、税务系统和运输公司也都应为进行网络营销交易做好准备。

(2) 交易中

交易中包括交易谈判和签订合同以及办理交易进行前的手续等。

(a) 交易谈判和签订合同

主要是指买卖双方利用网络营销系统对所有交易细节进行网上谈判，将双方磋商的结果以文件的形式确定下来，以电子文件形式签订贸易合同。明确在交易中的权利，所承担的义务，所购买商品的种类、数量、价格、交货地点、交货期、交易方式和运输方式，违约和索赔等合同条款，合同双方可以利用电子数据交换(EDI)进行签约，也可以通过数字签字等方式签约。

(b) 办理交易进行前的手续

主要是指买卖双方从签订合同到合同开始履行之前办理各种手续的过程，也是双方贸易前交易的准备过程。交易中要涉及有关各方，即可能涉及中介方、银行金融机构、信用卡公司、海关系统、商检系统、保险公司、税务系统和运输公司等，买卖双方要利用 EDI 与有关各方进行各种电子票据和电子单证的交换，直到办理完可以按合同规定开始将所购商品从卖方向买方发货的一切手续为止。

(3) 交易后

交易后包括交易合同的履行、服务和索赔等活动。这一阶段是从买卖双方办理完所有手续之后开始的，卖方要备货、组货、发货，买卖双方可以通过网络营销服务器跟踪发出的货物，银行和金融机构也按照合同处理双方收付款，进行结算，出具相应的银行单据等，直到卖方收到自己所购商品，完成整个交易过程。索赔是在买卖双方交易过程中出现违约时，需要进行违约处理的工作，受损方要向违约方索赔。

2. 基本流程

不同类型的网络营销交易，虽然都包括上述 3 个阶段，但流转程序是不同的。可以归纳为两种基本流程：网络商品直销流程和网络商品中介交易流程。

(1) 网络商品直销流程

网络商品直销是指消费者和生产者，或者需求方和供应方直接利用网络形式开展的买卖活动。这种买卖交易的最大特点是提供直接见面、环节少、速度快、费用低。网络商品直销流程可以分为以下 6 个步骤：

① 消费者进入 Internet，查看企业和商家的网页。

② 消费者通过购物对话框填写购货信息，包括姓名和地址以及所购商品名称、数量、规格、价格等信息。

③ 消费者选择支付方式，如信用卡、电子货币、电子支票、借记卡等。

④ 企业或商家的客户服务器检查支付方服务器，确认汇款额是否认可。

⑤ 企业或商家的客户服务器确认消费者付款后，通知销售部门送货上门。

⑥ 消费者的开户银行将支付款项信息传递给消费者，发给消费单。

这种交易方式不仅有利于减少交易环节，大幅降低交易成本，降低商品的最终价格，而且可以减少售后服务的技术支持费用，为消费者提供更快捷方便的服务。当然，这种方式也有其不足之处，主要表现在两个方面：一是购买者只能从网络广告上判断商品的型号、性能、样式和质量，对实物没有直接的接触，这在很多情况下可能会产生错误；同时，也有一些厂商利用虚假广告欺骗客户。二是购买者利用信用卡或电子货币进行网络交易，不可避免地要将自己的密码输入计算机，这就使一些犯罪分子有机可乘，窃取密码，进而盗取用户的钱财。

(2) 网络商品中介交易流程

网络商品中介交易是通过网络商品交易中心，即虚拟网络市场进行的商品交易。在这种交易过程中，网络商品交易中心以 Internet 网络为基础，利用先进的通信技术和计算机软件技术，将商品供应商、采购商和银行紧密地联系起来，为客户提供市场信息、商品交易、仓储配送和货款结算等全方位的服务。

网络商品中介交易流程可以分为以下 4 个步骤：

① 买卖双方将各自的供应和需求信息通过网络告诉网络商品交易中心，网络商品交易中心通过信息发布服务向参与者提供大量详细的交易数据和市场信息。

② 买卖双方根据网络商品交易中心提供的信息，选择自己的贸易伙伴。网络商品交易中心从中撮合，促使买卖双方签订合同。

③ 买方在网络商品交易中心指定的银行办理转账付款手续。

④ 网络商品交易中心在各地的配送部门将卖方货物送交买方。

采用这种交易方式虽然会增加一定成本，但却可以降低买方和卖方的风险，具体表现在：

第一，市场是由一个商品中介组织的，商品的生产商和供应商遍及全国甚至全球各地，为双方提供了很大的交易市场，增加了许多交易机会，但是双方都不用付出太多。

第二，网络商品交易中心可以解决"拿钱不给货"或者"拿货不给钱"的问题。在双方签订合同之前，网络商品交易中心可以协助买方对商品进行检验，只有符合条件的产品才可以入网，这在一定程度上解决了商品的"假、冒、伪、劣"。而且，网络商品交易中心会协助交易双方进行正常的电子交易，以确保双方的利益。

第三，网络商品交易中心采取的是统一结算模式，这可以加快交易速度。

4.3 网络营销的经营策略

4.3.1 网络营销体系

"网络营销是企业整体营销战略的一个组成部分,是为实现企业总体经营目标所进行的,以互联网为基本手段营造网上经营环境的各种活动"。这个定义的核心是经营网上环境,这个环境可以理解为整合营销所提出的一个创造品牌价值的过程,综合运用各种有效的网络营销手段,为实现企业总体经营目标而做出贡献。

上面给出了整合营销和网络营销的概念,那么如何理解整合网络营销的核心是什么呢?也就是说,什么才能称为整合网络营销?

总结为一句话:整合网络营销就是网络营销工作的系统化和体系化,整合网络营销的目标是为企业创造网络品牌价值,为实现企业整体经营目标而服务。这个"体系化"可以从以下方面来认识。

(1) 网络营销是企业整体营销战略的一个组成部分

谈企业营销战略,可能很多人认为太虚了,因为战略的概念满天飞,而且中小企业谈战略就像是纸上谈兵,这个想法从某些方面来说的确如此。中小企业谈的是吃饭,谈的是生存,谈的是快速发展,谈的是销售指标,谈的是生产进度,谈的是质量管理;但是,谈营销的好像比较少,更不用说从战略的高度来谈营销。那么现在在商业活动快速发展的今天再讨论企业整合网络营销时,就应该谈战略,这个战略的核心就是企业的经营目标,比如公司今年要完成销售1 500万元,比如公司今年对企业品牌的经营目标,并为这个目标而制定的计划和为这个计划而选择和制定的策略等。任何企业都有自己的经营目标,即使这个企业没有一套成型的营销计划,但是也有自己的一套实施计划,而网络营销就是在为这个目标和实现这个计划而存在的,所以,网络营销不是孤立存在的,而是在企业经营目标实现过程中经营体系的一个部分。

(2) 网络营销的方式是多样化的

网络营销目前通过实践应用的方法就有超过近100种,而这么多的网络营销方法并不是适合任何一个行业、任何一个企业的任何一个阶段的营销方法,而需要企业在多样化的营销方法中挖掘最优的组合来综合运用。

(3) 企业不同发展阶段的网络营销需求是变化的

企业发展是随着企业的规模和经营方向而变化的,企业的经营目标也是动态的,同时网络营销方法是随着时代的发展和实践的发展而发展的,因此,企业在不同经营时期对网络营销目标和网络营销方法的选择也是变化的。

(4) 网络营销环境是动态的

网络营销环境包括内部环境和外部环境,企业网络营销策略随着外部环境或内部环境的变化而需要调整,最简单的例子就是阿里巴巴平台在推出关键字竞价时,一些企业随着这个外部营销环境的变化,及时调整本企业的网络营销策略,一举成名,取得良好的营销效果,实现了企业的经营目标。

(5) 网络营销效果有多种表现形式

网络营销并不是单指网站推广,也并不只是一个网上销售,所以,网络营销工作所带来的效果也有多种表现,比如对客户服务的支持、对线下产品销售的促进和对公司品牌拓展的帮助,等等。

4.3.2 综合网络推广策划

综合网络推广策划是从一个汇集了各种网络营销方法或者产品或者服务的大超市(主要包括网上调研营销、通用网址营销、网络黄页营销、电子商务营销、邮件营销、论坛、社会区营销、分类信息营销、呼叫广告营销、资源合作营销、网络体验营销、博客营销、威客营销、搜索引擎营销、电子地图营销、电子杂志营销、网络视频营销、游戏置入式营销、RSS 营销、3D 虚拟社区营销、网络会员制营销、手机短信营销等各种网络营销方法)里面,根据企业的现状、企业的目标客户群体及企业对品牌和销售的侧重,精心挑选组合而成的一种网络营销方式。

对于不同产品和市场在进行网络营销行为之前必须对该产品投放市场以及产生的效果有一个提前的预测,市场调查的出现,网络配合网下进行的各种宣传行为,就构成了整个营销环节。

4.3.3 网络营销策划分类

1. 按企业现有网络营销的进度分类

(1) 网络营销改进型策划

曾经进行过网络营销,但在网络发展迅速和更新频率加快的同时,现有的网络营销机制已经无法满足大众口味,多个方面受到影响。产品的负面新闻直接影响到产品在市场上的受追捧程度,同一产品新厂商的出现加剧了企业竞争网络市场,网络营销中的推广环节过于拥挤导致产品无法得到消费者的信任,等等。上述种种曾经实施过的网络营销行为均会被淘汰,需要用新的方案改进现有方案。这就是所说的网络营销改进型策划出现的前提。

对于改进型网络营销策划,着重考虑原有基础上受制约的因素,不仅要跟上网络市场的步伐,更需要洞察同行对手在网络营销上采取的各种方法。对于一个企业在发展过程中遇到的问题,必须与网络市场相结合,网络与市场相结合发展,才能在网络大市场中占得一席之地。

(2) 网络营销创业型策划

网络营销与策划更多的是偏向于许多创业者,这也成就了所说的创业型策划的开篇。对于新事物的产生,必须要有一个心理准备,任何一个电子商务人员和企业管理者都必须有这种创业型策划的意识。

创业型策划需要包含的内容有：项目发起、项目预测、项目预实施、不可预见性因素预测、项目投放、项目评估、项目改进、具体实施内容、最后转向改进型策划。

项目预测中需要做一个项目网络市场和网下市场调查，以确保网络营销的顺利进行，同时可以在发现问题时及时得到解决，其中的不可预见性因素是非常重要的，需要结合同类或者其他产品在投入网络市场之后遇到的各种问题，来考虑创业型策划的全面性，以确保整个网络营销计划的成功。

(3) 网络营销辅助型策划

利用各种网络手段，如 SEO 技术，来加强企业在网络营销上的力度，以获得更好的效果。配合各种技术及手段而做的策划称之为网络营销辅助型策划，这类策划需要企业协调各部门之间的配合，优化组合，优化在新的网络市场中的营销效果。

(4) 网络营销效益型策划

网络营销效益型策划主要是针对中小企业，包含网络营销策划、综合网络推广、效益型网站建设及优化和营销效果跟踪管理等综合顾问式的策划。这种策划特别适用于需要开展基于互联网网络推广，且对网络营销效果较为迫切的中小企业。企业无论原来是否拥有企业网站，也无论是否拥有专业的网络营销人才，都可以选择效益型网络营销策划。

2. 按企业网络营销的目的分类

(1) 销售型网络营销策划

销售型网络营销策划目标是指为企业拓宽网络销售，借助网上的交互性、直接性、实时性和全球性为顾客提供方便快捷的网上售点。目前许多传统的零售店都在网上设立销售点，如北京图书大厦的网上销售站点。

(2) 服务型网络营销策划

服务型网络营销策划目标主要是为顾客提供网上联机服务。顾客通过网上服务人员可以远距离进行咨询和售后服务。目前大部分信息技术型公司都建立了此类站点。

(3) 品牌型网络营销策划

品牌型网络营销策划目标主要是在网上建立企业的品牌形象，加强与顾客的直接联系和沟通，增加顾客的品牌忠诚度，配合企业现行营销目标的实现，并为企业的后续发展打下基础。目前大部分企业站点都属于此类型。

(4) 提升型网络营销策划

提升型网络营销策划目标主要通过网络营销手段替代传统营销手段，全面降低营销费用，提高营销效率，促进营销管理和提高企业竞争力。如戴尔、海尔等站点就属于此类型。

(5) 混合型网络营销策划

混合型网络营销策划目标力图同时达到上面目标中的若干种。如亚马逊通过设立网上书店作为其主要销售业务站点，同时创立世界著名的网站品牌，并利用新型营销方式提升企业竞争力。它既是销售型，又是品牌型，同时还属于提升型。

4.3.4 网络营销策划基本原则

1. 系统性原则

网络营销是以网络为工具的系统性的企业经营活动,它是在网络环境下对市场营销的信息流、商流、制造流、物流、资金流和服务流进行管理的。因此,网络营销方案的策划是一项复杂的系统工程。策划人员必须以系统论为指导,对企业网络营销活动的各种要素进行整合和优化,使"六流"皆备,相得益彰。

2. 创新性原则

网络为顾客对不同企业的产品和服务所带来的效用和价值进行比较带来了极大的便利。在个性化消费需求日益明显的网络营销环境中,通过创新,创造与顾客个性化需求相适应的产品特色和服务特色,是提高效用和价值的关键。特别的奉献才能换来特别的回报。创新带来特色,特色不仅意味着与众不同,而且意味着额外的价值。在网络营销方案的策划过程中,必须在深入了解网络营销环境尤其是顾客需求和竞争者动向的基础上,努力营造出旨在增加顾客的价值和效用、为顾客所欢迎的产品特色和服务特色。

3. 操作性原则

网络营销策划的第一个结果是形成网络营销方案。网络营销方案必须具有可操作性,否则毫无价值可言。这种可操作性表现为,在网络营销方案中,策划者根据企业网络营销的目标和环境条件,就企业在未来的网络营销活动中做什么、何时做、何地做、何人做、如何做的问题进行了周密的部署、详细的阐述和具体的安排。也就是说,网络营销方案是一系列具体的、明确的、直接的、相互联系的行动计划的指令,一旦付诸实施,企业的每一个部门、每一位员工都能明确自己的目标、任务、责任以及完成任务的途径和方法,并懂得如何与其他部门或员工相互协作。

4. 经济性原则

网络营销策划必须以经济效益为核心。网络营销策划不仅本身消耗一定的资源,而且通过网络营销方案的实施,改变了企业经营资源的配置状态和利用效率。网络营销策划的经济效益,是策划所带来的经济收益与策划和方案实施成本之间的比率。成功的网络营销策划,应当是在策划和方案实施成本既定的情况下取得最大的经济收益,或花费最小的策划和方案实施成本取得目标经济收益。

5. 协同性原则

网络营销策划应该是各种营销手段的应用,而不是方法的孤立使用,诸如论坛、博客、社区、网媒等资源要协同应用才能真正达到网络营销的效果。

4.3.5 网络营销方案基本模板

策划网络营销方案是为达到一定营销目标而制定的综合性的、具体的、可操作的网络营销策略和活动计划。一份完整的以网站为基本网络营销平台的网络营销策划方案必须包括以下几个基本要素:网站诊断分析、网站优化、综合网络推广、网络营销培训、收费形式、经典案例和联系方式等。

1. 网络营销方案的主要内容

内容包括:

① 方案要解决的问题是什么?执行方案后要实现什么样的目标?能够创造多大的价值?
② 谁负责创意和编制?总执行者是谁?各个实施部分由谁负责?
③ 推广的问题是什么?执行营销方案时要涉及什么地方和单位?
④ 为什么要提出这样的策划方案?为什么要这样执行等?
⑤ 时间是怎样安排的?营销方案执行过程具体花费多长时间?
⑥ 各系列活动如何操作?在操作过程中遇到的新问题如何及时解决处理?
⑦ 该方案需要多少资金和多少人力?

2. 网络营销策划分层

目前中国企业的网络营销策划大致可分为三层。

(1) 信息应用层策划

这是最简单、最基本的一层。在这个层次上,企业主要通过利用 Internet 来发布信息,并充分利用网络优势与外界进行双向沟通。在这个应用层中,不需要企业对信息技术有太高的要求,只是最基本的使用。比如:通过发 E-mail 与消费者进行沟通和交流,定期给客户发各种产品信息邮件、产品推荐邮件和电子刊物等,加强与顾客的联系;建立企业主页,将一些有关企业及其产品和服务的介绍放在上面,并辅之精美的图文,供访问者浏览,通过数据专线上网。

(2) 战术营销层策划

企业主要进行下列工作:

① 网络营销调研。利用 Internet 在线调研可以轻松完成大量复杂的调研工作,能够充分满足各种统计数据的要求,提高营销调研的质量。由于它使用电子问卷,从而大大减少了数据输入工作,缩短了调研时间。
② 网上销售。这是目前网络营销最具诱惑力的地方之一。数以千计的企业在网上安营扎寨,销售产品种类繁多。而实际中,这个企业也许仅仅就是一台电脑,没有厂房,没有员工,没有办公大楼。他们是网上的"虚拟巨商",却又是如此的真实。网上销售与传统的商业销售的实物流程相分离,是一种信息时代的营销手段。

③ 营销战术系统。主要包括一些用于管理库存的子系统、用于宣传产品和链接网站的子系统以及用于答复用户意见和反馈信息的子系统。决策者们利用网上的这一系统分析工具进行着各种各样的决策活动。

(3) 战略营销层策划

这个层次是建立在战术营销层策划基础之上的,它将整个企业的营销组织、营销计划和营销理念等完全融入网络,依靠网络完成制定方针、开展战略部署、实现战略转移和缔结战略同盟等战略决策。

3. 网络营销策划应注意的要素

(1) 倾听客户

网络营销策划服务的基本出发点是为了满足顾客需求,站点设计的共同特点之一就是便于顾客使用,这将使顾客能够直接给企业反馈信息。顾客能告诉企业某种产品是否适应市场的需求,或者他们要求产品做哪些具体的改进等。很多企业发现顾客直接反馈系统能激发工作人员最好的思想,促使质量的提高。供应商、零售商和顾客应是整个营销过程的重要参与角色,由此可形成一个互动的系统。

(2) 循序渐进

应将每一种服务和产品都视为一个多步骤和循序渐进的过程,而不是一蹴而就的事。这就要求每天都要对站点进行不断的改进,比如更换图形、修补破损的链接和改正拼写错误等。从这些小事做起,使站点精益求精。由此,顾客也会赞赏企业所做的这些持续的努力。

(3) 密切注意顾客的变化

企业设立站点的最初的一个原因就是要减少电话服务。但现在顾客仍然可能会打电话,就一个技术细节或比较棘手的问题咨询技术服务部门。顾客经过吸取网络站点的信息,对服务的要求与以前相比已大大不同了——他们对产品的知识基础和信息需求的水平都大大提高了。公司要适应这种需求的增长,无疑也应不断地积累和增长自身的知识。

(4) 灵　活

网络媒体允许企业不断完善和扩展它的内容,可以一步一步地扩展,而不必也不可能立刻就尽善尽美,而是有很大的灵活性。

(5) 应急支持计划和系统

应将开发、运送和培训的部门都包括到网络顾客服务支持小组中来。如果他们不知道网络服务是怎样运用的,就无法通过网络工具帮助顾客。同时还要考虑到某种灾难性事件发生的可能性,例如,如果每天有 10 000 名顾客要利用站点获得帮助,那么如果有一天系统突然出现故障怎么办? 因此,所有企业都要保证有一个应急的支持系统,支持在线数据库分析系统或其他解决问题的方法。

4. 网站评估指标体系

（1）网站硬性指标

您的网站是否能够让客户很轻松、方便地登录和记住，包括域名种类分布、域名品牌一致、网站语言版本、域名解析时间、请求响应时间、主机连接时间、下载时间、HTML综合质量、图片综合质量、首页布局质量和首页信息类型等。

（2）网站推广指标

您的网站推广是否能让更多的客户与您往来，包括搜索引擎排名、网站知名度、推广方案设计和网络广告设计等。

（3）网站服务指标

客户是否愿意与您往来，包括您的回应时间、目标客户、客户区、联系层次、联系细分、FAQ、帮助导航、网络地图、服务流程、帮助的全面性、产品分类、产品描述、产品图片和价格建议等。

（4）网站互动指标

您与客户的互动效果如何，包括客户回应、解决时间、认真程度、产品了解、准确程度、客户社区、客户忠诚度、深化服务、兴趣调查和需求调查等。

4.4 网络营销中的市场调查

市场调查是针对特定营销环境进行资料收集和分析的活动。

网上市场调查的目的与传统市场调研的目的基本相同，都是为制定恰当的营销策略而进行的市场信息搜集和整理。没有市场调研，就把握不了市场，也就无从制定营销策略，无法开展市场营销。因此，网上市场调查是营销管理信息系统和决策支持系统的主要信息资料来源，它在整个营销系统中起到了非常关键的作用。

4.4.1 网上市场调查的特点

随着网络的迅速普及和发展，网络逐渐取代了传统的调研手段，为市场调研提供了更为有力的工具。利用互联网进行市场调查有两种方式：一种是以利用互联网直接进行问卷调查等方式收集一手资料；另一种是从互联网收集二手资料，称之为网上间接调查。现在，国际上许多企业都利用网络和其他一些在线服务进行市场调研，并且取得了满意效果。相比传统的市场调查，网络上的市场调查具有及时性、经济性、对象的广泛性和结果的客观性等特点。

与传统市场调查方式相比，网上市场调查在组织实施、信息采集、信息处理和调查效果等方面都具有明显优势。

1. 组织简单、费用低廉

网上市场调查在信息采集过程中不需要派出调查人员，不受天气和距离的限制，不需要印刷调查问卷,调查过程中最繁重且最关键的信息采集和录入工作分布到众多网上用户的终端上完成,可以无人值守和不间断地接收调查表,信息检验和信息处理由计算机自动完成。

2. 调查结果客观性高

一是被调查者在完全自愿的情况下参与调查,调查的针对性更强;二是被调查者在完全独立思考的环境下接受调查,不会受到调查员及其他外在因素的误导和干预,能最大限度地保证调查结果的客观性。

3. 网络市场调查具有交互性

网络市场调查的一大好处是具有交互性。在网上调查时,被调查者可以及时就问卷的相关问题提出自己更多的看法和建议,从而减少因问卷设计不合理而导致调查结论的偏差;同时被调查者还可以自由地不受时间限制,在充分了解问卷问题之后发表自己的看法,这在传统调查中是不可能的,例如平常在路上遇到拦截调查,其调查时间不能超过10分钟,否则被调查者肯定不耐烦,因此传统调查对调查员的要求非常高。

4. 便于检验和控制

内容包括:

① 网上调查问卷上可以附加全面规范的指标解释,有利于消除因对指标理解不清或调查员解释口径不一而造成的调查偏差。

② 问卷的复核检验由计算机依据设定的检验条件和控制措施自动实施,因此可以有效地保证对调查问卷进行全面的复核检验,并保持检验与控制的客观公正性。

③ 通过被调查者身份验证技术可以有效防止信息采集过程中的舞弊行为。

5. 无时空地域限制

网络调查是 24 小时全天候的调查。

4.4.2 网上市场调查的内容

网上市场调查的主要内容如下。

(1) 市场需求研究

研究和分析市场需求情况的主要目的在于掌握市场需求量、市场规模和市场占有率,以便有效运用经营策略和手段。

(2) 用户及消费者购买行为的研究

用户及消费者购买行为研究的方向和内容主要包括以下几方面:

① 了解不同地区和不同民族的用户,因他们的生活习惯和生活方式不同,都有哪些不同需要。

② 了解消费者的购买动机,包括理智动机、感情动机和偏爱动机。特别是在研究理智动机时,要了解产品设计、广告宣传及市场销售活动对他们购买行为的影响,以及他们产生这些

动机的原因。

③ 研究用户对特定商标或特定商店产生偏爱的原因。

④ 具体分析谁是购买商品的决定者、使用者和具体执行者,以及他们之间的相互关系。

⑤ 了解消费者喜欢在何时、何地购买,他们购买的习惯和方式,以及他们的反应和要求等。

(3) 营销因素研究

营销因素研究包括产品的研究、价格的研究、分销渠道的研究、促销策略的研究和广告投放的研究等。

(4) 宏观环境研究

宏观环境研究包括对人口、经济、自然地理、科学技术、政治法律和社会文化等因素的研究。一切营销组织都处于这些宏观环境因素之中,因此不可避免要受其影响和制约。

(5) 竞争对手研究

商品经济社会是一个竞争激烈的社会,企业要在竞争中取胜,就必须"知己知彼",每个企业都应充分掌握并分析同行业竞争者的各种情况,认真分析我方优点和缺点,做到知己知彼,学会扬长避短,发挥自我的竞争优势。

竞争对手研究的主要内容有:

① 市场上的主要竞争对手及其市场占有率情况;

② 竞争对手在经营、产品技术等方面的特点;

③ 竞争对手的产品和新产品水平及其发展情况;

④ 竞争者的分销渠道、产品价格策略、广告策略和销售推广策略等情况;

⑤ 竞争者的服务水平等。

4.4.3 网上市场调查的步骤

网上市场调查与传统市场调查一样,应遵循一定的步骤,以保证调查过程的质量。正规的步骤包括明确问题和调查目标、制定调查计划、收集信息、分析信息以及提交调研报告。

1. 明确问题和调查目标

明确问题和调查目标对使用网上搜索的手段来说尤为重要。互联网是一个永无休止的信息流,当开始搜索时,可能无法精确找到所要了解的重要数据,但会发现一些其他有价值的信息。所以,在开始网上搜索时,头脑里要有一个清晰的目标并留心去寻找。一些可以设定的目标是:谁有可能想在网上使用你的产品或服务?谁是最有可能要买你提供的产品或服务的客户?在你这个行业,谁已经上网?他们在干什么?你的客户对你的竞争者的印象如何?在公司的日常运作中,可能要受到哪些法律和法规的约束?如何规避?等等。要想提高网上搜索的效率,解决之道是把头脑中概略的、笼统的问题给予分解和具体化。

2. 制定调查计划

网上市场调查的第二阶段是制定出最为有效的信息搜索计划。具体来说，就是要确定资料来源、调查方法、调查手段、抽样方案和联系方法。

(1) 在资料来源方面

必须确定是要收集二手资料还是一手资料(又称原始资料)，或者两者都要。在互联网上，既可以方便地查询到二手资料，也可以收集到一手资料。

(2) 在调查方法方面

网上市场调查可以使用专题讨论法、问卷调查法和实验法。专题讨论法是借用新闻组、邮件列表讨论组和网上论坛(也可称为 BBS,电子公告牌)的形式进行。问卷调查法可以使用 E-mail 分送和在网站上刊登等多种形式。实验法则是选择多个可比的主体组，分别赋予不同的实验方案，控制外部变量，并检查所观察到的差异是否具有统计上的显著性。

(3) 在调查手段方面

网上市场调查可以使用问卷和软件系统形式。在线问卷制作简单，分发迅速，回收方便；但要设计得完美和有效，仍有很多要点。除了在线问卷之外，还可以采用交互式计算机辅助电话访谈系统和网络调研软件系统。前者是利用一种软件程序在计算机辅助电话访谈系统上设计问卷结构并在网上传输，互联网服务器直接与数据库链接，收集到的被访者答案可直接进行储存。后者是专门为网络调研设计的问卷链接及传输软件。这种软件设计成无须使用程序的方式，包括整体问卷设计、网络服务器、数据库和数据传输程序。一种典型的用法是:问卷由简易的可视问卷编辑器产生，并自动传送到互联网服务器上，通过网站，使用者可以随时在屏幕上对回答数据进行整体统计或图标统计。

(4) 在抽样方案方面

要确定抽样单位、样本规模和抽样程序。抽样单位是确定抽样的目标总体。样本规模的大小涉及调查结果的可靠性，尽量降低样本分布不均衡的影响。样本分布不均衡表现在用户的年龄、职业、教育程度、用户地理分布以及不同网站的特定用户群体等方面，因此，在进行市场调研时要对网站用户的结构有一定了解，特别当样本数量不是很大时更应如此。

(5) 在联系方法方面

联系方法是确定以何种方式接触主体。网上市场调查采取网上交流的形式，如 E-mail 传输问卷或参加网上论坛等。

3. 收集信息

网络通信技术突飞猛进的发展使得资料收集方法发展迅速。互联网没有时间和地域的限制，因此网上市场调查可以同时在全国甚至全球进行，这与受区域制约的传统调研方式有很大不同。例如，公司要想了解各国对某国际品牌的看法，则只须在一些著名的全球性广告站点发布广告，把链接指向公司的调查表即可，而无须像传统调查那样，在各国找不同的代理分别实施。此类调查活动如果利用传统方式是无法想象的。当然,问卷的设计要符合网上调查的特殊要求,而不能把传统问卷照搬到网上。

被访者经常会有意无意地遗漏掉一些信息,这可通过在页面文件中嵌入脚本或 CGI 程序进行实时监测。如果被访者遗漏掉问卷上的一些内容,那么调查表会拒绝提交或者验证后重新发给被访者要求补填。最后完成后,被访者会收到证实完成的公告牌,这就是在线问卷的优点;但遗憾的是无法保证问卷上所填信息的真实可靠性。

4. 分析信息

收集信息之后要做的工作是分析信息,这一步非常关键。调查人员如何从数据中提炼出与调查目标相关的信息,将直接影响到最终结果。这时要使用一些数据分析技术,如交叉列表分析技术、概括技术、综合指标分析和动态分析等。网上信息的一大特征是即时呈现,而且很多竞争者可能从一些知名的商业网站上看到同样的信息,因此分析信息的能力相当重要,通过分析信息可以在动态变化中捕捉到商机。在这方面,有个广为人知的故事。

1997 年 10 月,一家美国商社的老板 Neal Bob 先生,在互联网上看到以色列的一家当地报纸报道伊拉克可能会对以色列使用化学武器,以色列的老百姓十分惶恐,于是他敏锐地捕捉到以色列需要大量防毒面具的信息。他马上通过美国的商业站点发布紧急求购防毒面具的信息,接着打电话通知他在以色列的分店经理与当地最有声望的传媒——以色列电视台和《工党党报》联系,发布本店即将供应防毒面具的消息。当天就收到来自美国 5 家厂商的供货消息,Neal Bob 使用的是 VTel 公司的多点广播视讯会议系统,每个供货商彼此都能看到各自的产品和标价,因此为了得到这个合同,彼此竞相降价,最终从原来的 145.25 美元/件,降到 86.6 美元/件成交,而且三天之内必须全部运到旧金山的空军基地。他包租两架美国空军的运输机,于第三天晚上直飞以色列,结果在短短四天时间,他以每件 330 美元的高价销售了将近 5 万多个防毒面具,净赚 842 万美元,创造了现代商业圈赚钱的奇迹。

5. 提交调研报告

调研报告的结构包括开头、正文和结尾三个部分。开头有问候语、说明和序言;正文有主要结论、调研的详细过程、调研的结果和小结、总的结论和建议;结尾有参考资料和附录等内容。

调研报告一般有两种形式:一种是专门性报告,是供市场研究及市场营销人员使用的内容详尽的具体报告;另一种为一般性报告,供职能部门的管理人员和企业领导者阅读,内容简明扼要而重点突出。

4.4.4 利用互联网收集竞争者的信息

1. 收集信息的方法

商场如战场,"知己知彼,百战不殆"。互联网作为信息汇集点,在互联网中识别出竞争者并进行分析,对企业采取正确的营销战略来说是非常关键的。

一般在市场中有三个层次的竞争者,即领导者、挑战追随者和补充者:

① 领导者在竞争中处于领先地位,他所关注的是行业内外具有潜在威胁的新出现的事物,以便保持自身的竞争优势。因此,领导者不仅关注行业内部的竞争对象,还必须关注来自相关行业的威胁,在利用互联网收集信息时要注意扩大收集范围。

② 挑战追随者主要是那些跟踪领导者的人,他们在学习和模仿领导者的基础上,寻找机会成为新的领导者。因此挑战追随者的竞争对象主要是领导者,他们利用互联网主要收集领导者的信息。

③ 补充者由于其力量较弱不可能直接参与对抗竞争,因此补充者的竞争表现在,利用互联网主要收集被领导者和挑战追随者忽视或不重视的信息,从而寻找市场机会。

2. 收集信息的途径

(1) 访问竞争者网站

领导型企业由于竞争的需要一般都设立网站,我国一些大型企业也都设立了网站,如联想和海尔等,这也是挑战追随者获取其竞争者信息的最好途径。

(2) 收集竞争者发布的信息

收集竞争者在网上发布的信息,如产品信息、促销信息、招聘信息及电子出版物,最好的办法是作为竞争者的一名顾客。

(3) 多方获取竞争者的信息

从其他网上媒体获取竞争者的信息,如网上电子报纸和电视台的网站对竞争者的报道。

(4) 保护性访问

从有关新闻组和BBS中获取竞争者信息,如微软为提防Linux对其操作系统Windows的挑战,就经常进行保护性访问,访问那些有关Linux的BBS和新闻组站点,以获取最新资料来加强防护,而且微软居然是Linux的BBS站点访问次数最多的用户。

3. 收集信息的步骤

(1) 识别竞争者

寻找网上竞争对手的最好方法是在导航网站中查找,而首要任务是确定查询时所使用的关键词。确定关键词要考虑的因素有:在网上开展的业务的性质,以及一般浏览者在网上查找这类业务时常用的关键词等。通常要确定5~10个关键词或关键词组。

在各大导航站点上分别检索会得到大量的结果。由于时间和精力所限,不可能将所有站点都看一遍,建议根据以下两个因素来选择:审看每条检索结果的描述及只审看前十名或二十名站点。当然,在国内,上网企业还不是很多,因此通过搜索引擎可能只能搜索到部分竞争对手,这一点需要注意。

(2) 选择收集信息途径

由于互联网上的信息易于获取,因此收集信息必须有选择性。领导者可选择在公众性媒体上收集信息,如网上报纸或参与BBS与新闻组讨论等,以便发现潜在威胁者的最新竞争动态,然后有针对性地访问其挑战者的网站了解其发展状况,以做好应战准备。挑战追随者主要是选择访问领导者的网站和扮作领导者的顾客来收集信息,同时以一些公众性网上媒体作为辅助。补充者可能限于资金等因素,主要通过访问竞争者网站来了解竞争动态。

(3) 建立有效的信息分析处理体系

收集信息后必须能有效处理收集来的信息,否则再多的信息也成了"垃圾"。信息收集与处理工作最好由专人完成,分类管理,并用数据库系统将信息进行组织管理,以备将来查询和使用。

4.4.5 利用互联网收集市场行情

1. 主要收集的内容

企业收集的市场行情资料,主要包括产品价格变动和供求变化。目前互联网上设有许多信息网,包括实时行情信息网,如股票(东方财富网等)和期货市场;专业产品商情信息网(慧聪计算机商情网等);综合类信息网(中国市场商情信息网等)。

2. 内容要新要全

收集信息时,通过搜索引擎找出所需要的商情信息网站地址,然后访问该站点并登记注册。有的站点是收费的,可根据所需信息的重要性和可靠性来决定是否选择收费信息。当在商情信息网站上获取所需要的信息时,一般要使用站点提供的搜索工具进行查找,查找方法与搜索引擎基本类似。不同商情信息网的侧重点不一样,最好能同时访问多个相关但不完全相同的站点,以求找出最新、最全面的市场行情。

4.4.6 利用互联网了解消费者的偏好

利用互联网了解消费者的偏好,主要采用网上直接调查法来实现。了解消费者的偏好也就是收集消费者的个性特征,为企业细分市场和寻找市场机会提供依据。由于网络的信息开放性,网上用户一般都比较注意保护个人隐私信息,因此直接获取消费者涉及个人隐私的信息是非常困难的,必须注意一定技巧,从侧面通过关联或测试来了解。

在进行网上问卷调查时,一定要注意网上礼仪,尊重消费者的个人隐私权,否则很难得到正确而有效的调查结论。

利用互联网了解消费者的偏好,首先要识别消费者的个人特征,如地址、年龄、E-mail和职业等,为了避免重复统计,一般会在已经统计过的访问者的计算机上生成一个Cookie,它记录下访问者的编号和个性特征,这样,消费者在下次接受调查时就不用重复填写信息,同时也可以减少对同一访问者的重复调查。另外可以采用奖励或赠送的方式,吸引访问者登记和填写个人情况表,以获取消费者的个性特征。

其次,在对消费者调查一些敏感信息时应注意技巧。如若想了解消费者的个人收入情况,则可先了解消费者所在地区的邮政编码和消费者的职业这些不敏感信息,然后根据邮政编码来了解当地的收入水平,并根据其职业来划分其收入水平档次,这样做同样能达到调查的目的,而又不会引致消费者的抵触。

通过网页统计的方法来了解消费者对企业站点感兴趣的内容。现在的统计软件可以如实记录下每个访问网页的 IP 地址和访问路径等信息,根据这些信息,可以判定消费者感兴趣的内容是什么,注意的问题是什么,这些信息对于电子商务的经营具有重要价值。

4.5 网络营销中的客户关系

4.5.1 客户关系管理的作用

随着市场竞争愈演愈烈,传统的、静态的、平面的系统越来越难以胜任对动态客户信息的管理,对于客户行为的变化不能做出迅速反应而丧失市场机会的例子不胜枚举。而信息技术尤其是互联网技术的发展,为企业营销提供了全新的平台,互联网催生的客户关系管理(CRM,Customer Relationship Management)系统给企业带来营销方式的重大变革。

CRM 系统能够很好地促进企业与客户之间的交流,协调客户服务资源,对客户做出最及时的反应;它不但拓展了开发新客户的渠道,而且通过 CRM 系统的支持,所有的客户关系都将贯穿客户的终生。通过对客户资料的管理和挖掘,不仅有助于现有产品的销售,而且还能根据客户特定的需求为他们量身定做,真正做到"以客户为中心",从而赢得客户的"忠诚"。

CRM 系统是企业与顾客之间建立的管理双方接触活动的信息系统。网络时代的 CRM 系统应该是一个利用现代信息技术手段,在企业与顾客之间建立一种数字的、实时的、互动的交流管理系统。

CRM 营销就是利用有效的客户关系管理来达到营销的预期目标。其实,客户关系管理工作不是什么新鲜事,所有企业都需要管理好自己的客户关系。随着 CRM 系统的推出,一种全新的营销观念逐渐形成,客户作为一种宝贵的资源被纳入企业的经营发展中。企业把任何产品的销售都建立在良好的客户关系基础之上,客户关系成为企业发展的本质要素。

4.5.2 客户关系管理的内容

客户关系管理的内容包括:
① 客户概况分析,包括客户的层次、风险、爱好和习惯等。
② 客户忠诚度分析,指客户对某个产品或商业机构的忠实程度、持久性和变动情况等。
③ 客户利润分析,指不同客户所消费产品的边缘利润、总利润和净利润等。
④ 客户性能分析,指对不同客户所消费产品的种类、渠道和销售地点等指标划分的销

售额。

⑤ 客户未来分析,包括客户数量和类别等情况的未来发展趋势以及争取客户的手段等。

⑥ 客户产品分析,包括产品设计、关联性和供应链等。

⑦ 客户促销分析,包括广告和宣传等促销活动的管理。

4.5.3 管理客户数据的手段

客户数据一般收集在网络系统的数据库中,数据库是 CRM 的灵魂,CRM 的很多工作都是以数据库为基础展开的。利用数据库,企业可以制定准确的市场策略与促销活动,CRM 系统充分利用数据库的分析结果来制定市场策略和创造市场机会,并通过销售和服务等部门与客户交流,从而提高企业利润。

CRM 系统可以划分为数据源、数据库系统和 CRM 分析系统三个部分。

1. 数据源

数据主要来自四个方面:客户信息、客户行为、生产系统和其他相关数据。

2. 数据库系统

主要分为数据库建设和数据库两部分。数据库建设利用数据库的数据抽取、转换和加载(ETL,Extraction Transformation Loading)以及设计工具,将与客户相关的数据集中到数据库中;然后在数据库的基础上,通过联机分析处理(OLAP,On-Line Analysis Processing)和报表等功能将客户的整体行为分析和企业运营分析结果传递给数据库用户。

3. CRM 分析系统

CRM 分析系统由分析数据准备模块、客户分析数据集、客户分析模块和性能评价模块构成。在数据库的基础上,由分析数据准备模块将客户分析所需要的数据形成客户分析数据集;然后在客户分析数据集的基础上,客户分析模块进行客户行为分析、重点客户发现和性能评估模块的设计与实现;最后,CRM 分析系统的分析结果由 OLAP 和报表传递给市场专家。

4.5.4 管理客户关系的作用

首先,数据库将客户行为数据集中起来,为市场分析提供依据;其次,数据库将对客户行为的分析以报表形式传递给市场专家,市场专家利用这些分析结果,制定准确、有效的市场策略。数据库在 CRM 中有客户行为分析、重点客户发现和市场性能评估三方面的作用。

1. 客户行为分析

客户行为分析可以划分为两个方面:整体行为分析和群体行为分析。整体行为分析用来发现企业所有客户的行为规律。但仅有整体行为分析是不够的,企业的客户千差万别,根据客户行为的不同,可将他们划分为不同的群体,各个群体有着明显的行为特征,这种划分方式叫做行为分组。

通过行为分组，CRM 用户可以更好地理解客户，发现群体客户的行为规律。基于这些理解和规律，市场专家可以制定相应的市场策略，同时还可以针对不同客户组进行交叉分析，帮助 CRM 用户发现客户群体间的变化规律。

行为分组只是分析的开始。在行为分组完成后，还要进行客户理解、客户行为规律分析和客户组间交叉分析。

(1) 客户理解

客户理解又称为群体特征分析，其目标是将客户在行为上的共同特征与已知的资料结合在一起，对客户进行具体分析。特征分析至少应包括以下功能：哪些人具有这样的行为；哪些人不具有这样的行为；具有这样行为的人能给企业带来多少利润；具有这样行为的人是否对本企业忠诚。

(2) 客户行为规律分析

客户行为规律分析的目标是发现群体客户的行为规律。一般来说，行为规律分析至少应包括以下内容：这些客户拥有企业的哪些产品；这些客户的购买高峰期是什么时候；这些客户通常的购买行为在哪里发生。通过对这些客户的行为分析，能够为企业在确定市场活动的时间、地点和合作商等方面提供确凿的依据。

(3) 客户组间交叉分析

通过对群体客户的特征分析和行为规律分析，企业在一定程度上了解了自己的客户；但客户的组间交叉分析对企业来说更为重要。例如，有些客户同时属于两个不同的行为分组，且这两个分组对企业的影响相差很大，但这些客户的基本资料非常相似。此时，就需要充分分析客户发生这种现象的原因，这就是组间交叉分析的重要内容。通过组间交叉分析，企业可以了解以下内容：哪些客户能够从一个行为分组跃进到另一个行为分组；行为分组之间的主要差别有哪些；客户从一个对企业价值较小的组上升到对企业有较大价值的组的条件是什么。这些分析能够帮助企业准确制定市场策略，从而获得更多利润。

2. 重点客户发现

重点客户发现的目标是找出对企业具有重要意义的客户，这些客户主要包括：

① 潜在客户——有价值的新客户。

② 交叉销售客户——有更多消费需求的同一客户。

③ 增量销售客户——更多地使用同一种产品或服务的客户。

④ 保持客户——保持忠诚度的客户。

3. 市场性能评估

根据客户行为分析，企业可以策划市场活动；然而，这些市场活动能否达到预定目标是改进市场策略的重要依据。因此，CRM 系统必须对行为分析和市场策略进行评估。同样，重点客户发现过程也需要对其性能进行分析，然后在此基础上修改重点客户发现过程。这些性能评估都以客户所提供的市场反馈为基础。

通过数据库的数据清洁与集中的过程,可将客户对市场的反馈自动输入数据库中,这个获得客户反馈的过程称为客户行为跟踪。

4.6 电子商务的赢利目标

4.6.1 网络营销的成本

1. 网络技术使企业趋向微利化

技术所带来的价值的增加不等于就是企业的赢利。互联网技术革命带来的最大好处是消费的微利时代的到来;但对于生产企业来说,可能带来的是整个赢利水平的降低,而不是提高。不仅如此,企业之间还存在着利润的再分配问题,不同的企业拿到不同的利润份额。

如果新技术使企业的赢利在降低,那么企业为什么还要采用新技术?对于是否采用新技术,在西方会产生一个"囚徒困境"问题。企业如果都不采用新技术,那么日子可能都过得好一点;但是,率先采用新技术者,就可以打垮后来采用新技术者。企业如果都采用新技术,那么最终的结果却使企业的赢利率变得越来越低。而在中国,中国企业所追求的目标与西方企业不同。国有企业更追求控制权的收益。尽管在所有企业都采用新技术之后,利润会降下来,但是尽早采用新技术却可以使企业利润得到大幅度提高。

2. 网络营销的成本构成

一般来说,网络营销的经营成本是关系赢利水平的重要因素。其成本包括以下几部分。

(1) 交易前的成本

交易前的成本是指用户寻找信息的成本。当用户想上网购物并搜索信息时,根据脑海里出现的相关线索进行链接,并试着从链接到的资料中提取出最合适的信息。这个由过去的经验所形成的基础,可能来自亲友的告知(口语行销),或来自电视的广告(广告行销),也可能来自用户的使用经验。然而信息的量可能很多,有时也可能掺杂着情感因素,所以使人无法以最有效的方式去判读这些信息,因此必须借助其他辅助工具。

许多门户网站提供的搜索引擎,就是要降低用户寻找信息的成本。他们提供的信息分类功能,是想通过有序分类来使用户找到所需要的内容;更进一步,有些网站还提供了减少比价时间的功能,如CNET网站将搜索器与寻找网络最低价相结合,网擎提供的信息代理人服务可将所需信息发到用户的电子邮箱;有些网站则提供专家和网友的评比以作为用户参考的依据。

(2) 交易中的成本

搜索到合适的信息后,双方便开始进行交易。在此期间,交易的安全性可以降低用户因为网络而产生的不确定感。安全性可能包含银行的安全性、用户资料的安全性、用户隐私的保护以及产品的保障期限。而网站自身所提供的界面亲和性、动态的便利性、功能的完整性以及交易时间的长短也会影响交易的成功率。除了上述因素以外,事前的交易成本也可能有所分担,这些因素可能包括品牌效应或产品的口碑。

(3) 交易后的成本

交易完毕后是不是就银货两讫、两不相干了呢?当然不是。货物能确实、准时、完整地送到,才是用户所关心的,所以,交易后的成本也就是用户验货的成本,它也包含了后端物流系统的建立。为了减小消费者验货成本的不确定性,亚马逊网站提供的"不满意马上退货"和免付邮资的服务,获得了很多用户的青睐。

4.6.2 电子商务目前的赢利状况

1. 电子商务赢利的困境

(1) 商品交易数量少

有些网站一个月下来才接到十几份订单,交易额还不够给员工发工资。一方面,很多电子商务网站一开始就期望具备和做到具有亚马逊网站那样的境界,大而全的商品目录,使整个商品目录变得相当庞大,加上支付和安全认证上的客观技术原因,导致用户完成电子商务交易变得相当复杂,使大部分用户还没等交易完成就已经吓跑了。

另一方面,由于配送和目前经营电子商务网站习惯性的缺货、无标准标价和信誉度低等多方面的服务质量原因,用户根本不放心把自己的生活采购完全交给电子商务。

(2) 无传统资源的支撑导致整个交易成本的上升

人们把电子商务中的技术手段称为"鼠标",经营业务称为"水泥",本质上是用"鼠标"改造或者整合"水泥",它是建立在现有传统资源之上的。而现在的一些电子商务网站,没有商品、没有渠道、没有队伍,它们是先做好"鼠标",然后才考虑"水泥"问题。这样的电子商务,不仅要建立电子平台,而且还要重建库存和配送系统,以及组织人力资源,因为业务规模小,它承担着相当高的进货价格和经营成本,事实上,它已经是在重新建立传统的商务环境,然后在这个传统商务环境里加上电子平台,自然成本要超过传统的商务交易。

(3) 高成本运作及资金枯竭

由于绝大多数电子商务网站都是由风险投资支撑起来的,所以等到最终把电子商务网站的运营环境建立起来后,账户上的钱可能仅仅够发几个月员工的薪水了。而风险投资商要求马上拿出一份明确的赢利报告,看不到赢利希望的风险投资不可能继续投入,这往往是使得整个电子商务行业的情况继续恶化的原因,那些已经投入的资源就这样白白浪费了。

2. 电子商务赢利的基本条件

电子商务的赢利需要一些基本条件。

(1) 解决成本控制问题

电子商务企业的成本控制主要在人力资源、广告宣传和商品库存物流等几个方面。

作为一个简单的网上商店,在人力资源上应该调配相当多低层次的服务人员,而不是大量的管理人员;但是在国内正好相反,我国不少网站的高层管理人员都是从跨国公司挖来的职业经理人,这一笔人力资本的开支相当大。事实上,传统零售业大多没有很多的宣传广告,如果广告宣传资金过高而超出商品本身所能带来的利润范围,那么企业只能在亏损下生存。商品从库存到配送的一系列流程都应该尽量建立在现有资源的基础之上,否则将付出相当大的代价,以至超过了商品买卖的差价。

(2) 提供快捷方便的服务

提供快捷方便的服务要实现起来相当艰难。现在的网上购物在服务上的缺陷主要体现在两个方面:一是商品目录庞杂,查找商品信息困难,并且最终完成认证和在线支付手续相当不方便,而且大多数支付还是通过传统支付的方式;二是电子商务缺乏完善的后台传统服务的支撑,比如物流和配送等,人们往往需要在一个星期甚至几个星期后才能收到订购的商品,这成为阻碍人们网上购物的重要原因。

正常的电子商务可以节省交易时间,比如戴尔的计算机原来要一个星期才能制造交货,现在通过电子商务,只需1~2天就能将计算机送到用户手里。如果电子商务不能使自己在服务上比传统商务做得更好,那么它就根本没有任何与传统商务相比的优势。

(3) 提高电子商务的战略认识

从国内大的经济环境来看,无论从消费者的接受能力还是消费能力看,电子商务在国内都将有一个漫长的发展时期。但随着宽带网的发展,当网络进入大量家庭用户时,电子商务必将开始迎来它发展的黄金时期。

4.6.3 电子商务赢利的途径

赢利的途径除了增加销售外,就是降低成本。电子商务可从以下几方面降低成本。

1. 开店成本

每个互联网上的网店都需要花费一定的建店成本。直接在互联网上架设自己独立的网店,一般要申请专用的线路,配置主机如路由器,配备专业人才,一年至少要花费几十万元,普通企业难以承受。

可以通过寻找合适的接入网络技术经营商,申请网上主机服务来降低开店成本。由于多个客户主机共享一台主机资源,故每个客户所承受的硬件费用、网络维护费用和通信线路费用均大幅降低,是当前非常可靠实惠的做法。

2. 采购成本

(1) 批量订购

利用互联网可以将采购信息进行整合和处理,统一向供应商订货,以求获得最大的批量折扣。如美国的沃尔玛,就是通过其零售管理信息系统将需要采购的信息统一汇集到总部,然后由总部再通过网络统一向供应商批量订购,以获得最大限度的实惠。

(2) 实时订购

利用互联网将生产信息、库存信息和采购系统连接在一起,可以实现实时订购。企业可根据需要订购,最大限度地降低库存,实现"零库存"管理。这样做的好处是,一方面减少资金占用和仓储成本,另一方面可以避免价格波动对产品的影响。如美国的戴尔公司,通过其灵活的网上采购系统,将其零部件库存时间压缩到一周以内,而其他计算机公司的零部件库存时间则大多为一个月甚至三个月,计算机硬件产品一天一价,而且不断下降,积压库存意味着产品的零部件价格总是比现在价格高,这也是戴尔公司为什么能以比同行低15%的价格进行优惠销售的重要原因。

(3) 订购管理的科学化

通过互联网实现库存及订购管理的自动化和科学化,可以最大限度地减少人为因素的干预,同时能以较高效率进行采购、节省大量人力以及避免人为因素造成的不必要损失。

(4) 信息共享

通过互联网可以与供应商进行信息共享,以帮助供应商按照企业的生产需要进行供应,同时又不影响生产和增加库存产品。

3. 销售成本

销售成本主要有销售人员费用、运输费用、销售管理费用和广告等促销费用等。互联网的出现给企业带来了新的销售模式和管理方式,如网上直销(网上订货)和网上促销等新的销售模式大大降低了销售成本。

(1) 网上直销

互联网上的信息交换可以跨越时间和空间限制,能以低廉费用实现任何地点、在任何时间的一对一交流。借助互联网进行直销,一方面可以将服务市场拓展到全球;另一方面无须分利给中间商。同时借助互联网,用户可以自由访问企业站点,查询产品信息,直接进行订购。

企业借助自动的网上订货系统,可以自由组织生产和配送产品,同时提高销售效率,减少对销售人员的需求。根据分析统计,在2011—2013年的三年内,信息类企业的产品销售中,有60%是通过网上订货完成的。

(2) 利用网上促销降低费用

互联网作为第四类媒体,具有传统媒体无法实现的交互性和多媒体性,它可以实现实时传送声音、图像和文字信息,同时可以直接为信息发布方和接收方架设沟通桥梁。如网上的广告费用比具有同样效果的电视和报纸广告费用低廉,另外,还有大量免费广告方式,还可以将广告直接转成交易,吸引消费者通过广告直接产生购买行为。

(3) 降低销售管理费用

利用互联网进行网上直销,可以实现订货、结算和送货的自动化管理,减少对管理人员的需求,提高销售管理效率。如亚马逊网站的销售管理部门其实只是一些信息处理员,其主要工作是进行产品信息目录维护。

(4) 降低售后服务费用

大量售后服务可以在网上自动完成。一般的企业网站都有常见问题 FAQ 栏,以解答顾客的常见问题,从而降低了售后服务的费用。

4. 管理成本

利用互联网来降低管理中的交通、通信、人工、财务和办公室租金等成本费用,可最大限度地提高管理效益。许多在网上创办的企业也正是因为网上企业的管理成本比较低廉,才有可能独自创业和寻求发展机会。

(1) 降低交通和通信费用

对于一些业务涉及全球的公司,业务人员和管理人员必须与各地业务相关者保持密切联系,许多跨国公司的总裁有 1/3 时间是在飞机上度过的,因为他们必须不停地在世界各地巡视以了解业务进展情况。现在利用互联网则可以很好地解决这些问题,通过网上工具如 E-mail、网上电话和网上会议等方式就可以进行沟通。根据统计,互联网出现后可减少企业在传统交通和通信中费用的 30% 左右,而且,这一比例还可以增加。

对于小公司,互联网更是给它们添加了一双"翅膀",使其不出家门就可以将业务在网上任意拓展。如美国一个小女孩 1995 年就利用互联网在家里创办网上花店,而且生意覆盖美国,她所需要的只是一台能上网的可以接受订单和提供产品信息的服务器,然后聘请几个小工负责按地址进行邮寄;与美国联邦快递进行联网后,她只需要将订单信息处理转交给联邦快递,由他们将花从花棚直接送到订花者手中,这一切都是在网上完成,小女孩的生意现在非常红火。

(2) 降低人工费用

传统管理过程中许多由企业员工处理的业务,现在都可以通过计算机和互联网由顾客自己完成。比如,美国的戴尔公司,最开始的直销是通过电话和邮寄来实行,后来通过互联网实行后,由用户通过互联网在提示下自动选择和下订单,由此带来的效益非常明显,不但用户在网上可以选择自如,戴尔公司也无须雇用大量的电话服务员来接听用户的电话订单,同时可以避免电话订单中许多无法明确的因素,在大大提高效率的同时又降低了人工费用。

因此,将互联网用于企业管理,不仅可以提高工作效率,而且还可以减少不必要的人员,以及降低由人为因素造成的损失。

(3) 降低企业财务费用

企业按需生产,按需订货,无须大量存货,或只需为少数特别畅销的商品保持一定存货,从而大大降低了资金占用率;同时,借助互联网实现企业管理的信息化和网络化,可大大降低企业对一般员工和固定资产的投入,如日常运转费用开支等,从而节省大量资金和费用。

(4) 降低办公室租金

通过互联网,商业企业可以实现无店铺经营,工业企业可以实现无厂房经营。如亚马逊的网上书店就是典型例子,由于业务是通过网络来完成的,故它无须在繁华地段租用昂贵的办公场所。目前,借助互联网,许多企业都把办公室从城市繁华中心搬到了安静的郊区,既避免了市区的拥挤交通,又可以在幽雅的低成本环境下工作,可谓一举两得。

4.7 网络广告

网络广告发源于美国。1994年10月27日是网络广告史上的里程碑,美国著名的 Hotwired 杂志推出了网络版的 Hotwired,并首次在网站上推出了网络广告,Hotwired 杂志并不是通过销售杂志的电子拷贝来赚钱,它用的是更为传统的方式——向赞助商收取高额的广告费。这本以 Web 为基础的杂志立即吸引了 AT&T 等 16 家客户在其主页上发布 Banner 广告,这标志着网络广告的正式诞生。更值得一提的是,当时的网络广告点击率高达 40%。

1998年5月,联合国新闻委员会正式宣布 Internet 为继"报刊"、"广播"、"电视"三大媒体之外的第四传播媒体。与三大传统媒体相比,Internet 使得信息在传播技术、传播效率及传播功能等方面产生了前所未有的变化。互联网正在成为重要的广告媒体市场,近年来网络广告市场保持着高速增长的态势,在互联网上做广告意味着难以估量的商业机会。

4.7.1 网络广告概况

网络广告是指在 Internet 上发布和传播的广告。它是利用网站上的广告横幅、文本链接和多媒体方法,在互联网刊登或发布广告,通过网络传递到互联网用户的一种高科技广告运作方式,从而可以让受众了解广告的更多信息,更好地达到广告的目的。与传统的三大传播媒体(报刊、电视、广播)广告及近来备受垂青的户外广告相比,网络广告具有得天独厚的优势,是实施现代营销媒体战略的重要部分。Internet 是一个全新的广告媒体,速度最快,效果很理想,是中小企业扩展壮大的很好途径,对于广泛开展国际业务的公司更是如此。

市场研究公司 eMarketer 发布消息称,2010年美国网络广告市场规模已增长14.7%至269亿美元,印刷版报纸广告市场规模已下滑8.45%至232亿美元,这是网络广告市场首次超过印刷版报纸广告市场。

中国的第一个商业性网络广告出现在1997年3月,传播网站是 chinabyte,广告表现形式为468×60像素的动画旗帜广告。Intel 和 IBM 是国内最早在互联网上投放广告的广告主。我国网络广告一直到1999年初才稍有规模。近几年我国网络用户对网络广告的态度也发生了转变。2007年1月的 CNNIC 调查结果显示,主动浏览占21.1%,被动浏览占26.3%,二者相结合浏览占52.6%,对网络广告的反感度占14.3%,而根据2007年6月份的调查结果,对网络广告的反感度变为7.8%,网民对弹出式广告/窗口的反感程度大幅降低,说明网络广告的投放形式在改进,基本得到了大部分网民的认可,网络广告这种形式正逐渐被人们所接受。中国网络广告市场作为区别于传统媒体的新型营销形式日益受到广告主的重视,市场规模持续稳定增长。易观国际公司研究称,2010年网络广告市场规模为279亿元,同比增长79.3%;而到2013年,中国网络广告市场规模将达到912.46亿元。

2010年,中国网络广告市场正在经历着两方面的变化:一方面,市场规模的迅速增长、热点事件的带动、广告主意识的转变、网络媒体营销能力的增强都给市场带来强力的推动作用。另一方面,在快速增长的背后,市场也在酝酿新的变化,热点营销方式的创新、营销手段的多元化、垂直媒体的成长、广告网络的崛起和移动广告平台的搭建,这些新的元素不断在网络广告市场展现,艾瑞咨询公司预计,2011年新的变化因素对市场作用会更加明显,社会化媒体营销和平台化网络广告投放将会成为重要的业务形态。分析认为,市场规模持续稳定的增长主要基于以下原因:传统互联网媒体凭借其广告位广告和关键字广告等形式的投放模式占据了中国网络广告市场的较大份额,同时,包括视频网站、SNS和微博等在内的新媒体平台,凭借其互动性强和传播精准等优势在中国网络广告市场份额上不断提升。

4.7.2 网络广告的特点

将一种传播媒体推广到5千万人,收音机用了38年,电视用了15年,而互联网则仅用了5年。互联网在诞生之后,一直是作为一个在国防、科技和教育领域使用的通信交流工具而存在。直到20世纪90年代初期万维网(WWW)出现后,大量的信息源以超文本格式(HTML格式)进行全球链接,终于形成了一个跨国界的全球性新型媒体。

与传统的广告媒体相比,网络广告的特征主要体现在以下方面。

1. 广泛性和开放性

网络广告可以通过互联网把广告信息全天候、24小时不间断地传播到世界各地,这些效果是传统媒体无法达到的。另外,报刊、电视、广播、路牌等传统广告都具有很大的强迫性,而网络广告的过程是开放的、非强迫性的,这一点与传统传媒具有本质的不同。

2. 实时性和可控性

网络广告可以根据客户的需求快速制作并进行投放;而传统广告的制作成本较高,投放周期固定。而且,在传统媒体上所做的广告一旦发布后就很难更改,即使可以改动往往也需付出很大的经济代价;而网络广告可以按照客户的需要及时变更广告内容,这样,广告主的经营决策变化就能及时实施和推广。

3. 直接性和针对性

通过传统广告,消费者只能间接地接触其所宣传的产品,而无法通过广告直接感受产品或了解厂商的具体运作和所提供的服务。网络广告则不同,只要消费者看到了感兴趣的内容,直接单击鼠标,即可进入该企业网站,了解到业务的具体内容。另外,网络广告可以投放给某些特定的目标人群,甚至可以做到一对一的定向投放。根据不同来访者的特点,网络广告可以灵活地实现时间定向、地域定向和频道定向,从而实现对消费者的清晰归类,在一定程度上保证了广告的到达率。

4. 双向性和交互性

传统的广告信息流是单向的,即企业推出什么内容,消费者就只能被动地接受什么内容。而网络广告突破了这种单向性的局限,实现了供求双方信息流的双向互动。通过网络广告的链接,用户可以从厂商的相关站点中得到更多、更详尽的信息。另外,用户可以通过广告位直接填写并提交在线表单信息,厂商可以随时得到宝贵的用户反馈信息。同时,网络广告可以提供进一步的产品查询需求,方便与消费者的互动和沟通。

5. 易统计性和可评估性

在传统媒体上做广告,很难准确知道有多少人接收到了广告信息。而网络广告不同,它可以详细统计一个网站各网页被浏览的总次数、每个广告被点击的次数,甚至还可以详细、具体地统计出每个访问者的访问时间和 IP 地址。另外,提供网络广告发布的网站一般都能建立用户数据库,其中包括用户的地域分布、年龄、性别、收入、职业、婚姻状况和爱好等信息。这些信息可帮助广告主统计与分析市场和受众,根据广告目标受众的特点,有针对性地投放广告,并根据用户特点进行定点投放和跟踪分析,对广告效果做出客观准确的评估。

6. 计费模式

CPM(Cost Per One Thousand Impressions)即每千人印象成本。传统媒体广告的计费方式是建立在收视/收听率或发行量阅读率的基础之上并以 CPM 为单位计算的,即

$$广告费用 = CPM \times 媒体接触人数(收视率或发行量)/1\,000$$

大部分网络媒体服务商沿用了这种计费模式,即以广告图形在用户端计算机上被显示 1 000 次为基准计费。CPM 计费方式虽然是由传统媒体移植到网络上的,但在网络上却发挥了较在传统媒体上更大的作用和效力。网络媒体可以精确地计算广告被用户看到的次数。网站可以精确地统计有多少人浏览了含有广告的网页。

CPC(Cost Per One Thousand Click-through)即每千人点击成本。与网络服务商偏爱的 CPM 计费方式相比,广告主更喜欢采用 CPC 这种计费模式。该模式是以广告图形被点击并链接到相关网址或详细内容页面 1 000 次为基准的计费模式。这种模式能更好地反映广告是否真正吸引消费者的注意力并引起其购买欲,广告是否真正产生了效果。因此,尽管 CPC 模式的维护费用较 CPM 为高,但仍成为最受广告主欢迎的网络广告收费模式。

CPA(Cost-Per-Action)即每次行动的费用。该模式是根据每个访问者对网络广告所采取的行动而进行收费的定价模式。对于用户行动有特别的定义,包括形成一次交易、获得一个注册用户,或者对网络广告的一次点击等。

网络广告效果测评虽较传统媒体测评更易操作,但其公正性却一直受到质疑。目前对网

络广告效果进行测评主要是基于网站自身提供的数据，缺乏第三方的审计和认证。因此网络广告效果测评有待确立共同的标准。

4.7.3 网络广告的形式

1. 旗帜广告

一般广告主愿意在网站采取旗帜广告的形式投放广告。旗帜广告又称横幅广告，是一幅放置在网页最上端表现商家广告内容的矩形图片，宽度为400～600像素(8.44～12.66 cm)，高度为80～100像素(1.69～2.11 cm)，以 GIF 或 JPG 等格式放置在网页中。旗帜广告又有静态和动态之分，为吸引更多的注意力，往往以动画形式出现。由于位置醒目、图幅大，所以可以较自由地以文字或图形等形式向浏览者传递信息，引导浏览者与商家深入互动地交流。

2. 按钮广告

按钮广告类似于横幅广告，只是所占空间较小，可以被设置在网页的任何位置。通常是一个链接着企业主页或站点的企业标志(logo)，并注明字样"Click me"，希望浏览者主动点击。常用的按钮广告的尺寸有四种：125像素×125像素(方形按钮)、120像素×90像素、120像素×60像素、88像素×31像素。由于其尺寸偏小，表现手法较简单，为了吸引访问者的注意，有时把它制成浮动式的，所以又称浮动广告或浮标广告，此类广告不停地在网页上浮动，有的从上向下，有的从左到右，有的甚至随机浮动。一般情况下，浮动广告的大小在80像素×80像素左右。

3. 弹出式广告

弹出式广告是在浏览者打开一个新的网页或在浏览某个网页时弹出一个包含广告内容的新窗口。广告主选择在自己喜欢的网站或栏目之前插入一个新窗口来显示广告内容。这里弹出的是一个个人网站广告窗口。这种广告的出现具有强迫性，且都是自行出现在浏览器上的。由于弹出式广告的过分泛滥，使得很多浏览器或者浏览器组件也加入了弹出式窗口杀手的功能，以屏蔽这样的广告。

以上都是将以 GIF,JPG 和 Flash 等格式建立的图像文件定位在网页中，用来表现广告内容的形式；另外，还可使用 Java 等语言使其产生交互性，或者使用 Shockwave 等插件工具增强表现力。

4. 文字链接广告

有些广告发布者出于节省有限网页空间或节约成本等目的，常常在网页中只做一段带有特别颜色或者下画线的文字，只要浏览者点击这段文字，就可以跳转到一个广告页面。这是一种对浏览者干扰最少，但却较为有效果的网络广告形式。有时候，最简单的广告形式，其效果反而最好。

5. 电子邮件广告

电子邮件广告具有针对性强（除非肆意滥发）和费用低廉的特点，且广告内容不受限制。特别是针对性强的特点，使得它可以针对具体某一个人发送特定的广告，这是其他网络广告形式所不及的地方。

6. 赞助式广告

确切地说，赞助式广告是一种广告投放传播的方式，而不仅仅是一种网络广告的形式。它可能是旗帜广告或者弹出式广告等形式中的一种，也可能是包含很多广告形式的打包计划，甚至可能是以冠名等方式出现的一种广告形式。常见的赞助式广告包括：内容赞助式广告、节目/栏目赞助式广告、事件赞助式广告和节日赞助式广告等。

7. 其他广告

包括墙纸广告、游戏互动式广告和电子杂志广告等。

4.7.4 网络广告的策划

网络媒体的特点决定了网络广告策划的特殊性。如网络的高度互动性使得网络广告不再只是单纯的创意表现与信息发布，广告主对广告回应度的要求会更高。网络时效性的特点也非常重要。网络广告的制作时间短，上线时间快，受众的回应也是立即的，因此广告效果的评估与广告策略的调整也都必须是即时的。因此，网络广告的策划过程与传统广告的策划过程会有很大不同，这对现行的广告运作模式是一个很大的冲击。

网络广告策划的要点是：

① 共享网站的资源，具体包括：

ⓐ 网站的知名度；

ⓑ 网站的内容；

ⓒ 网站的正面形象。

② 充分利用互联网的特性，具体包括：

ⓐ 互动性；

ⓑ 一对一性。

③ 注意广告策划的可评估性。

网络媒体的特点决定了网络广告策划的特定要求。网络广告策划的内容主要包括：确定网络广告的目标，确定网络广告的目标群体，进行网络广告创意及策略选择，以及选择网络广告的发布渠道及方式。

因此，网络广告有其自己的策划过程，具体如下。

1. 确定网络广告的目标

广告的目标是通过信息沟通使消费者产生对品牌的认识、情感、态度和行为的变化，从而实现企业的营销目标。在公司的不同发展时期,有其不同的广告目标,比如说是形象广告还是产品广告。对于产品广告,在产品的不同发展阶段,其广告的目标可分为提供信息、说服购买和提醒使用等。AIDA 法则是网络广告在确定广告目标过程中的规律:

① 第一个字母 A 是"注意"(Attention)。在网络广告中意味着消费者在电脑屏幕上通过对广告的阅读,逐渐对广告主的产品或品牌产生认识和了解。

② 第二个字母 I 是"兴趣"(Interest)。网络广告受众注意到广告主所传达的信息之后,对其产品或品牌发生了兴趣,若想进一步了解广告信息,则可以点击广告,进入广告主放置在网上的营销站点或网页。

③ 第三个字母 D 是"欲望"(Desire)。感兴趣的广告浏览者对广告主通过商品或服务提供的利益产生"占为己有"的企图,他们必定会仔细阅读广告主的网页内容,这时就会在广告主的服务器上留下网页阅读的记录。

④ 第四个字母 A 是"行动"(Action)。最后,广告受众把浏览网页的动作转换为符合广告目标的行动,它可能是在线注册、填写问卷参加抽奖或者在线购买等。

2. 确定网络广告的目标群体

简单来说就是确定网络广告希望让哪些人来看,确定他们是哪个群体、哪个阶层、哪个区域。只有让合适的用户来参与广告信息活动,才能使广告有效地实现其目标。

3. 进行网络广告创意及策略选择

内容包括:

① 明确而有力的广告标题,即是吸引消费者的带有概括性、观念性和主导性的语言。

② 简洁的广告信息。

③ 发展互动性。如在网络广告上增加游戏功能,提高访问者对广告的兴趣。

④ 合理安排网络广告发布的时间因素。网络广告的时间策划是其策略决策的重要方面,包括对网络广告时限、频率、时序及发布时间的考虑。时限是广告从开始到结束的时间长度,即企业的广告打算持续多久,这是广告稳定性和新颖性的综合反映。频率即在一定时间内广告的播放次数,网络广告的频率主要用在 E-mail 广告形式上。时序指各种广告形式在投放顺序上的安排。发布时间指广告发布是在产品投放市场之前还是之后。

⑤ 正确确定网络广告费用预算。公司首先要确定整体促销预算,再确定用于网络广告的预算。整体促销预算可以运用量力而行法、销售百分比法、竞争对等法或目标任务法来确定。而用于网络广告的预算则可依据目标群体情况及企业所要达到的广告目标来确定,既要有足够的力度,也要以够用为度。量力而行法即企业确定广告预算的依据是它们所能拿得出的资金数额。销售百分比法即企业按照销售额(销售实绩或预计销售额)或单位产品售价的一定百分比来计算和决定广告开支。竞争对等法指企业比照竞争者的广告开支来决定本企业广告开支的多少,以保持竞争上的优势。目标任务法的广告开支依据企业所执行的工作任务而定。

目标任务法的实现步骤是：ⓐ 明确地确定广告目标；ⓑ 决定为达到该目标而必须执行的工作任务；ⓒ 估算执行这些工作任务所需的各种费用，这些费用的总和就是计划广告预算。

⑥ 设计好网络广告的测试方案。

4. 选择网络广告的发布渠道及方式

在网上发布广告的渠道和形式众多，各有长短，企业应根据自身情况及网络广告的目标，选择网络广告的发布渠道及方式。目前，可供选择的渠道和方式主要有：

(1) 主页形式

建立自己的主页，对于企业来说，这是一种必然的趋势。它不但帮助树立企业形象，而且也是宣传产品的良好工具。

(2) 网络内容服务商(ICP)

如新浪、搜狐和网易等，它们提供了大量互联网用户感兴趣并需要的免费信息服务，包括新闻、评论、生活和财经等内容，因此，这些网站的访问量非常大，是网上最引人注目的站点。目前，这样的网站是网络广告发布的主要阵地，但在这些网站上发布广告的主要形式是旗帜广告。

(3) 专业类销售网

这是一种专业类产品直接在互联网上进行销售的网站。走进这样的网站，消费者只要在一张表中填上自己所需商品的类型、型号、制造商和价位等信息，然后进行搜索即可得到所需商品的各种细节资料。

(4) 企业名录

这是由一些 Internet 服务商或政府机构将一部分企业信息融入它们的主页中而形成的。如香港商业发展委员会的主页中就包括汽车代理商和汽车配件商的名录，只要用户感兴趣，就可以通过链接进入选中企业的主页。

(5) 免费的 E-mail 服务

互联网上有许多服务商提供免费的 E-mail 服务，很多上网者都喜欢使用。利用这一优势，能够帮助企业将广告主动送至使用免费 E-mail 服务的用户手中。

(6) 黄页形式

在互联网上有一些专门用来查询检索服务的网站，如"Yahoo!"、Infoseek 和 Excite 等。这些网站就如同电话黄页一样，按类别划分，便于用户进行站点的查询。采用这种方法的好处，一是针对性强，查询过程都以关键字区分；二是醒目，处于页面的明显位置，易于被查询者注意，是用户浏览的首选。

(7) 网络报纸或网络杂志

随着互联网的发展，国内外一些著名的报纸和杂志纷纷在互联网上建立了自己的主页，其影响非常大，访问的人数不断上升。

（8）新闻组

新闻组是人人都可以订阅的一种互联网服务形式，阅读者可成为新闻组的一员。成员可以在新闻组上阅读大量公告，也可以发表自己的公告，或者回复他人的公告。新闻组是一种很好的讨论和分享信息的方式。广告主可以选择与本企业产品相关的新闻组发布公告，这将是一种非常有效的网络广告传播渠道。

实验四　网络营销策划书

【实验目的】

通过本次实验使学生了解网络营销战略分析与策划的整个过程，掌握网络营销策划书的撰写方法与技巧。

【实验要求】

1. 了解网络营销的战略分析与策划。
2. 掌握网络营销策划书的撰写方法。

【实验内容】

1. 在网上寻找相关的资料。
2. 确定目标和营销内容。
3. 动手撰写一份网络营销策划书。

【实验步骤】

1. 准备工作。综合比较收集到的相关信息和资料，并予以整理和统计。
2. 构思。通过资料的整理和分析，确立基本观点，列出主要论点和论据。确定主题后，对收集到的大量资料经过分析研究，逐渐消化、吸收，形成概念，再通过判断和推理，把感性认识提高到理性认识。
3. 策划书的撰写步骤（本次实验的重点是步骤（1）～（3））如下。

（1）营销对象的内容包括：

- 写出公司名称（包括母公司和子公司）。
- 简要说明为什么需要撰写网络营销策划书。
- 列出公司的目标、方针、宗旨和章程。
- 列出与公司及其市场营销方案相关的重要事件和时间。
- 指出公司的主要业务。
- 说明未来商业的发展是否会影响公司的市场营销规划。
- 对公司进行简单的描述。
- 对公司的产品和服务进行简单的描述。
- 列出公司、产品、服务、市场和产业的关键字。

- 列出公司产品或服务的重要特征。
- 列出公司产品和服务的主要优缺点。
- 概述公司目前的销售状况。
- 列出本行业中极具竞争力的公司及其成立的时间和概况。
- 列出公司建立网络市场的好处、坏处、机会和风险。
- 认真思考公司的产品和服务是否适合网上营销?与客户的互动是否重要?顾客中有多少比例是网民?
- 如果公司仅仅依赖传统市场营销活动而不上网,那么公司的风险如何?

(2) 营销目标的内容包括:
- 列出竞争对手及其欲借助市场营销方案所完成的目标。
- 列出在下一年公司希望在市场中达成的10个目标。
- 列出5个在你的市场中还没有人发现的发展机会,试考虑网络营销有可能帮助你获取这些机会吗?

(3) 网站营销设计的内容包括:
- 请简要说明竞争对手在网上采取的策略及其完成的工作。
- 认真分析竞争对手网上策略与执行方法的优缺点。
- 请思考应该如何修改这些设计目标以创建独具特色的网上形象。
- 请简要说明公司计划如何设计网站以增加与顾客之间的互动。
- 请简要说明运用网络营销的"一对一"方式如何增强营销策略目标。
- 请简要说明如何运用网络口碑营销的优势达成营销策略目标。

(4) 网络广告设计的内容包括:
- 分析为什么需要网络广告(请列出5个通过网络广告可得到的总体市场营销利益)。
- 根据上述的5个利益,请列出公司为什么要进行网络营销的理由。
- 请列出在网络上进行广告活动可能需要面对的5种市场营销风险。
- 思考上述风险是否无法克服?如果无法克服,则立刻停止下面的撰写工作;如果可以克服,请继续往下写。
- 根据上述的回答,你认为在网络上进行广告活动的可能性有多大?如果可能性不大,请立刻停止撰写工作;如果可能性较大,请继续往下写。
- 你的网络广告的对象是谁?
- 你是否已经了解你的在线市场?如果不了解,请立刻停止撰写工作;如果了解,请继续往下写。
- 你准备采取何种网络广告的形式?
- 发布网络广告的网络是否能进行统计?
- 你在网络广告中想强调什么?

- 价格问题对你的顾客而言是否十分重要？如果十分重要，那么你的产品或服务所需的费用是多少？

（5）与传统媒体如何配合的内容包括：

- 请列出10项网站上吸引人的项目。
- 请列出最近将从事下列哪一种营销活动，并说明将在这些活动中如何把网站营销搭配进去？（营销活动：商展、平面广告、影音广告或折扣活动、说明会或散发说明小册子、营销人员的营销）

（6）成立网络营销小组。

（7）编制网络营销预算（包括人事与设备）。

传统营销过程基本上是线性的，每个过程都要一步一步来做，各阶段按逻辑顺序实现和循环。相反，网络营销在本质上是并行的，而不是线性的。在这种并行的环境中，所有的营销步骤都同时发生，如市场调研、产品开发以及客户反馈都同时发生。因此，基于从客户那里收集来的信息，可以迅速改变产品、服务、价格以及分销系统。

【实验提示】

设计网络营销规划要针对某一个公司和某些产品。可以去网上查找资料，也可以自己设计一个公司和产品，但公司的产品不能少于10种。

【实验思考】

1. 如何把握网络营销策划的正确性？
2. 用什么方法获取更多的第一手资料？
3. 怎样撰写策划书？

思考与讨论

1. 什么是网络营销？请说明其主要特点。
2. 简述网络营销的分类。
3. 网络营销策划的基本原则是什么？
4. 网上市场调查的主要内容是什么？请列出网上市场调查的主要步骤。
5. 什么是网络广告？网络广告有什么特点？
6. 简述网络广告的主要形式。
7. 网络广告的计费模式主要有哪几种？

第5章 电子商务支付

5.1 电子支付的概念和特征

5.1.1 电子支付的定义

电子支付是指,从事电子商务交易的当事人,包括消费者、厂商和金融机构,通过计算机网络系统,使用安全的信息传输手段,采用数字化方式进行的货币支付或资金流转。

5.1.2 电子支付的特征

与传统的支付方式相比,电子支付具有以下特征:

① 电子支付采用先进技术通过数字流转来完成信息传输,其各种支付方式都采用数字化的方式进行款项支付;而传统的支付方式则通过现金的流转、票据的转让及银行的汇兑等物理实体的流转来完成款项支付。

② 电子支付的工作环境基于一个开放的系统平台(即互联网)之中;而传统支付则是在较为封闭的系统中运作。

③ 电子支付使用的是最先进的通信手段,如互联网和Extranet;而传统支付使用的则是传统的通信媒介。电子支付对软、硬件设施的要求很高,一般要求有联网的微机、相关的软件及其他一些配套设施;而传统支付则没有这么高的要求。

④ 电子支付具有方便、快捷、高效、经济的优势。用户只要拥有一台上网的PC机,便可足不出户,在很短的时间内完成整个支付过程。支付费用仅相当于传统支付的几十分之一,甚至几百分之一。支付流程包括:支付的发起、支付指令的交换与清算和支付的结算等环节。

5.2 电子货币

5.2.1 电子货币的概念

所谓电子货币是指,用一定金额的现金或存款从发行者处兑换并获得代表相同金额的数据,通过使用某些电子化方法将该数据直接转移给支付对象,从而能够清偿债务。

电子货币是计算机介入货币流通领域后产生的,是现代商品经济高度发展后要求资金快速流通的产物。电子货币利用银行的电子存款系统和各种电子清算系统记录和转移资金,它使纸币和金属货币在整个货币供应量中所占的比例愈来愈小。电子货币的优点是明显的,它的使用和流通更方便,而且成本低,尤其对于大笔的资金流动,其优势更加明显。目前,电子货币已和人们的生活密切相关,银行的存款、贷款、汇款等柜台服务大都借助于计算机系统实现,代发工资、代收费、储蓄通存通兑、银行卡、电子支票和电子现金等多种银行业务就是电子货币的各种表现形式。

电子货币的出现彻底改变了银行传统的手工记账、手工算账和邮寄凭证等操作方式。同时,电子货币的广泛使用也给普通消费者在购物、饮食、旅游和娱乐等方面的付款带来了更多便利。总之,电子货币是货币史上的一次重大变革。

电子货币最大的隐患就是安全问题。电子货币与纸币一样都是没有价值的,而且多数情况下连纸币所具有的实物形式也没有,一切都是凭着计算机里的记录。那么,一旦银行计算机系统由于其本身故障,或遭人恶意破坏而造成数据错误,后果将是很严重的。而且,电子货币在传输过程中也有被篡改的危险。

5.2.2 电子货币的特征

电子货币作为现代金融业务与现代科学技术相结合的产物,具有如下特征:

① 传统货币以实物的形式存在,而且形式比较单一;而电子货币则不同,它是一种电子符号,其存在形式随处理的媒体不同而不断变化,如在磁盘上存储时是磁介质,在网络中传播时是电磁波或光波,在CPU处理器中是电脉冲等。

② 电子货币的流通以相关设备的正常运行为前提,新的技术和设备也引发了电子货币新的业务形式的出现。

③ 电子货币的安全性不是依靠普通的防伪技术,而是通过用户密码、软硬件加解密系统以及路由器等网络设备的安全保护功能来实现的。

5.2.3 电子货币的表现形式

电子货币的形式多种多样,包括如下方面。

1. 电子支票

电子支票系统从20世纪60年代就开始使用了。电子支票系统通过剔除纸面支票,最大限度地开发了现有银行系统的潜力。

电子支票系统是一个十分多样的系统,如:

① 通过银行自动提款机(ATM)网络系统进行普通费用的支付。

② 通过跨省市的电子汇兑和清算,实现全国范围内的资金传输。

③ 大额资金在海外银行之间的资金传输。

④ 每月从银行账户中扣除电话费等。

电子支票系统包含3个实体——购买方、销售方及金融中介。在购买方和销售方做完一笔交易后,销售方要求付款。购买方从金融中介处获得一个唯一凭证(相当于一张支票),这个电子形式的付款证明表示购买方账户欠金融中介钱。购买方在购买时把这个付款证明交给销售方,销售方再交给金融中介。整个事务处理过程就像传统的支票查证过程。但作为电子方式,付款证明是一个由金融中介出文证明的电子流。更重要的是,付款证明的传输及账户的负债和信用几乎是同时发生的。如果购买方和销售方没有使用同一家金融中介,则将会使用金融中介之间的标准化票据交换系统,这通常由国家中央银行(国内贸易)或国际金融机构(国际事务)协同控制。

电子支票方式的付款可以脱离现金和纸张进行。购买方通过计算机或POS机获得一个电子支票证明,而不是寄支票或直接到柜台前付款。使用这种方式,可以减少事务的费用,而且处理速度会大大增加。总的来说,与传统的纸面支票相比,电子支票具有以下许多优点:

① 节省时间。

② 减少纸张传递的费用。

③ 没有退票。

④ 灵活性强。

目前,电子支票系统一般是专用网络系统,国际金融机构通过自己的专用网络、设备、软件及一套完整的用户识别、标准报文和数据验证等规范化协议完成数据传输。系统今后将逐步过渡到公共互联网上。

电子支票的整个事务处理过程都要经过银行系统,而银行系统又有义务出文证明每一笔经它处理的业务细节,因此,电子支票的一个最大问题就是隐私问题。

2. 银行卡

银行卡由银行发行,是银行提供电子支付服务的一种手段。

信用卡(credit card)就是一种常见的银行卡。信用卡具有购物消费、信用借款、转账结算和汇兑储蓄等多项功能。信用卡可在商场和饭店等许多场合使用。可采用刷卡记账、POS结账和ATM提取现金等多种支付方式。

用户到银行开立一个信用卡账户,就可以得到一张信用卡。信用卡有一个信用卡号,用于识别持卡人的信用卡账户。持卡人身份的识别有两种方式:一种是由持卡人出示身份证明,如本人签章或出示身份证等;另一种是通过口令来识别,口令应该只有持卡人知道,主要用于确认持卡人的合法身份。这里以第二种方式进行电子购物为例,了解一下使用信用卡进行电子支付的过程。当用户要购买某种商品时,就把自己的信用卡号和口令提供给商家,申请购物。商家得到购物申请后,与开卡行取得联系,请求开卡行进行支付认可。开卡行在确认持卡人的身份之后,给商家返回一个确认信息批准交易。之后,商家供货给持卡人,银行则把相应的货款从持卡人的账户转到商家的账户上,这样就完成了一次交易。

从上面的交易过程可以看出,与普通现金相比,使用信用卡交易有不少好处:

① 携带方便,不易损坏。信用卡一般用塑料制成,小巧轻薄,便于携带,而且不容易损坏。普通现金一般由纸制成,容易污损;此外,如果所需数量较多时,携带也不方便。

② 安全性好。信用卡有账户和口令,丢失后可以挂失,而且还有口令这层保护。而普通现金一旦丢失后,则很难找回。

③ 可以进行电子购物。使用信用卡支付可以通过电话或网络进行,普通现金则没有这样的功能。

当然,使用信用卡也存在一些问题,其中最主要的就是安全问题。信用卡的安全已成为持卡人最关心的问题,很多人都担心因口令被泄露而导致信用卡被盗用。这种担心并不是多余的,事实上,信用卡被盗用的情况并不少见。这些都是安全措施不得力造成的。要想顺利推进信用卡的应用,就一定要切实保证其安全性。安全电子交易(SET)协议是一种新型的安全交易模式,它的一项重要功能就是保证信用卡交易的安全性。现在,SET 协议正在全球范围内推行。

其他的银行卡还有借记卡(debit card),如灵通卡和专用卡等,其基本功能都是用于电子支付,只是存在着一些业务范围的差异。信用卡与其他银行卡的一个重要差别在于,信用卡不仅是一种支付工具,同时也是一种信用工具。使用信用卡可以透支消费,给用户带来了方便,但这同时也给银行带来了恶意透支的问题。

3. 电子现金

(1) 电子现金的优点

电子现金又称为数字现金,是纸币现金的电子化。因此,数字现金同时拥有现金和电子化两者的优点,主要表现在以下 7 个方面:

① 匿名。这同样也是纸币现金的优点。买方用数字现金向卖方付款,除了卖方以外,没有人知道买方的身份或交易细节。如果买方使用了一个很复杂的假名系统,则甚至连卖方也不会知道买方的身份。

② 跟踪性。不可跟踪性是现金的一个重要特性。不可跟踪性可以保证交易的保密性,这样也就维护了交易双方的隐私权。除了双方的个人记录之外,没有任何关于交易已经发生的记录。因为没有正式的业务记录,所以连银行也无法分析和识别资金流向。也正是因为这一点,如果电子现金丢失了,就会同纸币现金一样无法追回。

③ 节省交易费用。数字现金使交易更加便宜,因为通过 Internet 传输数字现金的费用比通过普通银行系统支付要便宜得多。为了流通货币,普通银行需要维持许多分支机构、职员、自动付款机及各种交易系统,这一切都增加了银行进行资金处理的费用。而数字现金则是利用已有的 Internet 网络和用户的计算机,所以消耗较少,尤其是小额交易更加合算。

④ 节省传输费用。普通现金的传输费用较高。这是因为普通现金是实物,实物的多少与现金金额是成正比的,金额越大实物货币就越多。大额普通现金的保存和移动是比较困难和昂贵的;但是,数字现金的流动却没有国界,在同一国家内流通现金的费用与国际间流通的费

用相同,这样,就可以使国际间货币流通的费用比国内的流通费用高出许多的状况大大改观。

⑤ 持有风险小。普通现金有被抢劫的危险,因此必须存放在指定的安全地点,如地下金库,而且在存放和运输过程中都要由保安人员看守。保管普通现金越多,所承担的风险越大,在安全保卫方面的投资也就越大。

⑥ 支付灵活方便。数字现金的使用范围比信用卡更广。信用卡支付仅限于被授权的商店,而数字现金支付却不必有这层限制。

⑦ 防伪造。高性能彩色复印技术和伪造技术的发展使得伪造普通现金变得更容易了,但这并不会影响到电子现金。

从数字现金所带来的诸多好处可以看出,使用数字现金可以扩大商业机会,促进 Internet 上经济活动的增长。中、小企业可以利用这个机会增强自身的竞争力。因为通过 Internet,企业跨国经营不再是大型企业的专利。企业也可以使用这种交易工具降低交易成本。数字现金的出现意味着用户可以花更少的钱而得到更好的服务。

(2) 电子现金的表现形式

数字现金的表现形式有多种,如预付卡和纯电子系统。

① 预付卡。买方购买特定销售方可以接受的预付卡来支付货款。预付卡与常用的电话卡有些相似,不同之处在于它们的流动性。电话卡只能用于支付电话费,流动性相对小;而预付卡在许多商家的 POS 机上都可受理,常用于小额现金的支付。

② 纯电子系统。这种形式的数字现金没有明确的物理形式,以用户数字号码的形式存在,适用于买、卖双方物理上处于不同地点并通过网络进行电子支付的情况。支付行为表现为把数字现金从买方处扣除并传输给卖方。在传输过程中,通过加密来保证只有真正的卖方才可以使用这笔现金。

(3) 电子现金的问题

当然,数字现金同样会带来问题,主要表现为 4 个方面:税收和洗钱、外汇汇率的不稳定性、货币供应的干扰以及恶意破坏与盗用。

(a) 税收与洗钱

由于数字现金可以实现跨国交易,因此税收和洗钱将成为潜在的问题。

通过 Internet 进行跨国交易是否要征税呢?如果要征税,那么如何征税呢(如使用哪个国家的税率,对谁征税,由哪个国家来征税等)?现在,这样的国际税收问题时有发生,将来会更加突出。为了解决这个问题,国际税收规则必须进行调整。此外,由于数字现金如同真实现金一样,流通后不会留下任何记录,税务部门很难追查,所以即使将来调整了国际税收规则,收税也不是一件容易的事。数字现金的不可跟踪性将很可能被不法分子用于逃税的目的。

数字现金使洗钱也变得很容易,因为利用数字现金可以将钱送到世界上的任何地方而不留下一点痕迹。如果调查机关想要获取证据,则需要检查网上的所有数据包并且破译所有的密码,这几乎是不可能的。

(b) 外汇汇率的不稳定性

数字现金将会增加外汇汇率的不稳定性。数字现金也是总货币供应量的一个组成部分，可以随时兑换成普通现金。普通现金有外汇兑换的问题，数字现金也就应该有。数字现金涉及的外汇兑换也有一个汇率，这就需要在 Internet 上也设立一个外汇交易市场。数字现金的汇率与真实世界中的汇率应该是一样的，即使不一样，套汇交易也马上会使两者等同起来。在真实世界里，只有少部分人（如交易代理商、银行家和外贸公司等）能参与外汇市场交易。而在计算机空间里，任何人都可以参与外汇市场，这是因为手续费要低得多，而且人们不再受国界的限制。这种大规模参与外汇市场的现象将会导致外汇汇率的不稳定。

计算机外汇市场与现实世界外汇市场的区别是：

① 从一种货币的数字现金兑换成另一种货币的数字现金所需的费用比兑换普通现金的费用大大降低。因为数字现金的兑换只涉及电子数据的重写。而在现实世界里，普通货币兑换要涉及普通货币的流通费用，所以买汇与卖汇的汇率有一定差价。如果采用数字现金，就不用支付这些手续费，从而使兑换费用降低。兑换费用的减少使更多人参与外汇市场交易成为可能。

② 用数字现金购物不再受到国界的限制，因为 Internet 是没有国界的，因此人们很容易就可以进行货币兑换。如果一种货币的数字现金贬值了，人们就会把它兑换成另一种货币的数字现金。由于数字现金的外汇汇率是与真实世界的汇率紧密联系的，所以这种不稳定反过来就会影响真实世界。

(c) 货币供应的干扰

因为数字现金可以随时与普通货币兑换，所以数字现金量的变化也会影响真实世界的货币供应量。如果某银行发放数字现金贷款，那么数字现金量就可能增多，从而产生新货币。这样，当电子现金兑换成普通货币时，就会影响真实世界的货币供应。电子货币与普通货币一样也会有通货膨胀等经济问题，而且因其特殊性，这些问题可能还会更加严重。在现实世界里，国家边界和浮动汇率的风险在一定程度上抑制了资金的流动量，而电子现金却没有这样的障碍。数字现金没在国界、没有中央银行机构，可以由任何银行发放，所以即使政府想控制数字现金的数量，它也做不到。这个因素将使中央银行对货币量的控制更加困难。在没有一个中央银行对电子货币量进行有效控制的情况下，计算机空间发生金融危机的可能性比现实世界更大。

(d) 恶意破坏与盗用

像其他电子产品一样，电子现金也存在安全性问题。电子产品的一大特点就是易复制。要想流通电子现金，就一定要防止非法复制或重复使用电子现金。电子现金是存储在计算机里的，因此也可能遭到恶意程序的破坏。另外，如果不妥善地加以保护，电子现金也有被人盗用的危险。所以，一定要采取某些安全措施，如加密等，保护电子现金的存储和使用安全，否则电子现金就很难被用户接受。

5.2.4 卡与POS

卡按功能可以分为信用卡、借记卡、电话卡、灵通卡和预付卡等,这在电子货币中已有介绍。在本小节中将从介质的角度出发,分别介绍磁条卡、IC卡和光卡。

1. 磁条卡

磁条卡是以磁材料为介质的一种卡。其基本原理是在塑料卡中加入一个磁条,作为记录信息的载体。以磁材料作为信息的载体已有多年的历史。从早期的磁鼓、磁带,到磁盘,再到磁条卡,技术也在不断进步,存储容量越来越大,访问速度越来越快,可靠性也越来越高。现在,磁条卡在很多领域还有应用,如常用的电话卡就有不少是属于磁条卡。磁条卡在我国已经过了十余年的发展,从技术、应用和各种磁条卡设备的投资来看,磁条卡还占有一定地位。但磁介质作为信息载体也存在不少问题:

① 复制磁介质上的信息比较容易,从而使磁介质的保密性差,信息容易被泄露和盗用,卡易被伪造。

② 对磁介质进行擦写比较容易,所以卡上的信息易被篡改。

③ 磁介质的可靠性不太高。磁介质很易受外界环境的影响,如强磁场和潮湿等都可能导致磁介质出现故障,而且反复擦写也会使磁介质的可靠性变差。

鉴于磁介质的诸多弱点,许多厂商已把目光转向了其他更可靠的材料。但由于磁条卡已被使用多年,再加上它的价格便宜,所以今后几年还是会有一定的市场份额。

2. IC卡

IC卡是近几年流行的一种卡,在通信、医疗卫生、交通、社会保险和税务等诸多领域都有应用。IC卡具有存储量大、数据保密性好、抗干扰能力强、存储可靠、读卡设备简单、操作速度快和脱机工作能力强等优点,其应用范围极为广泛。

IC卡按卡内所装配的芯片不同,可分为存储器卡、逻辑加密卡和智能卡(MPU卡)3种。IC卡的芯片中都有 E^2PROM(可电擦可编程只读存储器)。带触点的IC卡遵循ISO/IEC7816—1/2/3/4国际标准。

(1) 存储器卡

存储器卡只含有一般的 E^2PROM 芯片。卡的内部不能提供任何安全措施,只能由读写器提供一些有限的安全检查手段。这种卡一般用做保健卡等对安全性要求不太高的场合,或者在联机情况下使用。

(2) 逻辑加密卡

逻辑加密卡由逻辑电路和 E^2PROM 两部分组成,实现了对 E^2PROM 存储单元读/写/擦除的控制,增强了卡的安全性。逻辑加密卡的 E^2PROM 存储区一般都分成几个区,如制造区、发行区、密码区、应用区和个人区等,不同的区有不同的功能。逻辑加密卡有不同的品牌和型号,不同种类的卡,其内部存储区的划分也不尽相同;但一般都要记录制造商信息、发行商信息、加密信息、个人信息和应用信息。这些信息有些是写入就不可变更的(如制造商信息),有些是可以擦写的,如持卡人口令。因为逻辑加密卡内加入了机密功能,所以它的安全性能比存储器卡好,但还是不能有效地防止伪造。而且,多数逻辑加密卡只有一个应用区,因此只能作为单应用卡使用,不是很方便。

(3) 智能卡

智能卡内带有 MPU(微处理器)、E^2PROM、RAM 和 ROM,能进行复杂的加密运算和密钥密码管理。其安全性和可靠性大大高于前两种卡,应用范围也广泛得多,可一卡多用。智能卡芯片内部电路主要由微处理器和存储器两部分组成。目前,一般采用 8 位字长的微处理器。工作时,微处理器接收读写器发送的命令并分析,如果满足访问存储器的条件,就向存储器提供访问地址。写入时,读写器提供要写入的数据;读出时,将从存储器读出的数据交给微处理器处理,并将处理结果返回读写器。此外,智能卡通常采用 DES 和 RSA 等加密/解密算法,加密运算也是由微处理器完成的。微处理器完成的一切操作都受控于卡内操作系统(COS,Chip Operating System)。

智能卡内有三类存储器,它们的存储特性不同,智能卡也正是利用它们不同的存储特性来完成不同的功能。

ROM 是只读存储器,在一次写入后就不能更改。这正好满足了 COS 的需要,因为 COS 在任何情况下都不允许更改或丢失。所以,COS 主要(或全部)的程序代码都固化在 ROM 中,其容量一般为 3～16 KB。

与应用有关的数据(如金额)则要求在交易时能够修改,而断电后又不丢失,这个特性正好适合使用 E^2PROM。各类文件、口令、密钥、应用数据以及各种控制信息等都存储在 E^2PROM 中,有时在其中还会存入部分程序,其容量一般为 1～8 KB。

RAM 的存取速度最快。但在断电后数据会丢失。因此,RAM 主要用于存放智能卡交易过程中的一些中间结果和安全状态等,或用做数据缓冲区及程序嵌套时的堆栈区等,其容量一般为 128～512 B。

在使用做智能卡的过程中,读写器对任一存储单元进行读/写操作都需通过 COS,这是确保卡的安全性的必要条件,因此 COS 的设计非常重要。设计完善的 COS 可有效防止人为的非法攻击。智能卡可提供的应用空间约为 1～8 KB,比前两种卡大得多。此外,还可以利用微处理器的灵活性,在卡发行时设计成多应用卡,实现一卡多能。

普通智能卡的应用程序是由少量专业程序开发人员通过使用低级的、类似于汇编的语言编写的。而且每个智能卡零售商都使用自己专用的编程语言,语言之间不具有互操作性。这一方面阻碍了智能卡技术的交流,另一方面也限制了智能卡的应用领域。针对这一问题,Sun公司公布了 Java Card API 规范,其目的就是结合 Java 与智能卡技术,发挥它们各自的优势,扩展智能卡的应用领域。

Java Card API 是一个标准的应用程序接口,可以在目前任何智能卡上运行。Java 卡可以帮助开发人员快速、便捷地建立大量智能卡应用程序。智能卡最吸引人的应用领域就是电子商务。Card API 强化了客户方的电子商务功能特性,用户可在智能卡上保留关键信息,如口令、数据认证和交易信息等。以前电子商务用户被束缚在终端上,Java 卡的出现使得用户终于摆脱了这种束缚。Java 卡、Java 商务应用程序接口与 Java 钱包三者的结合,为电子商务应用程序开发人员提供了良好的开发环境。Java 语言具有可扩展和独立于平台的优点,再结合智能卡的灵活性,使得 Java 卡具有以下优势:

① 符合工业标准,并具有可扩展性。
② 针对智能卡优化了 Java 功能。
③ 实现了"一次编写、到处运行"。
④ 动态、安全。
⑤ 应用程序丰富。
⑥ 使用便捷。

3. 光　卡

光卡是近几年才出现的一种新型的存储介质,在美国、欧洲和日本等发达国家已经开始使用。与磁卡和 IC 卡相比,光卡具有存储量大(约为磁卡的 2 万倍、IC 卡的 250 倍)、存储时间长(10 年以上)、不受磁场干扰、保密性强、不易磨损和成本低等优点,因此应用前景十分广阔。光卡具有某些磁卡和 IC 卡无法获得的良好特性,它还可以把磁条和 IC 芯片集成在同一张光卡中形成复合卡,与原来的磁卡和 IC 卡系统兼容,很有发展前途。

光卡的特殊性能表现在以下几个方面:

① 信息存储量大。目前一张标准光卡的存储容量是 4 MB,还有 6 MB 和 1 MB 等规格,甚至可以存储如彩色照片这样的多媒体数据,而磁卡和 IC 卡是很难做到这一点的。按照每字节数据所支付的费用计算,光卡的价格大大低于磁卡和 IC 卡,具有极高的性能价格比。

② 光卡记录的数据在物理上不可改写,安全性好。磁卡和 IC 卡的数据均可以重新改写,因此使数据的安全性受到影响。而光卡是由激光在光学介质上打凹洞形成永久的变形,不可恢复,因而从根本上杜绝了篡改数据的可能性。

③ 可靠而且经久耐用。光卡不怕磁场和电场的干扰,也不怕 X 射线和水,耐高温,且不怕弯曲和摩擦。

④ 光卡使用专利技术制造,可防止伪造,并使用了多种加密技术。光卡采用透视激光全息防伪标志,在特定道上采用特殊方法加上公司印记,不易伪造。光卡在不同分区加入不同级别的口令,只有分区的所有者才能进入该分区。存储的文件也要进行加密处理。光卡中还要记录持卡人的标志,该标志不是普通的口令,而是利用持卡人的生理特征产生的,如照片、签字和指纹等。该标志唯一确定了持卡人,无法盗用,比口令更安全。

由于光卡的以上特性,因此被广泛应用于个人证件、军事、安全、金融、财务、医疗、保健、车辆管理、物资货运管理和城市规划等行业中。

5.3 信用卡支付方式

由于信用卡的传统专线支付结算在全世界都得到了很好的普及,因此中国政府、银行、企业与普通消费者也对信用卡的应用持积极态度,人们在小额结算中也越来越多地使用信用卡,这为信用卡在电子商务资金流的结算中奠定了很好的基础。目前在电子商务利用网络支付手段的小额支付中,80%左右利用的是信用卡方式(包括储值型银行卡等)。使用信用卡方式涉及普通消费者。这种方式特别适用于B2C型电子商务与C2C型电子商务。中国电子商务中利用网络支付方式进行结算的比率越来越高,越来越多的人接受且喜欢利用信用卡方式进行网络支付。

5.3.1 信用卡的产生及起源

信用卡于1915年起源于美国。最早发行信用卡的机构并不是银行,而是一些百货商店以及饮食业、娱乐业和汽油等公司。美国的一些商店、饮食店为招揽顾客、推销商品和扩大营业额,有选择地在一定范围内发给顾客一种类似金属徽章的信用筹码,后来演变成为用塑料制成的卡片,作为客户购货消费的凭证,开展了凭信用筹码在本商号或公司或汽油站购货的赊销服务业务,顾客可以在这些发行筹码的商店及其分号赊购商品,约期付款。这就是信用卡的雏形。

1950年,美国商人弗兰克·麦克纳马拉与其商业伙伴在纽约创立了"大来俱乐部"(Diners Club),即大来信用卡公司的前身,并发行了世界上第一张以塑料制成的信用卡——大来卡。

1952年,美国加利福尼亚州的富兰克林国民银行作为金融机构首先进入发行信用卡的领域,由此揭开了银行发行信用卡的序幕。1959年,美国的美洲银行在加利福尼亚州发行了美洲银行卡。此后,许多银行加入了发卡银行的行列。到了20世纪60年代,信用卡很快受到社会各界的普遍欢迎,并得到迅速发展,不仅在美国,而且在英国、日本、加拿大以及欧洲各国也盛行起来。从20世纪70年代开始,新加坡、马来西亚以及中国香港和中国台湾等发展中国家和地区,也开始发行信用卡业务。

目前,在国际上主要有威士国际组织(VISA International)及万事达卡国际组织(MasterCard International)两大组织,以及美国运通国际股份有限公司(American Express)、大来信用证有限公司(Diners Club)和日本国际信用卡公司(JCB)三家专业信用卡公司。在各地区还有一些地区性的信用卡组织,如欧洲的EuroPay、我国的银联以及中国台湾地区的联合信用卡中心,等等。最有代表性的是VISA与MasterCard两大组织。

VISA卡国际组织是目前世界上最大的信用卡和旅行支票组织,其前身是美洲银行信用卡公司。1974年,美洲银行信用卡公司与西方国家的一些商业银行合作,成立了国际信用卡服务公司,并于1977年正式改为VISA国际组织,成为全球性的信用卡联合组织。VISA国际组织本身并不直接发卡,VISA品牌的信用卡是由参加VISA国际组织的会员(主要是银行)发行的。目前其会员约2.2万个,发卡逾10亿张,商户超过2 000多万家,联网ATM机约66万台。例如,VISA牡丹国际信用卡是中国工商银行发行的,给予持卡人一定信用额度,持卡人可在信用额度内先消费后还款,并且是境内外通用的贷记卡,它也有"银联"标志。

20世纪70年代末期,伴随改革开放的春风,在中国打开国门大胆引进外国先进科学技术和管理经验的同时,信用卡也进入了中国,并得到较快发展。自1985年3月,中国银行珠海分行发行第一张银行信用卡"中银卡"后,银行信用卡便开始成为各商业银行竞争的新式武器。中国银行有"长城卡",工商银行有"牡丹卡",建设银行有"龙卡",农业银行有"金穗卡",招商银行有"一卡通",浦东发展银行有"东方卡"等。据中国人民银行统计,到2002年10月,全国的银行卡累计发行量约4.69亿张,每年的交易总额超过2 000亿元,特约商户超过50万家,发行银行超过70家。据VISA卡国际组织预计,近5年内,中国的银行卡还将以惊人的速度发展,发卡量每年将递增64%,交易额每年递增76%,商户网点每年递增51%,而且随着信用卡越来越多地用于网络支付与结算,中国人对信用卡的热情还会大大增加。在中国电子商务的小额支付结算中,信用卡已经成为主要的网络工具。

5.3.2 信用卡网络结算概述

信用卡是银行或其他财务机构签发给那些资信状况良好人士的一种特制卡片,是一种特殊的信用凭证。持卡人可凭卡在发卡机构指定的商户购物和消费,也可在指定的银行机构存取现金。随着信用卡业务的发展,信用卡的种类不断增多,概括起来,一般有广义信用卡和狭义信用卡之分。

从广义上说,凡是能够为持卡人提供信用证明以及持卡人可凭卡购物、消费或享受特定服务的特征卡片均可称为信用卡。广义上的信用卡包括贷记卡、准贷记卡、借记卡、储蓄卡、提款卡(ATM)、支票卡及赊账卡等。广义上的信用卡分类如表5-1所列。

表5-1 广义信用卡分类

分 类	卡 型	功 能
结算方式	贷记卡	发卡行允许持卡人"先消费、后付款",提供给持卡人短期消费信贷,到期依据有关规定完成清偿
	准贷记卡	有小额透支功能
	借记卡	持卡人在开立信用卡账户时按规定向发卡行交付一定的备用金,消费后,银行会自动从其账户上扣除相应的消费款项,急需时可提供小额的善意透支

续表 5-1

分 类	卡 型	功 能
发卡对象	个人卡	持有者是有稳定收入来源的社会各界人士,其信用卡账户上的资金属持卡人个人存款
	公司卡	又称单位卡,是各企业事业单位、部门中指定人员使用的卡,其信用卡账户上的资金属公款
持卡人信用等级	金卡	允许透支额限相对较大
	普通卡	透支限额低
使用范围	国际卡	可以在全球许多国家和地区使用,如VISA卡和MasterCard卡
	国内卡	只局限在某地区内使用,如我国各大商业银行发行的人民币长城卡、牡丹卡、太平洋卡等都属于地方卡
发卡机构的性质	银行卡	由银行(含邮政金融机构)发行的银行卡
	非银行卡	由其他财务机构发行的非银行卡(如美国运通卡等)
发卡机构与联合发行的合作性质	认同卡	与非营利机构合作发行的认同卡
	联名卡	与营利机构合作发行的联名卡
持卡人的主次	主卡	主卡就是申请人本人的卡
	次卡	附属卡就是申请人本人的配偶或成年子女的卡

从狭义上说,国外的信用卡主要是指由银行或其他财务机构发行的贷记卡,即无需预先存款就可贷款消费的信用卡,是先消费、后还款的信用卡;国内的信用卡主要是指贷记卡或准贷记卡(先存款、后消费,允许小额善意透支的信用卡)。

本书介绍的信用卡,主要是指广义上的信用卡。

在外形上,信用卡大小如同身份证,一般用特殊的塑料制成,正面印有特别设计的图案、发卡机构的名称及标志,并有用凸字或平面方式印制的卡号、持有者的姓名和有效期限等信息;卡片背面则有用于记录有关信息的磁条、供持卡人签字的签名条及发卡机构的说明等。

5.3.3 信用卡的功能

信用卡的功能主要有以下四个方面。

1. 直接支付结算

直接支付功能是信用卡最基本的功能。信用卡可以提供广泛的结算服务,以方便持卡人的购物消费活动,减少社会现金货币的使用量,加快货币流转,节约社会劳动力。持卡人在标有发卡银行的特约商家(包括商店、宾馆、酒楼、娱乐场所、机场和医院等)处消费时,持有人只需出示身份证件即可用卡代替现金消费结账,或者利用POS系统通过专线即时支付。随着Internet业务的普及,信用卡借助网络平台可实现在线支付而无需POS机等辅助设备。

2. 储蓄存款与取款功能

凭信用卡可在发卡银行指定的同城或异城储蓄所、在线家庭银行 HB 和 ATM 机等办理存、取款业务。用信用卡办理存、取款手续比使用存折方便,它不受存款地点和存款储蓄所的限制,可在所有开办信用卡业务的城市通存通取。信用卡账户内的保证金、备用金及其他各种存款一般视同储蓄存款,按规定利率计息。

3. 转账与支付结算功能

持卡人凭卡可在发卡银行的营业机构从自己的账户转账付款,也可利用 ATM 机或电话银行、网络银行等将信用卡账户的资金转至其他账户。持卡人在外出商旅、销售、度假的过程中,在异地甚至异国都可以借助汇款的方式,通过任何一家国际信用卡组织的会员机构网点,实现资金的调拨流转。

4. 信用销售

持具有信贷功能的贷记卡类信用卡可在发卡银行允许的额度内透支用款,但需按期补还透支款,并有可能需要支付相应利息。信用卡实质上是一种信用购销凭证,其运作模式体现了其背后银行信用的支持。信用卡的信用购销改变了传统的消费支付方式,扩大了社会信用规模,超前的购买能力和扩大的信用规模势必扩大社会的总需求,从而促进社会经济的发展。

总之,信用卡能减少现金货币的使用、提供结算服务、方便购物消费、增强安全感,信用卡能简化收款手续、节约社会劳动力、促进商品销售、刺激社会需求。

5.3.4 信用卡支付的优点

信用卡具有支付结算、消费信贷、自动取款、信息记录与身份识别等多种功能,是集金融业务与计算机技术于一体的高科技产物,作为当今发展最快的一项金融业务之一,将会在一定范围内替代传统现金的流通。

在世界各国,信用卡已经成为最普遍的电子支付方式。在基于 Internet 的电子商务迅速发展的今天,信用卡应用型电子货币作为不受地域限制而采用的电子与网络支付工具,受到了人们的普遍关注。

具体到电子商务来讲,利用信用卡进行网络支付还具有以下独特的优点:

① 在银行电子化与信息化建设的基础上,银行与特约的网上商店无需太多投入即能运行,且使用简单,持卡人只需登记一下即可。

② 每天 24 小时无论何时何地,只要连接上网即可使用,这极大方便了客户与商家,避免了传统 POS 机支付结算中因布点不足而带来的不便。

③ 几乎所有的 B2C 类电子商务网站均支持信用卡的网络支付结算,客户对此已经熟悉。

④ 相比于其他更新的网络支付方式如电子现金和电子支票等,信用卡网络支付在法律和制度方面的问题较少。

5.3.5 信用卡的结算步骤

当商家收到从通过安全套接层(SSL)保护的页面上传来的顾客信用卡信息时,信用卡交易遵循下列步骤:

① 商家必须验证信用卡以保证其有效性,保证不是盗窃的卡。

② 商家和消费者的信用卡发行公司验证消费者账号上有足够的资金,并根据本次交易额冻结相应的资金。

③ 在消费者发出采购请求几天后,交易完成。也就是说,在所购商品送达消费者之后,相应的资金才会通过银行系统转账到商家的账户上。

当然,如果互联网消费者下载无形产品(如程序或数据文件等数字化文件),商家可立即处理消费者的信用卡。在信用卡交易中还必须考虑某些复杂因素,如处理部分履行的订单(有些商品有现货,有些则无现货)。商家还必须处理退货,并对损坏或错误退货进行验证。

5.3.6 信用卡的结算机制

1. 未加密的信用卡结算

买方通过网上从卖方订货,而信用卡信息通过电话或传真等非网上传送,或者信用卡信息通过互联网进行传送,虽然这种结算方式方便了消费者的购买和支付环节,但是在该结算过程中存在着诸多安全漏洞。首先对于买方来说,由于得到了卖方的签字,如果买方拒付或者否认购买行为,那么卖方将承担一定的风险;其次对于采用信用卡支付的买方来说,交易过程中虽然卖方与银行之间使用各自现有的银行-商家专用网络授权来检查信用卡的真伪,但买方(即持卡人)仍然可能承担信用卡信息在传输过程中被盗及卖方获得信用卡信息等风险。未加密信用卡结算的具体流程如图 5-1 所示。

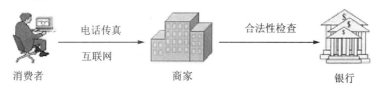

图 5-1 未加密信用卡结算流程图

2. 加密信用卡结算

在使用简单加密信用卡模式进行结算时,用户只需在银行开立一个普通信用卡账号。在支付时,用户提供信用卡号码,当信用卡信息被买方输入浏览器窗口或其他电子商务设备时,信用卡信息就被简单加密,安全地作为加密信息通过网络从买方向卖方传递。加密信息技术为用户带来了很多安全和方便;但是一系列的加密、授权、认证及相关信息的传送,无疑会提高信用卡交易的成本。加密信用卡基本的结算流程如图 5-2 所示。

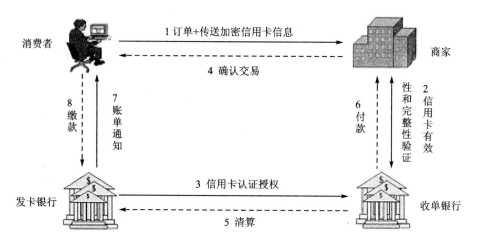

图 5-2 加密信用卡结算流程图

3. 第三方代理结算

第三方代理结算最为显著的特征就是结算是通过双方都信任的第三方独立机构来完成。一方面,信用卡信息不在开放的网络上多次传送,买方有可能离线在第三方开设账号,这样买方没有信用卡信息被盗窃的风险;卖方信任第三方,因此卖方也没有风险;同时买卖双方也预先获得第三方的某种协议,即买方在第三方处开设账号,卖方成为第三方的特约商户。第三方代理结算的具体工作原理如图 5-3 所示。

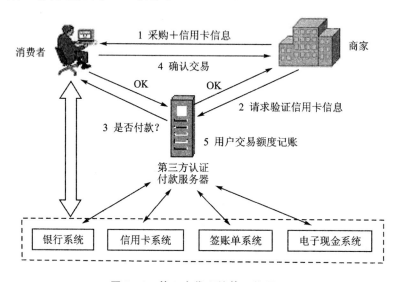

图 5-3 第三方代理结算工作原理

5.4 电子支票结算方式

5.4.1 电子支票概述

1. 电子支票的含义

所谓电子支票,英文一般描述为 E-Check,也称数字支票,是将传统支票的全部内容电子化和数字化,形成标准格式的电子版,借助计算机网络(Internet 与金融专网)完成其在客户之间、银行与客户之间以及银行与银行之间的传递与处理,从而实现银行与客户间的资金支付结算。简单地说,电子支票就是传统纸质支票的电子版。它包含了与纸质支票一样的信息,如支票号、收款人姓名、签发人账号、支票金额、签发日期和开户银行名称等,具有与纸质支票一样的支付结算功能。电子支票系统传输的是电子资金,它排除了纸面支票,并最大限度地利用了当前银行系统的电子化与网络化设施的自动化潜力。例如,借助银行的金融专用网络,可以进行跨省市的电子汇兑和清算,实现全国范围的中大额资金传输,甚至是世界银行之间的资金传输。

这种电子支票的支付是在与商户及银行相连的网络上以密码方式传递的,多数使用公用关键字加密签名或个人身份证号码(PIN)代替手写签名。用电子支票支付,事务处理费用较低,银行也能为参与电子商务的商户提供标准化的资金信息,故而可能是最有效率的支付手段。

电子支票模拟传统纸质支票应用于在线支付,可以说是传统支票支付在网络上的延伸。电子支票的签发、背书、交换及账户清算流程均与纸票相同,用数字签名背书,用数字证书来验证相关参与者身份,安全工作也由公开密钥加密来完成。除此之外,电子支票的收票人在收到支票的同时,即可查知开票人的账上余额及信用状况,避免退票风险,这是使用电子支票的优点。

2. 电子支票的属性

电子支票从产生到投入应用,一般具备下列属性:

① 货币价值。电子支票像电子现金一样,必须有银行的认证、信用与资金支持,才有公信的价值。

② 价值可控性。电子支票可用若干种货币单位,如美元电子支票和人民币电子支票等,并且可像普通纸质支票一样,由用户灵活填写支票所代表的资金数额。

③ 可交换性。电子支票可以与纸币、电子现金、商品与服务、银行账户存储金额和纸质支票等进行互换。

④ 不可重复性。同一个客户在已使用某张票号的电子支票后,就不能再使用第二次,也不能随意复制使用。发行银行有巨大的数据库来记录存储电子支票序列号,应用相应的技术

与管理机制防止复制或伪造等。

⑤ 可存储性。电子支票能够在许可期限内存储在客户的计算机硬盘、智能卡或电子钱包等具有特殊用途的设备中,这些设备最好是不可修改的专用设备,也可直接在线传递给银行要求兑付。

⑥ 应用安全、方便。电子支票在整个应用过程中应当保证其安全、可靠、方便,不可随意否认、更改与伪造,同时具有易于使用的特点。

5.4.2 电子支票支付

1. 电子支票支付步骤

电子支票结算本身是一个复杂的过程,其间可能涉及消费者、商家、银行和验证中心等多个独立主体,并且在各个环节都需要进行电子数据的验证与核对。具体来说,电子支票结算过程的基本流程如图5-4所示。

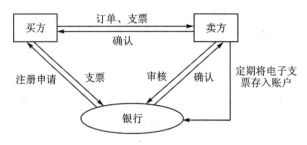

图5-4 电子支票支付流程图

电子支票的支付步骤是:

① 付款人(消费者)和收款人(商家)达成购销协议并选择使用电子支票支付。

② 付款人利用自己的私钥对填写的电子支票进行数字签名后,通过网络发送给收款人,同时向银行发出付款通知单。

③ 收款人通过认证中心对消费者提供的电子支票进行验证,验证无误后将电子支票送交收单行索付。

④ 收单行把电子支票发送给自动清算所的资金清算系统,以兑换资金进行清算。

⑤ 自动清算所向付款人的付款银行申请兑换支票,并把兑换的相应资金发送到收款人的收单行。

⑥ 收单行向商家发出到款通知,资金入账。

电子支票与电子现金的系统架构类似,最大的不同点是电子现金需要发行单位为其所发行的现金担保,因此电子现金发行单位在电子现金上的数字签名很重要;而电子支票的开票人即付款人要为其所开出的支票兑现做担保,因此付款人在电子支票上的数字签名很重要。

2. 电子支票支付模式的优缺点

电子支票作为一种新型的在线支付工具,不仅克服了传统支票的传递环节多、程序复杂、办公成本高和信息传递不及时等缺点,而且还具备传统支票无法比拟的优势。

(1) 优　　点

表现在:

① 与传统支票类似,用户比较熟悉,易于被接受。

② 由于电子支票具有可追踪性,所以当使用者的支票遗失或被冒用时,可以及时停止付款并取消交易,风险较低。

③ 通过应用数字证书、数字签名及各种加密/解密技术,提供了比在传统纸质支票中使用印章和手写签名更加安全可靠的防欺诈手段。加密的电子支票也使其比电子现金更易于流通,且买卖双方的银行只需用公开密钥确认电子支票即可,数字签名也可以被自动验证。

(2) 缺　　点

表现在:

① 需要申请认证及安装证书和专用软件,使用较为复杂。

② 不适合小额支付及微支付。

③ 电子支票通常需要使用专用网络进行传输。

5.5　电子现金结算

5.5.1　电子现金概述

1. 电子现金的概念和特点

电子现金(E-Cash)又称为电子货币(E-Money)或数字货币(DC,Digital Currency),是一种非常重要的电子结算方式,是在"电子现金之父"David Chaum(荷兰)提出"盲目数位签章"理论的基础上发展起来的。具体来说,电子现金是一种以数据形式存在的现金货币,它把现金数值转换成为一系列的加密序列数,通过这些序列数来表示现实中各种金额的币值。

电子现金具有两大优点:一是它具有极大的移动性,可以放在计算机中并由网络传送,可从消费者终端直接送到商店终端,而不必向中间的清算机构支付手续费;二是它具有极高的安全性和匿名性。

2. 电子现金的制作

电子现金是由荷兰的David Chaum在1982年最先开发出来的,它已经基本形成了一套可行的电子现金制作与应用体系,目前应用中的电子现金大都遵循这个体系。电子现金有着较为严格的制作程序,并且充分利用数字签名等尖端安全技术,以保证电子现金的防伪与可靠。

电子现金的制作过程相当于客户从银行购买或兑换电子现金的过程,包括:

① 客户在发行电子现金的银行建立资金账户,存储一定的现金,并领取相应的客户端电子现金应用软件。

② 客户在自己的计算机上安装电子现金应用软件,利用此软件产生一个原始数字代币及其原始序列号 X。

③ 客户端借助软件通过将原始序列号 X 与另一个随机数(隐藏系数)相乘,得到一个新的序列号 Y,并与原始数字代币一起,发送到发行银行。

④ 银行收到客户传来的相关信息后,只可以看见这个新序列号 Y 与数字代币的联合体,银行用其签名私钥对其进行数字签名,认可申请人的电子现金价值,并从客户资金账号中扣去对应的资金余额。

⑤ 银行将经过数字签名的新序列号 Y 与数字代币的联合体回送客户。

⑥ 客户收到后再用隐藏系数分解新序列号 Y,变换出这个数字代币的原始序列号 X,这时收到的经过签名的数字代币与原始序列号 X 联合体就是产生一定价值的电子现金。客户可把这个电子现金存在硬盘上或 IC 卡中或电子钱包中以备使用。

在上述的步骤中,可以一次产生多个电子现金,即批量操作。不断产生的过程就是不断在银行进行兑换的过程,客户资金账号中的余额也相应地减少。任何收到这些带有发行银行数字签名的电子现金的实体均可以去该发行银行兑换成相应货币,如纸币。

采用这种产生机制的一个突出特点是,银行不能追溯到刚产生的数字现金客户,因为银行看不到电子现金的原始序列号 X,所以也不知道具体哪些电子现金现在归谁所有。这种隐蔽签名(blind signature)技术来自荷兰阿姆斯特丹 DigiCash 公司的创始人 David Chaum 的具有专利权的数学算法,该技术可用来实现银行对电子现金的认证,而且允许电子现金的匿名,就像纸币的匿名性一样。

3. 电子现金的性质

电子现金在经济领域中起着与普通现金同样的作用,对正常的经济运行至关重要。电子现金应具备以下性质:

① 独立性。电子现金的安全性不能只靠物理上的安全来保证,还必须通过电子现金自身所使用的各项密码技术来保证。

② 不可重复花费。电子现金只能使用一次,重复花费将很容易被检查出来。

③ 匿名性。即使银行与商家相互勾结也不能跟踪电子现金的使用,也就是无法将电子现金与用户的购买行为联系到一起,从而隐蔽电子现金用户的购买历史。

④ 不可伪造性。用户不能造假币,这包括两种情况:一是用户不能凭空制造有效的电子现金;二是用户从银行提取 N 个有效的电子现金后,也不能根据提取和支付这 N 个电子现金的信息制造出有效的电子现金。

⑤ 可传递性。用户能够将电子现金像普通现金一样，在用户之间任意转移，且不能被跟踪。

⑥ 可分性。电子现金不仅能作为整体使用，还能被分为更小的部分多次使用，只要各部分的面额之和与原电子现金面额相等，就可以进行任意金额的支付。

4. 电子现金的种类和存储方式

目前电子现金的持有办法是在线存储和离线存储。

(1) 在线存储

在线电子现金存储意味着消费者不需要亲身拥有电子现金，而是由一个可信赖的第三方参与到所有电子现金转账的过程中，并持有消费者的现金账号。这就要求商家先与消费者开户银行联系，然后接收消费者的采购结算，在有效验证消费者银行账户等信息的基础上完成相关的网络结算。

(2) 离线存储

离线电子现金存储是在消费者自己的钱包里保存虚拟货币，消费者自己持有货币，不需要可信的第三方参与交易。这时防止欺诈就成为人们担心的问题，需要软、硬件来防止重复消费或欺诈。

5. 电子现金网络支付的特点及应用中的不足

电子现金可以理解为纸质现金的电子化，与其他网络支付方式相比，更能体现货币的特点与等价物的特征，可以说是真正的货币。因此，电子现金的各方面都具有与纸质现金类似的特点，且在网络支付上也表现出纸质现金的应用特征，这是与其他网络支付方式的明显不同之处。

(1) 电子现金网络支付的主要特点

内容包括：

① 匿名性。这同样也是纸币现金的优点。买方用数字现金向卖方付款，除了卖方以外，没有人知道买方的身份或交易细节。如果买方使用了一个很复杂的假名系统，那么甚至连卖方也不知道买方的身份。因为没有正式的业务记录，所以连银行也无法分析和识别资金流向。也正是由于这一点，如果电子现金丢失了，就会像丢失纸币现金一样无法追回。

保护客户的隐私是电子现金的主要优点，因此电子现金不能提供用于跟踪持有者的信息，即使在进行网络支付时也无法追踪。

② 独立与多功能性。电子现金不依赖于所用的计算机系统。银行和商家之间应有协议和授权关系。客户、商家和 E-Cash 银行都需要使用 E-Cash 软件。E-Cash 银行负责客户与商家之间的资金转移。身份验证由 E-Cash 本身来完成。E-Cash 银行在发放电子货币时使用了数字签名。商家在每次交易中，将电子货币传送给 E-Cash 银行，由 E-Cash 银行验证用户支付的电子货币是否无效（即伪造或使用过等）。电子现金不可重复使用，且一次花完后，就不能

再使用第二次。

③ 灵活性。在电子现金的支付过程中无需银行作为中介,因此可在更大范围内使用,而不像信用卡仅限于已授权的商店,所以电子现金使用起来更加方便与灵活。

④ 经济性与较高效率。电子现金借助 Internet 在发送者与接收者之间直接传输即完成了支付过程,不但具有较高的效率,而且应用起来比较经济。由于电子现金可以分为较小单元,如分为一元电子现金,因此,较适合 Internet 上一些小额资金的支付结算,就像 C2C 电子商务支付一样。

⑤ 较好的安全性。充分利用数字签名、隐蔽签名等安全技术来保证安全,以防抵赖和伪造。如果需要,还可附加后台银行认证,提高防止伪造与重复消费的识别能力。另外,电子现金无需携带,旅行方便;但应注意防止丢失。

⑥ 对电子现金应用软件的依赖。客户、商家与电子现金发行银行都需使用对应的电子现金软件。

⑦ 大大节省资源,避免类似纸币的巨额保管、运输和维护费用。

(2) 电子现金支付应用中的不足

上面介绍的电子现金网络支付的特点主要是其优点。目前,电子现金在应用上仍然存在许多不足之处:

① 电子现金发展到现在仍然没有一套国际兼容的统一技术与应用标准,接收电子现金的商家和提供电子现金开户服务的银行还是太少(中国基本没有),因而不利于电子现金的流通。这也是电子现金发展还不成熟的地方。

② 电子现金的灵活性和不可跟踪性带来发行、管理和安全验证等一系列问题。因为从技术上说,各个银行都可发行电子现金,如果不加以控制,电子商务将不能正常发展,甚至带来严重的经济和金融问题。

③ 应用电子现金需要在客户、银行和商家计算机中均安装对应的电子现金软件,且对三方都有较高的软、硬件要求,至少目前的运作成本还较高。为加强认证、防伪与防重复消费,需要银行建立大型数据库进行记录,因而加大了投入,也限制了电子现金的自由流通性。

④ 对于无国家界限的电子商务应用来说,电子现金还存在税收、法律和外汇的不稳定性,以及货币供应的干扰和发生金融危机的可能性等潜在问题。美国联邦储备银行电子现金专家 Peter Ledingham 在他的论文《电子支付实施政策》中告诫说:"似乎可能的是,电子'钱'的发行人因存在伪钞的可能性而陷于危险的境地。使用某些技术,就可能使电子伪钞获得成功的可能性将非常低。然而,考虑到预计的回报相当高,因此不能忽视这种可能性的存在。一旦电子伪钞获得成功,那么,发行人及其一些客户所要付出的代价则可能是毁灭性的。"

电子现金使支付变得很容易,因为利用电子现金可以将钱送到世界上的任何地方而不留下一点痕迹。不法分子利用电子现金的完全匿名性进行一些违法犯罪活动,例如,贪污、非法购买(如购买毒品、军火等)、敲诈勒索和洗钱等。警方即便拿到赃款,如果想要获取证据,则需要检查网上所有的数据包并且破译所有的密码,这几乎是不可能的。

5.5.2 电子现金的运行原理

1. 电子现金支付模式简介

电子现金的支付模式是在电子商务过程中,客户利用银行发行的电子现金在网上直接传输交换,发挥类似纸币的等价物职能,以实现即时、安全可靠的一种在线支付形式。

对于这种电子现金的网络支付模式,从电子现金的产生及其传输过程都运用了一系列先进的安全技术与手段,如公开密钥加密法、数字摘要、数字签名以及隐蔽签名,所以其在应用上还是比较安全的。

电子现金网络支付模式的主要好处就是客户与商家在运用电子现金支付结算过程中,基本无需银行的直接中介参与,这不但方便了交易双方的应用,提高了交易与支付效率,降低了成本,而且电子现金具有类似纸币匿名而不可追溯使用者的特征,因此可以直接转让给他人使用(就像借纸币给别人一样),从而保护了使用者的个人隐私。电子现金的这些特征与信用卡、电子钱包、网络银行和电子支票等网络支付方式不同,后者在支付过程中一直有银行的中介参与,而且是记名认证的。电子现金支付过程因为无需银行直接中介参与,因此存在伪造与重复使用的可能。在这一点上各电子现金发行银行正采取一些管理与技术措施来完善它。比如,发行银行建立大型数据库来存储已发行的电子现金序列号和币值等信息,商家每次接收电子现金后均直接来银行兑换入账,银行记录已经使用过的电子现金;在接收电子现金的商家与发行银行之间进行约定,每次交易中由发行银行进行在线鉴定,以验证送来的电子现金是否是伪造或重复使用的,等等。这样做的结果肯定在一定程度上牺牲了电子现金像纸币一样充当一般等价物的自由流通性,但更加安全。随着电子现金相关新技术的不断开发与应用,以及技术与应用规范的统一完善,电子现金也会更加自由地流通,真正发挥"网络货币"的职能。

2. 电子现金的网络支付流程

应用电子现金进行网络支付,需要在客户端安装专门的电子现金客户端软件,在商家服务端安装电子现金服务器端软件,在发行银行运行对应的电子现金管理软件等。为了保证电子现金的安全及可兑换性,发行银行还应该从第三方 CA 中心申请数字证书以证实自己的身份,借此获取自己的公开密钥/私人密钥,且把公开密钥公开出去,利用私人密钥对电子现金进行签名。

电子现金的网络支付业务涉及商家、客户与发行银行三个主体,以及初始化协议、提款协议、支付协议和存款协议四个安全协议过程,其处理流程一般概括如下:

① 预备工作。电子现金使用客户、电子现金接收商家与电子现金发行银行分别安装电子现金应用软件,为了安全交易与支付,商家与发行银行从 CA 中心申请数字证书。客户端在线验证发行银行的真实身份后,在电子现金发行银行开设电子现金账号,存入一定量的资金,利

用客户端与银行端的电子现金应用软件,遵照严格的购买兑换步骤,兑换一定数量的电子现金(初始化协议)。客户使用客户端电子现金应用软件在线接收从发行银行兑换的电子现金,存放在客户机硬盘上(或电子钱包、IC 卡上),以备随时使用(提款协议)。接收电子现金的商家与发行银行之间应在电子现金的使用、审核和兑换等方面有协议与授权关系,商家也可以在发行银行开设接收与兑换电子现金的账号,也可另有收单银行。

② 客户验证网上商家的真实身份(安全交易需要),并确认商家能够接收己方电子现金后,挑选好商品,选择己方持有的电子现金来支付。

③ 客户把订货单与电子现金借助 Internet 平台一并发送给商家服务器(可利用商家的公开密钥对电子现金进行加密传送,商家收到后利用私人密钥解开)。对客户来说,到了这一步支付就算完成得差不多了,而无需银行的中转(支付协议)。

④ 商家收到电子现金后,可以随时一次或批量地到发行银行兑换电子现金,即把接收的电子现金发送给电子现金发行银行,与发行银行协商进行相关的电子现金审核与资金清算,电子现金发行银行验证后把同额资金转账给商家开户行账户。

注意,可能有两种支付结算方式来处理这个过程,即双方支付方式和三方支付方式。双方支付方式只涉及客户与商家,在交易中由商家用银行的公共密钥检验收到的电子现金的数字签名,鉴别其真伪,通过后,商家就把电子现金存起来或直接送去发行银行进行兑换。三方支付方式的交易过程涉及银行的审核认证,即客户把电子现金发送给商家,商家迅速把它直接发送给电子现金发行银行以审核其真伪性,并在确认它没有被重复使用等问题后进行兑换,将同额资金转入商家资金账户。多数情况下,双方支付方式是不可行的,因为可能存在重复使用的问题。而在三方支付方式中,为了检验是否存在重复使用,发行银行将从商家获得的电子现金与已经使用的电子现金记录库中的记录进行比较,予以鉴别,因此这种方式比较安全。

像纸币一样,电子现金通过一个序列号进行唯一标识,为了检验是否重复使用,电子现金将以某种全球统一标识的形式注册,检验起来费时费力,尤其是对于小额支付(存款协议)更是如此。

⑤ 商家确认客户的电子现金的真实有效性后,确认客户的订单与支付,然后发货。

3. 电子现金的安全机制

安全性是电子现金发展的一大隐患,采取适当的方式进行安全防护是电子现金必须解决的首要问题,同时电子现金的匿名性也是保证网络支付安全可靠的重要环节。主要技术有:

① 分割选择技术。分割选择技术是用户正确构造 N 个电子现金传给银行,银行随机抽取其中的 $N-1$ 个让用户给出它们的构造,如果构造是正确的,银行就认为另一个的构造也是正确的,并对它进行签名。

② 零知识证明。证明者向验证者证明并使其相信自己知道或拥有某一消息,但在证明过程中不能向验证者泄漏任何关于被证明消息的信息。

以上两种技术用于将用户的身份信息嵌入到电子现金中。

③ 认证。认证主要用来鉴别通信中的信息发送者是真实的而不是假冒的；同时验证被传送信息是正确的和完整的,没有被篡改、重放或延迟。

④ 盲数字签名。签名申请者将待签名的消息经"盲变换"后发送给签名者,签名者并不知道所签发消息的具体内容,该技术用于实现用户的匿名性。

5.5.3 电子现金支付的解决方案

由于电子现金既具有纸质现金的属性又能在网络上方便传递,还能满足人们的应用习惯,所以随着网上商务的深入发展,电子现金将是一个极有潜力的发展项目。反过来,电子现金的进一步成熟与丰富将开辟更加广阔的网上市场和应用服务。

下面着重介绍目前国际上流行的几种电子现金支付的解决方案。

1. E-Cash

E-Cash 是一种实现无条件匿名的电子现金系统,由 DigiCash 公司(www.Digicash.com)开发,也是最早的电子现金系统。目前使用该系统发布 E-Cash 的银行有十多家,包括 Mark Twain、Eunet、Deutsche 和 Advance 等世界著名银行。在使用 E-Cash 时,买方和卖方必须在发放 E-Cash 的银行建立一个账户,银行向他们提供 Purse 软件,用于管理和传送 E-Cash。然后,资金从常规账户输入到 Purse 软件上,并且在被支出前存储在买方的内置硬盘上。

2. MondeX

MondeX(www.Mondex.com)是以英国最大的 National West Minster 银行和 Mid Land 银行为主开发和倡议的以智能卡为存储介质的电子现金系统,它属于预付式电子现金系统的一种,类似智能卡的应用模式。MondeX 于 1995 年 7 月在英国斯温顿市开始正式使用,可以说是全球唯一国际性的电子现金系统,也是现今最先进最完整的智能卡系统。日本五家银行 1997 年引入 MondeX,澳大利亚四家银行、新西兰六家银行都已推广 MondeX,香港汇丰银行和恒生银行已经发行 40 000 余张 MondeX 智能卡。

3. CyberCash

1994 年 8 月,CyberCash 公司(www.CyberCash.com)开始提供一种 CyberCoin 软件,用于处理小额电子现金事务。在资金传输方面,CyberCoin 与 DigiCash 相似,资金从常规银行账户上传给 CyberCoin 钱夹,然后,买方用这些钱进行各种事务处理。

4. NetCash

NetCash 是由美国南加利福尼亚大学信息科学研究所(www.isi.edu)设计的电子现金系统,具有高可靠性和匿名性,且能安全地防止伪造。系统中的电子现金是经过银行签字的具有顺序号的比特串。其主要特点是通过设置分级货币服务器来验证和管理数字现金,比较安全。NetCash 产生的电子现金由如下字段组成:货币服务器名称(负责产生这个现金的银行名称及 IP 地址)、截止日期(电子现金停止使用的日期,到期后,银行将使其顺序号不再流通,同时银行还将记录未兑现账单数据库的余额)、顺序号(银行记录尚未兑现的有效账单的顺序号)、币值(电子现金的数量及货币类型)。

5. IBM Mini-Pay

IBM 的 Mini-Pay 系统提供一种 E-Cash 模式,主要用于网上的微额交易。该产品使用 RSA 公开密钥数字签名,交易各方的身份认证是通过数字证书来完成的,电子现金的证书当天有效。

电子现金应用尽管存在种种问题,但对它的使用仍呈现增长势头。随着较为安全可行的电子现金解决方案的不断完善,电子现金一定会像商家和银行界预言的那样,成为未来网上贸易方便的交易手段。

5.6 电子钱包结算

5.6.1 电子钱包概述

1. 电子钱包的概念

电子钱包(E-Wallet,Electronic Wallet)作为安全电子交易(SET 协议)中重要的一个环节,主要用于让消费者进行电子交易与储存交易记录。消费者在网络上进行安全电子交易前,必须先安装符合安全标准的电子钱包软件。在电子商务活动中,电子钱包软件通常都是免费提供的,消费者可以直接使用与自己银行账号相链接的电子商务系统服务器上的电子钱包软件,也可以采用各种保密方式来利用 Internet 上的电子钱包软件。

英国西敏寺(National-West Minster)银行开发的电子钱包软件 MondeX 是世界上最早的电子钱包系统,于 1995 年 7 月首先在有"英国的硅谷"之称的斯温顿(Swindon)市试用。目前世界上有 VISACash 和 MondeX 两大电子钱包服务系统。在我国,中银电子钱包是可以由中国银行长城电子借记卡和长城国际卡持卡人用来进行网上安全购物交易并储存交易记录的软件,这就是典型的电子钱包。

2. 电子钱包的功能

电子钱包的功能大致可分为下列三项:
① 进行电子安全证书的管理,主要包括电子安全证书的申请、存储和删除等。
② 保障电子交易的安全,主要是进行 SET 交易时辨认用户的身份并发送交易信息。
③ 交易记录的保存,用于保存每一笔交易记录以备日后查询。如持卡人在使用长城卡网上购物时,卡户信息(如账号和到期日期)及支付指令可以通过电子钱包软件进行加密传送和有效性验证。

电子钱包能够在 Microsoft 和 Netscape 等公司的浏览器上运行。持卡人要想在 Internet

上进行符合 SET 标准的安全电子交易,就必须安装符合 SET 标准的电子钱包软件。

5.6.2 电子钱包的运作流程

消费者电子钱包的运作流程是:
① 向发卡银行申请安装电子钱包软件。
② 收到银行书面资料后即可按照电子钱包的操作手册安装电子钱包。
③ 电子钱包安装完成后,持有者应该上网取得登录电子钱包凭证。
④ 取得登录凭证后,便可进入网络商店进行网上消费。

商家电子钱包的运作流程是:
① 通过收单银行填写商家申请表,然后银行将商家资料送至相关电子钱包的认证机构。
② 收单银行提供相关认证公司的站点以及商家联络测试所需的资料。
③ 商家向认证机构申请商家电子钱包凭证。
④ 商家系统连接财务公司提供网络购物付款功能。
⑤ 商家与银行进行有效的对账和款项结算。

5.7 网上银行支付系统

5.7.1 网上银行概述

1. 网上银行的含义

网上银行利用 Internet 和 Intranet 技术,为客户提供综合、统一、安全和实时的银行服务,包括提供对私、对公的各种零售和批发的全方位银行业务,还可以为客户提供跨国的支付与清算等其他的贸易和非贸易的银行业务服务。网上银行又可称为网络银行、电子银行或者虚拟银行等,它实际上是银行业务在网络上的延伸,几乎囊括了现有银行金融业的全部业务,代表了整个金融业未来的发展方向。从国家的发展来看,美国安全第一网络银行(SFNB)是世界上第一家网上银行。

2. 网上银行的特点

具体包括:
① 网上银行依托迅猛发展的计算机和计算机网络与通信技术,突破了银行传统业务操作模式,利用渗透到全球每个角落的互联网进行资金的转移和支付等功能。
② 网上银行提供多种多样的业务。从运作情况看,网上银行提供的服务可以分为三大类:第一类是提供即时资讯,如结存余额的查询、外币报价、黄金及金币买卖报价和定期存款利率的资料等;第二类是办理银行一般交易,如客户往来、储蓄、定期账户间的转账、新做定期存

款及更改存款的到期指示及申领支票簿等;第三类是为在线交易的买卖双方办理交割手续。

③ 网上银行采用多种先进技术来保证交易的安全,商业罪犯将更难以找到可乘之机;并且通过网上银行提供的网上支票报失和查询服务,不仅维护了金融秩序,而且最大限度地减少了国家和企业的经济损失。

5.7.2 网上银行的运行机制

1. 电子钱包

电子钱包就是指客户的加密银行账户,它有特定的非常简单的安装程序。某些网上银行甚至可以直接用普通信用卡代替电子钱包的功能。

2. 支付网关

支付网关是指连接银行内部网络与互联网的一组服务器,它可以完成两者之间的通信协议,并对相关数据进行加密、解密,以保护银行内部网络的安全,实际上它起着一个数据转换与处理中心的作用。

3. 安全认证

为了保证网上交易的安全性,目前 Internet 上有几种加密协议在使用,其中安全套接层协议(SSL)和安全电子交易协议(SET)是保证在线支付安全最常用的协议。

SSL(Secure Sockets Layer)是由网景公司推出的一种对计算机之间整个会话进行加密的安全通信协议。

SET(Secure Electronic Transaction)是由 VISA 和 MasterCard 两大国际卡组织与 IBM 和微软等多家科技机构共同制定的进行在线交易的安全标准。

实验五　电子钱包申领

【实验目的】

1. 了解电子钱包的作用。
2. 掌握电子钱包的申请及安装设置。
3. 掌握基于 SET 协议和 SSL 协议的网上电子支付解决方案。

【实验要求】

1. 申请电子钱包。
2. 安装电子钱包。
3. 申请数字证书(为电子钱包里的银行卡申请证书)。
4. 进行基于 SET 协议的电子钱包网上支付。

【实验内容】

1. 进入中国银行支付帮助网页。
2. 阅读"如何申请一张中国银行长城电子借记卡?"
3. 阅读"如何获得中银电子钱包?"
4. 阅读"如何安装中银电子钱包?"
5. 阅读"如何申请电子证书?"
6. 阅读"中银电子钱包使用功能。"
7. 进行实际操作并记录好数据。

【实验步骤】

1. 进入中国银行支付帮助网页,网址是:http://www.chinajob.com/purchase/zgyhdzjjk.html。
2. 阅读相关资料。
3. 申请电子钱包。下载电子钱包软件并运行,按照系统提示进行操作。
4. 申请电子证书。访问认证中心,其步骤是:

(1) 单击"获取证书"后,刚安装好的"电子钱包"自动打开。

(2) 输入用户名和口令后,进入"电子钱包"。

(3) 电子钱包会提示您在卡中添加账户信息,接下来的操作按照提示的默认值进行即可。

5. 获取证书。其步骤是:

(1) 单击"获取证书"按钮,可以看到电子钱包的左下角显示"等待初始化响应"和"正在处理证书初始化响应"。

(2) 最后屏幕上显示《中国银行认证中心电子证书管理规定》,阅读相关资料,单击"接受"即可。

6. 进入电子商务网站,选购商品并进行交易支付。

【实验提示】

要仔细阅读《中国银行认证中心电子证书管理规定》,了解您所拥有的权益和法律责任。1 张借记卡最多只能申请 10 张证书,如果超过 10 张且还想进行网上购物的话,则只有重新办理一张新的借记卡。但是这并不是说明您以前的卡失效了,它同样可以进行存款、取款、转账和在商场消费,只是不能在网络上消费了。

证书的有效期为一年,到期后证书自动失效,您需要重新获取证书。如果您在网上消费时不慎泄漏了自己借记卡的秘密,为了您的账户安全,请像平时使用借记卡一样到中国银行办理挂失。您在网上消费时,如果与商家发生与货品有关的纠纷,则请直接与商家联系。

【实验思考】

1. 如何使用电子钱包?
2. 为什么一定要下载电子证书?

3. 如何在网上进行电子支付？
4. 网上交易与支付有哪些优点和缺点？

思考与讨论

1. 什么是电子货币？Q币是否为电子货币？为什么？
2. 电子支付工具有哪些？与传统支付比较，电子支付方式有哪些优点？
3. 以支付宝为例，说明第三方支付工具的优缺点。
4. 在线支付的威胁有哪些？如何防范？

第6章　电子商务物流

物流对商品生产、商品流通和商品消费的影响日益明显,引起了各方面的重视。简单地说,物流就是物的流动。这个概念经历了漫长的发展历程,并且还在不断地创新。本章从物流系统的基本概念讲起,逐渐深入到其与电子商务的关系,着重讲述电子商务下的物流系统模式以及主要的物流信息技术。

电子商务作为数字化生存方式,代表未来的贸易方式、消费方式和服务方式。因此要求整体生态环境要完善,要求打破原有物流行业的传统格局,建设和发展以商品代理和配送为主要特征,物流、商流及信息流有机结合的社会化物流配送中心,建立电子商务物流体系,使各种物流畅通无阻,这才是最佳的电子商务环境。

6.1　现代物流的基本概念

6.1.1　电子商务物流的起源和发展

人类最早是采取"以物易物"的交换方式,当时没有资金流,商品所有权的转换是紧紧伴随着物流的转换而发生的。随着货币的产生,在人类的交易链上出现了第一层中介——货币,人们开始用钱来买东西,不过这时是"一手交钱,一手交货",商品所有权的转换仍然是紧紧伴随着物流的(只不过是以货币为中介),这个阶段由于生产力的发展和社会分工的出现,信息流开始表现出来,并开始发挥作用。后来,随着社会分工的日益细化和商业信用的发展,专门为货币作中介服务的第二层中介出现了。它们是一些专门的机构,如银行,它们所从事的是货币中介服务和货币买卖,由于有了它们,物流和资金流开始分离,产生了多种交易方式:交易前的预先付款,交易中的托收、支票、汇票,交易后的付款如分期付款和延期付款。这就意味着商品所有权的转换与物流的转换脱离开来,在这种情况下,信息流的作用即显示出来。因为这种分离带来了一个风险问题,要想规避这种风险就要依靠尽可能多的信息,比如对方的商品质量信息、价格信息、支付能力和支付信誉等。总结来说,在这一阶段,商流与资金流分离,信息流的作用日益重要起来。

随着网络技术和电子技术的发展,电子中介作为一种工具被引入生产、交换和消费中,人类进入了电子商务时代。在这个时代,人们做贸易的顺序并没有改变,还是要有交易前、交易中和交易后几个阶段,但进行交流和联系的工具变了,如从以前的纸面单证变为现在的电子单证。这个阶段的一个重要特点就是信息流发生了变化(电子化),更多地表现为票据资料的流动。此时的信息流处于一个极为重要的地位,它贯穿于商品交易过程的始终,在一个更高的位置对商品流通的整个过程进行控制,记录整个商务活动的流程,是分析物流、导向资金流、进行经营决策的重要依据。在电子商务时代,由于电子工具和网络通信技术的应用,使得交易各方的时空距离几乎为零,从而有力地促进了信息流、商流、资金流和物流这"四流"的有机结合。对于某些可以通过网络传输的商品和服务,甚至可以做到"四流"的同步处理,例如通过上网浏览、查询、挑选和点击,用户可以完成对某一电子软件的整个购物过程。

6.1.2 电子商务物流的特点

电子商务时代的来临,给全球物流带来了新的发展,使物流具备了一系列新特点。

1. 信息化

电子商务时代,物流信息化是电子商务的必然要求。物流信息化表现为物流商品的信息化、物流信息收集的数据库化和代码化、物流信息处理的电子化和计算机化、物流信息传递的标准化和实时化、物流信息存储的数字化等。因此,条码技术(bar code)、数据库技术(database)、电子订货系统(EOS,Electronic Ordering System)、电子数据交换(EDI,Electronic Data Interchange)、快速反应(QR,Quick Response)及有效的客户反映(ECR,Effective Customer Response)、企业资源计划(ERP,Enterprise Resource Planning)等技术与观念在我国的物流中将会得到普遍应用。信息化是一切的基础,没有物流的信息化,任何先进的技术设备都不可能应用于物流领域,信息技术及计算机技术在物流中的应用将会彻底改变世界物流的面貌。

2. 自动化

自动化的基础是信息化,自动化的核心是机电一体化,自动化的外在表现是无人化,自动化的效果是省力化,另外自动化还可以扩大物流作业能力、提高劳动生产率及减少物流作业的差错等。物流自动化的设施非常多,如条码/语音/射频自动识别系统、自动分拣系统、自动存取系统、自动导向车和货物自动跟踪系统等。这些设施在发达国家已普遍用于物流作业流程中,而在我国由于物流业起步晚,发展水平低,自动化技术的普及还需要相当长的时间。

3. 网络化

物流领域网络化的基础也是信息化,这里指的网络化有两层含义:一是物流配送系统的计算机通信网络,包括物流配送中心与供应商或制造商的联系要通过计算机网络,另外与下游顾客之间的联系也要通过计算机网络通信,比如物流配送中心向供应商提出订单这个过程,就可以使用计算机通信方式,借助于增殖网(VAN,Value Added Network)上的电子订货系统(EOS)和电子数据交换技术(EDI)来自动实现,物流配送中心通过计算机网络收集下游客户的订货过程也可以自动完成;二是组织的网络化,即所谓的企业内部网(Intranet)。比如,台湾的计算机业在20世纪90年代创造出了"全球运筹式产销模式",这种模式的基本点是按照客户订单组织生产,生产采取分散形式,即将全世界的计算机资源都利用起来,采取外包的形式将一台计算机的所有零部件、元器件和芯片外包给世界各地的制造商去生产,然后通过全球的物流网络将这些零部件、元器件和芯片发往同一个物流配送中心进行组装,由该物流配送中心将组装的计算机迅速发给订户。这一过程需要有高效的物流网络支持,当然物流网络的基础是信息和计算机网络。

物流的网络化是物流信息化的必然,是电子商务下物流活动的主要特征之一。当今世界,Internet 等全球网络资源的可用性及网络技术的普及为物流的网络化提供了良好的外部环境,物流网络化不可阻挡。

4. 智能化

这是物流自动化和信息化的一种高层次应用,物流作业过程大量的运筹和决策,如库存水平的确定、运输(搬运)路径的选择、自动导向车的运行轨迹和作业控制、自动分拣机的运行和物流配送中心经营管理的决策支持等问题都需要借助于大量的知识才能解决。在物流自动化的进程中,物流智能化是不可回避的技术难题。好在专家系统和机器人等相关技术在国际上已经有比较成熟的研究成果。为了提高物流现代化的水平,物流的智能化已经成为电子商务下物流发展的一个新趋势。

5. 柔性化

柔性化本来是为实现"以顾客为中心"这一理念而在生产领域提出的,但要想真正做到柔性化,即真正地能够根据消费者需求的变化来灵活调节生产工艺,则没有配套的柔性化的物流系统是不可能达到目的的。20 世纪 90 年代,国际生产领域纷纷推出弹性制造系统(FMS,Flexible Manufacturing System)、计算机集成制造系统(CIMS,Computer Integrated Manufacturing System)、制造需求计划(MRP,Manufacturing Requirement Planning)、企业资源计划(ERP)以及供应链管理的概念和技术,这些概念和技术的实质是要将生产和流通进行集成,根据需求端的需求来组织生产,安排物流活动。因此,柔性化的物流正是适应生产、流通与消费的需求而发展起来的一种新型物流模式。这就要求物流配送中心应根据消费需求的"多品种、小批量、多批次、短周期"的特色,灵活组织和实施物流作业。

另外,物流设施和商品包装的标准化,物流的社会化和共同化也都是电子商务下物流模式的新特点。

6.1.3 物流的构成

从现代企业角度研究与之有关的物流活动,是具体的、微观的物流活动的典型领域。企业物流可分为以下具体的物流活动。

1. 企业供应物流

企业供应物流指企业为保证自身生产的节奏,不断地组织原材料、零部件、燃料等辅助材料供应的物流活动,这种物流活动对企业生产的正常、高效运作起着重大作用。企业供应物流要在最低成本、最少消耗的情况下达到保证供应量的目标,因此,实施起来有一定难度。企业竞争的关键在于如何降低这一物流过程的成本,可以说它是企业物流的最大难点。为此,企业供应物流就必须有效解决供应网络、供应方式和零库存等问题。

2. 企业生产物流

企业生产物流指的是企业在生产工艺中的物流活动。这种物流活动是伴随着整个生产工艺过程而产生的,实际上已经构成了生产工艺过程本身的一部分。企业生产过程的物流大体可以描述为:原料、零部件、燃料等辅助材料从企业仓库或企业的"门口"开始,进入到生产线的开始端,再进一步随着生产加工过程一个一个环节地流动,在流动过程中,原料等本身被加工,同时产生一些废料和余料,直到生产加工终结,再流至生产成品仓库,便终结了企业生产物流过程。

过去,人们在研究生产活动时,主要注重一个一个的生产加工过程,而忽视了将每一个生产加工过程串联在一起,使得在一个生产周期内,物流活动所用的时间远远大于实际加工所耗费的时间。研究企业生产的物流,可以大大缩减生产周期,节约劳动力。可见,整个生产过程实际上就是一系列的物流活动。合理化和现代化的物流,总是致力于通过降低费用从而以最低的成本来优化库存结构、减少资金占压和缩短生产周期,同时保障现代化生产的高效进行。缺少了现代化的生产物流,生产活动将难以顺利进行,而且无论电子商务是多么便捷的贸易形式,也都将是无米之炊。

3. 企业销售物流

企业销售物流是企业为保证自身的经营效益,伴随着自身的销售活动,不断将产品的所有权转给用户的物流活动。在现代社会中,市场是一个完全的买方市场,因此,销售物流活动便带有极强的服务性,以便满足买方的需求,最终实现销售的目标。在这种市场前提下,销售往往以送达用户并保证售后服务才算完整。因此,销售物流的空间范围很大,这便是销售物流的难度所在。在这种前提下,企业销售物流的特点便是通过包装、送货和配送等一系列物流活动实现销售,这就需要研究送货方式、包装水平和运输路线等,并采取各种诸如少批量,多批次,定时、定量配送等特殊的物流方式来达到最大幅度降低成本的目的。因此,该研究领域是很宽泛的。

4. 企业回收物流

企业在生产、供应和销售的活动中总会产生各种边角余料和废料,这些东西的回收需要伴随着物流活动,而且,在一个企业中,如果回收物品处理不当,往往会影响整个生产环境,甚至影响产品的质量,同时也会占用很大空间,造成浪费。

5. 企业废弃物物流

企业废弃物物流是指对企业排放的无用物进行运输、装卸和处理等的物流活动。

6.1.4 现代物流目标

现代物流系统的目标归纳起来简称为5S,即:

① 优质服务(Service)。无缺货、损伤及丢失现象,且费用低廉合理,容易让人接受。

② 迅速及时(Speed)。可以在用户指定的时间内把货物及时送达指定地点。

③ 节约空间(Space Saving)。大力发展立体设施和有关的物流机械,以充分利用有限空间和土地面积,缓解城市土地紧缺问题。

④ 规模适当(Scale Optimization)。进行物流网点的优化布局,建立合理的物流设施规模,提高自动化和机械化程度。

⑤ 合理库存(Stock Control)。合理的库存策略及合理控制库存量有助于企业自身的发展与调整。

6.1.5 现代物流研究的主要任务

从现代物流的发展轨迹来看,物流是一门在不同时代承担着不同要求和任务的学科。20世纪60年代,作为现代物流学起源地的日本,社会化生产的规模不断扩大,生产成本以每年2%的增长率上升,而流通成本的增长率却达到5%,致使商品零售价格中流通成本所占的比重越来越大,反映出社会现存的物流系统已经满足不了产品数量急剧增长的现状,因此,如何降低物流成本是这一阶段物流研究及管理的主要内容。

随着国民经济水平的发展,社会生活逐步改善,人们越来越追求个性化,产品式样也越来越丰富多彩。商品的多样化和小批量化使得整个物流活动变得更加复杂,提高物流服务的质量如门到门的配送,变成了物流的主题。

近年来,电子商务在发达国家获得了飞速发展,中国的电子商务也越来越热,这种产生在Internet基础上的商业活动向社会物流提出了新的挑战。比如人们亲自到商场购物可能会花上几小时的时间和几元钱的交通费,而网上购物则只需轻轻一点,几秒钟便可成交;但如果等货物送到家中需要十几天甚至几十天,或者,消费者还要在商品价格上多付上十几元的"物流费用",那么电子商务的便捷性就会大打折扣。因此,如何保证物流系统运转的高效率,最大限度地"追赶"上电子的速度,是现代物流系统研究的新任务。由此,也引起了人们对电子商务交易形式下物流系统的关注。

6.2 电子商务物流系统

6.2.1 电子商务供应链的结构

在电子商务环境下,供应链的整体结构是包容了企业内部运作网络和企业间网络的一种混合形式。其中,企业间网络包括由合作关系稳定的企业组成的静态网络以及为完成临时任务而组成的临时性动态网络。

1. 企业内部运作网络

企业内部运作网络是企业内部生产经营活动的一种组织安排,是供应链整体运营的微观基础。企业内部运作网络在 Internet 的支撑下,通过企业前台系统与企业后台经营系统的良好衔接,将企业内部运营系统的各种信息及供应链系统的整体运营信息,经过具有商务智能的在线分析处理系统(OLAP)及基于网络的决策支持系统(Web-based DSS)的分析处理,为企业进行各项生产经营决策和活动提供了有力依据,实现了企业内部协调统一的计划、控制与协调,优化了企业资源和能力配置,提高了内部运作效率。

2. 供应链静态网络

供应链静态网络在基于 Internet 的组织间信息系统的支撑下,提高彼此间的信息共享和互动,联合起来,共同运用各自的有形资产、无形知识和专有技能,实现利益的共享与风险的共担。

以供应链中生产商与上游原材料供应商的采购活动为例,供应商通过 Extranet 浏览生产商的生产计划及其进度执行情况,相应制定和调整自己的生产计划,从而在供应链中实现同步化生产;当生产商原材料库存达到安全储备量时,可以与供应商在线直接进行电子采购,也就是通过电子手段实现讨价还价、签约和财务支付等一系列过程。

3. 供应链动态网络

在电子商务环境下,供应链的网络化演进革新了供应链整体运作思路和发展方向,表现为供应链不再仅仅依靠现有的稳定合作关系并在此基础上挖掘潜力以提高整体运作效果,而是考虑在供应链的各个环节是否和如何植入最有效率的优质资源,使价值链成为最具竞争性的、具有高度统一性与和谐性的企业联合。这样,维系和保持供应链的稳定合作关系,以不变应万变理念的重要性相对下降,而动态地建立和发展与现有供应链外部企业经济实体的合作关系则更加富有吸引力。

为了取得和提升市场的领导地位,在迅速捕捉和准确识别消费者需求信息的基础上,企业之间形成动态的价值网络,供应链通过集聚具有最佳经济效益的资源和核心竞争力的成员组成由共同目标驱动的联盟,结成具有高度灵活性、市场敏锐性、反应速度和创新能力的整体经济作战团队,并根据环境变化而及时动态调整和重组,在整个联盟运作过程中通过实时的信息共享,实现同步合作和协调。

6.2.2 电子商务物流系统对传统企业物流系统的影响

随着电子商务理论和实践在中国的发展,国内越来越多的业内人士开始关注"物流",各种杂志竞相登出物流方面的文章。随便翻开一本经济管理类杂志,总可以在其中找到"物流"的身影。这无论对于业内人士,还是对于一般百姓来说,未尝不是一件皆大欢喜的事情。可以认为,是电子商务的发展使人们的视线聚焦到了"物流"上。因为相比于网络消费者各种需求的统一收集与处理所耗用的时间,货物配送所占用的时间显得格外引人注目。物流与电子商务的相关性和紧密性不言而喻,但是,物流也无形中成为电子商务进一步发展的一个瓶颈。下面对在电子商务环境下的物流系统对传统企业物流系统的影响介绍如下。

1. 对传统企业物流系统基本理念的影响

在电子商务环境下,企业物流系统中信息流的作用范围更为广泛,它不再仅仅是传统意义上企业内部物流系统的运行基础,而是随着"供应链"概念的提出,变成了整个供应链系统运营的环境基础。网络是平台,供应链是主体,电子商务是手段。信息环境对供应链的一体化起着控制和主导的作用。

企业之间的市场竞争将更多地表现为基于网络的企业联盟(实际为"虚拟"的企业联盟)之间的竞争。也就是说,网上竞争的直接参与者将逐步减少,更多的企业将以其商品或服务的专业化优势为基础,加入到以核心企业(或有品牌优势,或有知识和管理优势)为龙头的分工协作的物流体系中去,在更大范围内构建一体化的供应链,并成为核心企业组织机构虚拟化的实体支持系统。供应链体系在纵向和横向上无限扩张的可能性,将对企业提出更广泛的联盟化或者更深度的专业化要求。显然,在电子商务的框架内,联盟化和专业化是统一在物流一体化体系中得以体现的。

企业对社会资源的整合能力将成为其参与市场竞争的主要优势。此时的竞争优势将不再是简单地看企业拥有物质资源的多少,而在于企业能够调动、协调以及最后能整合多少社会资源来增强自己的市场竞争力,因此,此时企业的竞争将是以物流系统为依托的信息联盟或知识联盟的竞争,物流系统的管理也会从对有形资产(存货和原材料等)的管理转化为对无形资产(信息或知识系统)的管理。

物流系统将在更大程度上取决于消费者的需求,即由客户的需求拉动。如果假设物流系统内的所有方面都能得到网络技术的有效支持,那么产品的实际可得性对于终端客户来说将极大地得到提高,显然此时客户的需求会发生量和质的变化,这种变化反过来又作用于物流系统,拉动物流系统更高效率地运行。同时,这种需求拉动的生产模式也会给企业带来更大程度的灵活性;与此同时,还可以在物流系统的各个功能环节上降低成本,如降低采购成本、减少库存成本、缩短产品开发周期、为客户提供有效的服务、降低销售和营销成本以及增加销售的机会等。

在电子商务环境下,物流系统将面临的新问题是如何在供应链成员企业之间有效地分配信息资源,使得全系统的客户服务水平达到最高,即在追求物流总成本最低的同时为客户提供最佳的个性化服务。

2. 对物流系统结构设计的影响

具体表现在:

① 传统物流系统运行环节(点)方面发生的变化。由于在电子商务环境下,网上客户可以直接面对制造商(即原始供应商),并可获得个性化定制服务,故传统物流渠道中的批发商和零售商等中介环节将逐步淡出整个购买过程;但是,区域销售代理商还将继续受制造商的委托,并将逐步加强其在渠道和地区性市场中的地位,以便作为制造商产品营销和服务功能的直接延伸。

② 电子商务环境下的物流系统节点的性质(包括物理属性和系统属性)与传统物流系统节点的性质比较起来将发生较大改变。由于网络上的"零距离"特点,使网上虚拟物流与现实世界实际物流状况的反差增大,终端客户对产品可得性的心理预期加大、期望提升,导致给企业带来的实际交货速度的压力变大。因此,在进行物流系统设计时,要在系统节点(如港、站、库、配送中心)和运输线路等的布局、结构和任务属性的赋予等方面进行较大的结构性调整。例如,企业若要保留若干地区性仓库,则更多的站点或辅助仓库将改造为配送中心,同时,对存货的控制能力的增强将使物流系统中仓库的总数减少。另外,随着政府运营政策的逐步放宽,更多的独立运营商(属于所说的第三方物流的主体之一)将为企业提供更加专业化的配送服务,配送的服务半径也将逐步扩大。

③ 物流系统的组织结构更趋于分散化,甚至虚拟化。由于即时的信息共享,使得各级制造商在更广泛范围内进行资源即时配置成为可能,故企业原来的有形组织结构将趋于分散化并逐步虚拟化。当然,这主要是指那些已经初步拥有核心竞争力的企业,比如说那些具有品牌资产或产品且在技术上已经实现功能模块化和质量标准化的企业。

④ 某些产品的物流系统的隐形化。大规模电信网络基础设施的建设将使某些能够在网上直接传输的有形产品的物流系统隐形化。这类产品主要包括书报、音乐、软件和游戏等,即已经数字化的产品,它们的物流系统将逐步与网络系统重合,并最终被网络系统所取代,形成真正意义上的电子商务,这一点现在已经被验证。

3. 对物流系统即时信息交换的要求更高

电子商务的一个基本特点,就是要求在客户咨询服务的界面上,能够保证企业(制造商)与各级客户间的即时互动。网站主页的设计不仅要能够宣传企业和介绍产品,更重要的是要能够与客户一起针对产品的设计、质量、包装、改装、交付条件和售后服务等进行一对一的交流,帮助客户拟订个性化的产品确定可行性解决方案,帮助客户下订单。这就要求得到物流系统中每一个功能环节的即时信息支持,同时,也对物流系统的建设和运行提出了更高的要求,而且在很大程度上,这一要求的满足与否决定了该物流系统的效率如何,也决定了该电子商务的实际价值程度。

4. 对供应商管理的影响

在电子商务模式下,企业在网上寻找合适的供应商,从理论上讲有无限的选择性,而这种无限选择的可能性会导致市场竞争的加剧,以此带来降低供货价格的好处。但是,这仅仅是理论上的分析,对于供应商的选择问题,实际上无限的选择性并不存在,所有的企业都知道,频繁地更换供应商将增加资质认证的成本支出,并面临较大的采购风险。一方面,从供应商的立场来看,作为应对竞争的必然对策,应积极寻求与制造商建立稳定的渠道关系,并在技术、管理或服务等方面与制造商结成更深度的战略联盟;另一方面,制造商也会从物流管理系统的理念出发,来寻求与合格的(分级)供应商建立一体化供应链。这样,制造商和供应商之间会形成一种战略合作伙伴关系,他们将在更大范围内和更深层次上实现部分或全部信息资源的共享。当然,在实际运作过程中,合作伙伴企业一般通过一定的技术手段(包括安全加密手段),在一定的约束条件下相互共享特定的数据库信息。例如,有邮购业务的企业将与其供应商共享运输计划数据库,而实施准时生产的装配制造商将会与他们的主要供应商共享生产作业计划和库存数据。另外,在缩短订货周期、减少文案和单据、减少差错率和降低交易价格等技术方面,电子商务也会起到一定的积极作用。

经过以上分析可得出这样的结论:在电子商务模式下,虚拟空间的无限选择性会被现实市场的有限物流系统(即一体化供应链)所覆盖,也就是说,电子商务带来的成果要取决于现实物流系统的有限能力。

5. 对存货控制技术的影响

一般认为,由于电子商务增加了物流系统中各环节对市场变化反应的灵敏度,所以可以减少库存,节约成本。相应的技术手段也从初期的看板管理、准时生产(JIT)、物料需求计划(MRP)和制造资源计划(MRPII)等,转向配送需求计划(DPR)、重新订货计划(ROP)和自动补货计划(ARP)等基于对需求信息做出快速反应的决策系统。

从物流系统的观点来看,供应链中存货问题的减少实际上是借助于信息技术对存货在供应链中的分配进行重新安排的必然结果。但在结构分配上,存货需求将会沿着供应链向上游企业移动,即经销商的库存向制造商转移,制造商的库存向供应商转移,成品的库存变成零部件的库存,而零部件的库存将变成原材料的库存等。由于沿着供应链向上游转移的不同存货的价值是逐步递减的,所以,实际上下游企业的利益增加在很大程度上来源于上游企业的利益牺牲,所以这就引发了一个新的问题:下游企业由于减少存货而带来的相对较多的经济利益如何才能与上游企业一起来合理地分享。

企业追求利益最大化才得以生存,所以供应链的一体化不仅要求企业间分享信息,还要分享利益。例如,著名的耐克公司使用电子数据交换(EDI)系统与其全球供应商连接,直接将成衣的款式、颜色和数量等条件以 EDI 方式下订单,它同时要求供应布料的织布厂先向美国总公司上报新开发的布样,由设计师选择合适的布料设计为成衣款式后,再下订单给成衣厂商生产,而且成衣厂商所使用的布料也必须是耐克公司认可的织布厂生产的,这样的话,织布厂必须提早规划新产品以供耐克公司选购。由于布料是由买主指定的,因此买主给予成衣厂商订购原料布的时间会缩短,成衣厂商的交货期也就越来越短,从以往的 180 天缩短为 120 天甚至 90 天。显然,耐克公司的成品库存压力减轻了,但成衣厂商为了提高产品的可得性,就必须对织布厂提出快速交货的要求,这时织布厂将面临要么增加基本原材料的存货,要么投资扩大其新产品的开发能力的选择。

这样看来,电子商务环境下对存货控制的改进所带来的利益,实际上是传统物流系统中矛盾的一种转移,付出更多代价的企业将会要求战略联盟中获利的核心企业分担风险,并一起分享收益,这是合理的。

6. 对物流运输的影响

在电子商务环境下,配送速度已经上升为物流业最主要的竞争方式之一。在仓库和配送中心等物流节点设施布局已经确定的情况下,物流系统在提高满足客户对产品可得性要求的能力方面,运输将起到决定性作用。由于运输活动存在复杂性,因此对运输信息共享的基本要求是运输单据的格式标准化和传输电子化。由于基本的EDI标准难以适应各种不同的运输服务要求,且容易被仿效,以至现在已经不能作为物流系统的竞争优势,所以在物流系统内必须发展专用的EDI标准才能获取整合的战略优势。

专用的EDI标准实际上是要在供应链的基础上发展增值网(VAN),这相当于是在供应链企业内部使用的标准密码,通过管理交易、翻译通信标准和减少通信链接数目来使供应链运作增值,从而在物流联盟企业之间建立稳定的制式渠道关系。为了实现运输单据,主要是要实现货运提单、运费清单和货运清单的EDI一票通,实现货运全程的跟踪监控和回程货运的统筹安排,物流系统需要在相关通信设施和信息处理系统方面进行先期开发,如电子通关、条形码技术、在线货运信息系统和卫星跟踪系统等。

因此,电子商务对物流运输带来的最引人思考的问题就是,如何提高运输速度,以填补客户在网络中产生的产品虚拟可得性与实际产品可得性之间的差距。当然,这是一个趋近的过程,差距永远会存在,问题在于客户对这种因电子商务而产生的差距有多大的心理和实际承受能力。

综合上述分析和阐述,可以得出以下基本结论:

① 在电子商务环境下,物流系统的变革将是根本性的,是一个质的跃进。

② 在电子商务环境下,物流系统各个具体职能环节的相对重要程度将会发生变化,但它们都有一个基本特点,即它们都是基于网络技术和信息技术的进步以及消费者的需求而发展的,从另一方面说,这也可能成为物流系统未来变化发展的主要制约因素之一。

③ 事实上,电子商务对物流系统的影响,最明显且最直观地表现在某些关键的物流职能环节(如存货控制、供应商管理和运输)的变化上,但应该看到,最有决定性的影响还是在对传统物流系统理念和系统结构的设计与组织的影响上。

④ 虽然电子商务对传统物流系统产生了深远的影响,但电子商务带来的成果有多大还要取决于现实中有限物流系统的能力的大小。

6.3 传统物流模式与电子商务物流模式

6.3.1 传统物流模式存在的问题

物流这一概念的形成和物流管理科学的建立虽然只有几十年的历史,但是物流这一概念赖以形成的流通行业却已历史久远,早在人类社会出现商品交换的时候就已经出现。随着社会经济的发展,现代物流业已成为覆盖最广泛的产业。

在较为传统的观念中,人们普遍认为交通运输是物流业发展的基础。然而,随着社会经济和技术的高速发展,以及各种基础设施的不断完善,全球经济一体化趋势和市场竞争程度日益增加,人们对这一传统观念的认识渐渐地发生了改变。鉴于发达国家的发展经验,物流管理与物流技术在人们认识中的地位得到了提升。人们开始认识到,包含交通运输在内的,包括了产品的生产、流通和消费过程中诸多环节的物流系统,已成为国家经济在高起点上持续发展的重要基础。因此,应该用一种新的思维和理念,从物流系统整体的角度来看待中国的生产、流通和消费等社会经济活动的发展。在过去计划经济体制下的经济活动中,生产和流通被当做两个相互独立的过程,运输也被分割成许多不能有机联系的部分。因而,不可避免地存在着许多问题,主要表现在以下几个方面。

1. 物流质量低、效率不高

用来衡量物流质量的因素主要有物流时间、物流费用和物流效率等。中国的物流业由于受多方面的因素影响,因此总体水平较低。

至于物流效率,也受众多因素的影响,如传统储运公司的设施和经验与现代物流的发展需求不匹配;而非流通部门的储运企业虽然观念较新,竞争意识较强,但是服务功能单一,缺乏经验,容易出现违规操作。同时,许多企业存在资金投入、成本控制与规范管理这3个基本问题,更是让一些企业,特别是处于成长期的大中型企业左右为难。

2. 物流业的发展与其他产业的不协调

目前我国的交通运输能力仍不能满足运输需求,主要运输通道的供需矛盾依然很突出。我国传统储运公司的设施大都较落后,大量的仓库是20世纪60年代的老旧建筑。调查显示,在拥有库房和搬运设施的物流企业中,普通平房库、简易仓库和普通楼房库为主要库房,而且库房老化的程度高达17%,仓库技术装置落后的程度高达22%。

现代化的集装箱散装运输发展不快;高效专用运输车辆少;汽车以中型汽车为主,能耗大,效率低;装卸搬运的机械化水平也不高。调查显示,在运输设施不能满足作业需求的原因中,数量不足占27%,设施接近使用寿命占18%,技术装置落后占6%,不符合客户的特定需求占27%。

由于我国目前的物流行政管理仍沿袭着计划经济时期的体制,部门分割体制与物流相关的各部分分别由铁道、交通和民航等不同的政府部门进行管理,没有一个部门或机构统筹协调全社会的物流管理。由此导致的管理分散问题,导致了物流的内外分割局面,这种条块分割和内外分离的管理体制,严重制约着从市场经济的需要出发,在全社会范围内经济面合理地进行物流的整体统筹和规划,妨碍物流产业的社会化进程。与此同时,我国在物流人才和信息化方面的工作也做得不是很到位,使得该方面人才的缺乏成了物流业发展的最大制约因素。现代物流业必须与信息技术的发展和现代物流的创新相伴而行。

3. 缺乏物流系统发展的统一规划

虽然物流业是社会性的服务行业,范围早已覆盖了国民经济的所有产业。但是我国并没有因此而把它作为国民经济大系统中的一个重要子系统来抓,也没有进行总体的规划和制定具体的发展目标。我国的物流行业多年来一直由多个交通部门与多个流通主管部门分别管理,许多政策缺乏一致与衔接性。这直接影响全国范围内一体化物流的发展。

4. 对于搞好物流的重要性认识不足

全社会的物流观念薄弱是物流产业发展的重要制约因素。近年来,虽然我国对现代物流产业发展的研究开始升温,但总体来看,全社会的物流观念仍比较淡薄。从物流方式的选择看,更多的生产企业仍然热衷于选择自营物流方式。虽然也会向运输公司购买运输服务或向仓储企业购买仓储服务,但这些还都仅限于一次性和临时、分散的物流服务。企业本质上仍追求内部生产与流通的"大而全",主观上排斥社会化物流服务和对第三物流服务方式的选择,这是制约物流服务社会化的重要因素。归根结底,还是由于对市场经济的理解不深所导致的,人们的思想观念仍旧没有脱离旧体制的束缚。

6.3.2 电子商务物流模式

1. 概　述

电子商务的任何一笔交易,都包含着信息流、商流、资金流和物流。其中信息流、商流和资金流三者都可以完全通过信息网络完成;而唯独物流,作为四流中最为特殊的一种,是实物的传递,不能通过信息网络完成,必须通过把实物位置转移到购物者手中来完成。物流是实现电子商务的保证。

电子商务中物流配送的内涵可用以下公式表述为

电子商务中物流配送＝网上信息传递＋网上交易＋网上结算＋门到门的配送服务

可以看出,新型的物流和配送以一种全新的面貌成为流通领域革新的先锋,代表了现代市场营销的主流方向。新型的物流和配送可以使商品流通方式较传统的物流和配送方式更容易实现信息化、自动化、现代化、社会化、智能化、合理化和简单化,既减少生产企业库存,加速资金周转,提高物流效率,降低物流成本,又刺激社会需求,有利于整个社会的宏观调控,也提高了整个社会的经济效益,促进市场的健康发展。

20世纪80年代,西方发达国家(如美国、法国和德国等)就提出了物流一体化的现代理论应用,并指导其物流的发展且取得了显著效果。所谓的物流一体化,就是指以物流系统为核心的、由生产企业经由物流企业和销售企业,直至消费者供应链的整体化和系统化。它是物流产业化的发展形势,但是它自身的快速发展必须以第三方物流充分发育和完善为基础。

为了适应电子商务的发展,物流界出现了一种全新的物流模式——物流代理(TPL,Third Party Logistics),即企业或其他经济组织为了强化其核心竞争力,把非核心业务的物流管理、物流作业或物流设施等部分或全部外包出去,并与专业物流公司建立双赢的互动协作关系,直至进一步建立市场竞争战略联盟的过程。

根据我国的实际情况,在发展电子商务时,应积极推动物流企业采取以代理形式的、为客户定制服务的第三方物流模式。目前中国物流企业在数量上供大于求,供给数量大于实际能力;在质量上有所欠缺,满足不了需求的质量;物流网络资源丰富,利用和管理水平低,缺乏有效的物流管理者。如果解决了上述问题,必将极大地推动我国电子商务的发展。为了实现第三方物流,应致力于弥补在物流一体化和第三方物流上的空白,同时,信息化和网络化的建设也亟待加强。

2. 电子商务下物流体系的建立模式

电子商务的具体实施有多种模式可以选择,由于所从事的专业不同,ISP,ICP及其他信息服务提供商更多地从如何建立电子商务信息服务网络、如何提供更多的信息内容、如何保证网络的安全性、如何方便消费者接入以及如何提高信息传输速度等方面考虑问题,至于电子商务在线服务背后的物流体系的建立问题则因涉及另一个完全不同的领域,信息产业界对此疑问较多。实际上,电子商务应该完成商流、物流、信息流和资金流这四个方面,在商流、物流、信息流和资金流都可以在网上进行的情况下,物流体系的建立应该被看做是电子商务的核心业务之一。我国的电子商务物流体系可以有以下几种组建模式。

(1) 电子商务与普通商务活动共用一套物流系统

这种模式比较适合于已经开展了普通商务的公司。它可以建立基于Internet的电子商务销售系统,同时可以利用原有的物流资源,承担电子商务的物流业务。拥有完善流通渠道的制造商或经销商开展电子商务业务比ISP,ICP或Internet的经营者更加方便。国内从事普通销售业务的公司主要包括制造商、批发商和零售商等。

制造企业的物流设施普遍要比专业流通企业的物流设施先进,这些制造企业完全可能利用原有的物流网络和设施来支持电子商务业务,因此开展电子商务不需新增物流和配送投资,对这些企业来讲,比投资更为重要的是物流系统的设置和物流资源的合理规划。而批发商和零售商应该比制造商更有组织物流的优势,因为他们的主要业务就是流通。

(2) ISP和ICP建立自己的物流系统或利用社会化的物流和配送服务

自从中国加入WTO以来,中美两国有许多ISP和ICP都想进入中国电子商务市场,国内一些企业与国外的信息企业合资组建电子商务公司是为了解决物流和配送系统问题,或者国内企业可以组建自己的物流公司,或者可以把自己的物流业务外包给第三方物流公司。

由于国内的物流公司大多是由传统的储运公司转变而来的,所以还不能真正满足电子商务的物流需求。对于国内的企业来说,如果想采取物流方式投资应十分慎重,因为电子商务的信息业务与物流业务是截然不同的两种业务,企业必须对跨行业经营产生的风险进行严格的评估,新组建的物流公司必须按照物流的要求来运作才有可能成功。所以,在企业电子商务发展的初期以及物流和配送体系还不完善的情况下,不要把电子商务的物流服务水平定得太高。或者企业可以多花一些精力来寻找、培养和扶持物流服务供应商和主专业物流服务商,为电子商务提供可靠的服务,这便引发了第三方物流公司(Third Party Logistics Service Provider)的产生。按照供应链理论,企业将把不是自己核心业务的业务外包(outsourcing)给从事该业务的专业公司去做。这样,从原材料供应到生产,再到产品的销售等各个环节的各种职能,都是由在某一领域具有专长或者核心技术的专业公司相互协作配合来完成的,这样所形成的供应链具有强大的竞争力。中国境内的跨国公司在从事电子商务业务时,物流业务通常都会外包给当地的物流服务商,但是,由于我国第三方物流行业比较落后,所以第三方物流服务商必须加快自身前进的步伐来满足客户的需要,同时促进自身的发展。尤其在中国加入 WTO 后,我国物流服务商将面临更多来自发达国家物流公司的挑战,因此加快自身的发展势在必行。

6.3.3 电子商务物流系统的再构造

在电子商务条件下,企业可以对既有资源进行重新组合以提高自身的市场竞争力和客户满意度,这就是重组。一个企业的重组活动可以表现在多个方面,如企业的分立和兼并结盟,企业的"外包业务"、"供应链"、"价值链"、"定制生产"、"消费者主权"等诸多从前不为人所知的名词正在被人们所熟悉和接受,企业内部组织结构和业务流程在变革,甚至企业边界也开始变得"模糊",一批如 Dell 和 Cisco 等具有新型企业资源组合结构的企业正在蓬勃发展、如日中天,同时,通用和福特等老牌企业也正在运用电子商务作为"重组的力量"。显然,电子商务已经成为对传统企业进行"重组的力量"。物流作为其中一个关键的部分自然不可被忽视。电子商务对物流的影响,不是对物流的彻底否定,而是使整个物流体系更加合理化、高效化以及现代化,它使物流的时间和空间范围变得更大。只有有效地对传统物流系统进行变革和改造,才能使物流获得更大的发展空间。这就要求运用电子商务的企业对其物流系统的各部分进行改进,使其更加专业化、社会化、信息化、个性化、一体化和标准化。Internet 的迅速发展,为全社会物流信息系统的建设提供了坚实基础。随着 PC 数量的不断增加,在网络营销的过程中,各商家不仅要做好本职工作,而且还可以通过尽量为自己的顾客提供适当的个性化服务来扩充自己的顾客源。

目前,我国的物流企业在经营过程中大都是以自我为中心,以提供优质服务作为赢利的手段。在电子商务环境下,市场所要求的不仅仅是高质量,而是更要以全社会和全方位的运作作为其实现方式。从目前情况看来,中国的任何一家企业都难以达到这一要求。在此情况下,物流企业应该转变原有的竞争业态,树立全新的竞争思想,依据自己的实际情况在一个较大范围内联合不同区域和不同类型的物流企业形成一个有多种物流功能的经济联合体,以弥补自己在物流区域和功能上的不足。与此同时,企业的经营方式也应做出相应的再构造。电子商务下的物流企业的物流服务要由原来单一的、分散的状况,向多样化、综合化的经营方式改变。关于其实现方式,企业可以考虑连锁经营或者代理经营等。当然,仅仅是经营过程的改变还是不够的,相应的物流基础设施、技术以及业务流程也应做出相应的改变,以便与之共同进步。

6.3.4 电子商务与第三方物流

第三方物流就是企业或其他经济组织为了强化其核心竞争力,把非核心业务的物流管理、物流作业或物流设施等部分或全部外包出去,并与专业物流公司建立双赢的互动协作关系,直至进一步建立市场竞争战略联盟的过程。

可以把第三方物流描述为一种"对外委托"。企业自己从事其物流系统的设计、规划、库存管理和物流信息管理等活动,而把相关的设施要求、设备及运输等风险转给物流公司去承担,自己只承担相应的费用即可。在企业中,企业将自己的一部分物流作业交给物流公司去完成的情况比较多,但是委托的业务范围还具有局限性,种类还比较少,以汽车为货运手段的中短距离运输、保管和配送等物流活动仍然以自己处理为主。同时,必须注意,第三方物流企业不一定要有物流作业能力,即它可以没有物流设施和运输工具,不直接从事货物运输和保管等活动,它可以站在货主的立场上负责物流系统的设计,并对物流系统的运营承担责任,而具体的运输活动可以再通过对外委托的形式由专业的运输和仓库企业去完成。

随着全球经济的网络化,传统的商务活动面临着电子商务的挑战。电子商务作为一种比工业革命更深刻的革命,一方面把商店、产品、广告、订货、购买、货币、支付和认证等事务处理虚拟化和信息化,使它们脱离实物信托而可以在计算机网络上进行交易;另一方面又将信息处理电子化,将所有信息通过网络用计算机、电子信件、文件传输和数据通信等电子手段来处理,着重于信息处理过程,以此带动实物处理更加科学化和效率化。

相比于美国和日本等早已拥有功能完整和运作成熟的第三方物流企业的国家来说,我国的第三方物流体系尚未形成,现有的从事第三方物流的企业大体上有三类:① 原有的计划经济体制下的中央及地方的商业系统及物资系统下的物流公司,这些公司通常都具有较为完善的运输工具和运输渠道;② 外国企业进入中国市场后创办的公司,如太平洋物流、环球物流和浦菱储运等;③ 一些小型私营物流公司。

由于受原有计划经济的影响,我国物流社会化程度低,物流管理体制混乱,机构多元化以及资源所有权比较分散。这些分散化、多元化的物流格局,导致难以形成社会化大生产和专业化流通的集约化经营模式,规模经营和规模效益难以实现。设备利用率低,布局不合理,重复建设,资金浪费严重。另外,我国物流公司和物流组织的总体水平低、设备陈旧、损失率大、效率低和运输能力不足等缺点已经成为我国物流业发展的瓶颈。

电子商务条件下,由于物流工作的承担者较之以前更加专业化和专一化,所以,第三方物流呈现出与以前不同的特点:

① 信息化。通过诸如条码/语音/射频识别装置、自动分拣存取系统以及全球卫星定位系统等物流作业的自动化技术,实现物流信息的搜集数据库化和条码化,信息处理的自动化和智能化,信息传递的无纸化、标准化和实时化,使信息真正得以在物流活动中发挥出举足轻重的战略作用。

② 网络化。首先,物流依托商业增值网(VAN)、电子订货系统(EOS)、电子数据交换(EDI)和Internet等先进计算机和通信网络信息交流和沟通工具,形成了以信息驱动物品空间移动的活动过程。其次,物流企业借助于这些技术手段,同上下游企业之间的合作在关系形式上日益网络化,从而扩大了物流企业的作业能力,提高了物流企业的网络协调和优化控制能力,促进了物流活动的系统性与和谐性。

③ 人性化,即要以"客户为中心"。一家第三方物流公司,可以在一天之内将北京所有的闲置库房、闲置车辆收归在自己的旗下,但是如何对这些资源进行管理,如何适应电子商务的发展,如何满足客户的各种需求,是现阶段第三方物流公司相互竞争的法宝。

6.4　电子商务物流的信息技术

一个完整的电子商务过程包括由生产厂家将产品生产出来,然后通过运输、仓储和加工,最后配送给用户或消费者的物流全过程。其中分为以下几个步骤:首先,生产厂家将生产的单个产品进行包装,并将多个产品集中在大的包装箱内;然后,经过运输、批发等环节,在这一环节中通常需要更大的包装;最后,产品通过零售环节流通到消费者手中,产品通常在这一环节中再还原为单个产品。人们将上述过程的管理称为供应链物流管理。

贸易过程中的商品从厂家到最终用户的物流过程是客观存在的,长期以来人们从未主动地、系统地、整体地去考虑,因而未能发挥其系统的总体优势。供应链物流的地域和时间跨度大,对信息依赖程度高。供应链物流系统连接多个生产企业、运输业、配销业及用户,随需求、供应的变化而变化,因此要求管理系统必须具有足够的灵活性与可变性。供应链物流系统从生产、分配、销售到用户不是孤立的行为,而是一环扣一环的,是相互制约又相辅相成的,因此,各项活动只有协调一致,才能获得最大的经济效益和社会效益。

每一笔商业交易的背后都紧密伴随着与其相应的物流和信息流,供应链上的贸易伙伴需要这些信息以便对产品进行发送、跟踪、分拣、接收、存储、提货及包装等。在电子商务时代,物流与信息流的相互配合体现得越来越重要,因此在供应链管理中也必然要用到越来越多的现代物流技术。

物流技术指的是与物流要素活动有关的所有专业技术的总称,它包括各种操作方法和管理技能等,如流通加工技术、物品包装技术、物品标识技术和物品实时跟踪技术等,此外,还包括相关的物流规划、物流评价、物流设计和物流策略等。随着计算机网络技术的快速发展,物流技术中综合了越来越多的现代技术,如 GIS(地理信息系统)、GPS(全球卫星定位系统)、EDI(电子数据交换)、BarCode(条码)和 RFID(射频识别)等。

6.4.1 条码技术及应用

条码技术是在计算机应用实践中产生和发展起来的一种自动识别技术,是为实现对信息的自动扫描而设计的,是实现快速、准确而可靠地采集数据的有效手段。从系统看,条码技术涉及编码技术、光传感技术、条形印刷技术以及计算机识别应用技术等。条码可以用来收集有关人员、地点或物品的资料,被广泛应用于人员管理、工业生产过程控制、仓储、商业、邮政、图书管理及交通等领域。具体来说,采用条码技术能够识别个人证件,记录时间和出勤;能够监视生产过程,控制质量和检进检出;能够进行产品分类、订单输入、文件追踪和物品追踪;能够控制库存、控制货物进出,进行送货与收货管理、仓库管理、路线管理和商品销售作业管理;能够追踪包括药物使用等在内的医疗保健方面的应用。条码本身不是系统,而是一种十分有效的识别符号,它提供准确及时的信息来支持信息管理系统。条码技术提供了一种对物流中的物品进行标识和描述的方法,借助自动识别技术、POS(销售终端)系统和 EDI 等现代技术手段,企业可以随时了解有关产品在其供应链上的位置,并及时作出反应。当今在欧美等发达国家和地区兴起的 ECR(有效客户反应)、QR(快速反应)和自动连续补货(ACEP)等供应链管理策略,都离不开条码技术的应用。条码是实现 POS 系统、EDI、电子商务和供应链管理的技术基础,是物流管理现代化及提高企业管理水平和竞争能力的重要技术手段。

物流条码是用于标识物流领域中具体实物的一种特殊代码,是一组在整个物流过程中,包括生产厂家、分销业、运输业和消费者等环节的共享数据。它贯穿整个贸易过程,并通过物流条码数据的采集和反馈,提高整个物流的经济效益。物流条码是条码中的一个重要组成部分,它不仅在国际范围内提供了一套可靠的代码标识体系,而且为贸易环节提供了通用语言,为 EDI 和电子商务奠定了基础。因此,物流条码标准化在推动各行业信息化和现代化建设进程以及供应链管理过程中将起到不可估量的作用。物流条码的标准体系包括码制标准和应用标准。

1. 码制标准

有 3 种条码是物流条码中常用的码制,它们的具体应用在实际中又有所不同。一般说来,通用商品条码用在单个大件商品的包装箱上;交叉二五条码用于定量储运单元的包装箱,TTF—14 和 ITF—6 附加代码共同使用也可用于变量储运单元;贸易单元 128 条码的使用是物流条码实施的关键,它能够标识贸易单元的信息,如产品批号、数量、规格、生产日期、有效期和交货地点等。

2. 应用标准

《EAN位置码》提供了国际上共同认可的标识团体和位置的标准,也正在逐渐用于标识交货地点和起运地点,成为EDI实施的关键。《储运单元条码》国家标准起到了对货物储运过程中物流条码的规范作用及在实际应用中作为具体标识货运单元的依据,是物流条码标准体系中一个重要的应用标准。《条码应用标识》是商品统一条码有益和必要的补充,它填补了其他EAN(国际物品编码协会)/UCC(统一代码委员会)标准遗留的空白,将物流和信息流有机地结合起来,成为连接条码与EDI的纽带。

物流条码标识的内容主要有项目标识(货运包装代码SCC—14)、动态项目标识(系列货运包装箱代码SSCC—18)、日期、数量、参考项目(客户购货订单代码)、位置码、特殊应用(医疗保健业等)及内部使用。相关国家标准对物流条码标识内容做了具体规定。

目前的条码码制很多,物流条码是由EAN/UCC制定的用于贸易单元标识的条码,包括商品条码(EAN/UPC)、储运单元条码(ITF—14)、贸易单元128条码(UCC/EAN—128)和位置码等。国际上通用的和公认的物流条码码制主要有3种:EAN—13条码、ITF—14条码及UCC/EAN—128条码。要根据货物的不同和商品包装的不同,采用不同的条码码制。单个大件商品,如电视机、电冰箱和洗衣机等商品的包装箱往往采用EAN—13条码。储运包装箱常常采用ITF—14条码或UCC/EAN—128应用标识条码。包装箱内可以是单一商品,也可以是不同的商品或多件小包装商品。

(1) EAN—13条码

EAN—13条码是通用商品条码(可参考国家标准GB/T 12904—1998)。该商品条码是按照国际物品编码协会(EAN)统一的规则编制的,分为标准版和缩短版两种。标准版商品条码的代码由13位阿拉伯数字组成,简称EAN—13条码。缩短版商品条码的代码由8位数字组成,简称EAN—8码。EAN—13条码和EAN—8码的前3位数字叫"前缀码",是用于标识EAN成员的代码,由EAN统一管理和分配,不同的国家或地区有不同的前缀码,中国的前缀码目前有3个,即690,691和692。

我国商品条码的标准版EAN—13条码的结构如表6-1所列。

表6-1 我国EAN—13条码的结构

结构种类	厂商识别代码	商品项目代码	检验码
结构一	X1 X2 X3 X4 X5 X6 X7	X8 X9 X10 X11 X12	X13
结构二	X1 X2 X3 X4 X5 X6 X7 X8	X9 X10 X11 X12	X13
结构三	X1 X2 X3 X4 X5 X6 X7 X8 X9	X10 X11 X12	X13

厂商识别代码由7～9位数字组成,用于对厂商进行唯一标识,是EAN编码组织在EAN

分配的前缀码的基础上分配给厂商的代码。在我国,厂商识别代码由中国物品编码中心统一管理和分配。

商品项目代号由3~5位数字组成,由厂商自行编码。编码时必须遵循对统一商品编制相同商品项目代号,对不同商品编制不同商品项目代号的原则,以保证商品项目与其标识代码一一对应,即一个商品项目只有一个代码,一个代码只标识一个商品项目。

检验码用于检验厂商识别代码和商品项目代号的正确性。

(2) ITF—14条码

ITF条码是一种连续型、定长、具有自校验功能,并且条、空都表示信息的双向条码。ITF—14条码的条码字符集和条码字符的组成与交叉二五码相同。它由矩形保护框、左侧空白区、条码字符、右侧空白区组成。

ITF—14条码的组成可参考国家标准GB/T 16830《储运单元条码》。

(3) UCC/EAN—128条码

UCC/EAN—128条码是一种连续型、非定长型条码,能更多地标识贸易单元中需表示的信息,如产品批号、数量、规格、生产日期、有效期和交货地等。

UCC/EAN—128应用标识码由应用标识符和数据两部分组成,每个应用标识符由2~4位数字组成。条码应用标识的数据长度取决于应用标识符。条码应用标识采用UCC/EAN—128码表示,并且多个条码应用标识可由一个条码符号表示。UCC/EAN—128条码由双字符起始符号、数据符、检验符、终止符及左、右侧空白区组成。

UCC/EAN—128应用标识条码是使信息伴随货物流动的全面、系统和通用的重要商业手段。

下面说明条码技术在仓储配送业中的应用。

仓储配送是产品流通的重要环节。以美国最大的百货公司沃尔玛为例,该公司在全美有25个规模很大的配送中心,一个配送中心要为100多家零售店服务,日处理量约为20多万个纸箱。每个配送中心分3个区域:收货区、拣货区、发货区。在收货区,一般用叉车卸货。先把货堆放到暂存区,工人用手持式扫描器分别识别运单上和货物上的条码,确认匹配无误才能进一步处理,有的要入库,有的则要直接送到发货区,以节省时间和空间。在拣货区,计算机在夜班打印出隔天需要向零售店发运的纸箱的条码标签。白天,拣货员拿一叠标签打开一只只空箱,在空箱上贴上条码标签,然后用手持式扫描器识读。根据标签上的信息,计算机随即发出拣货指令。在货架的每个货位上部有指示灯,表示那里需要拣货以及拣货的数量。当拣货员完成该货位的拣货作业后,按"完成"按钮,计算机就可以更新其数据库。装满货品的纸箱经封箱后运到自动分拣机,在全方位扫描器识别纸箱上的条码后,计算机指示拨叉机构把纸箱拨入相应的装车线,以便集中装车运往指定的零售店。

6.4.2 EDI 技术简介

1. EDI 技术简介

国际标准化组织 ISO 于 1994 年确认了电子数据交换 EDI 的定义为:"根据商定的交易或电文数据的结构标准,实施商业或行政交易从计算机到计算机的电子传输",即按照同一规定的一套通用标准格式,将标准的经济信息通过通信网络传输,在贸易伙伴的电子计算机系统之间进行数据交换和自动处理,俗称"无纸贸易"。以往,世界每年花在制作文件的费用达 3 000 亿美元,所以"无纸贸易"被誉为一场结构性的商业革命。

构成 EDI 系统的 4 个要素是 EDI 软件、硬件、通信网络以及数据标准化。一个部门或企业若要实现 EDI,首先必须有一套计算机数据处理系统;其次,为使本企业内部数据比较容易地转换为 EDI 标准格式,就必须采用 EDI 标准;最后,通信环境的优劣也是关系 EDI 成败的重要因素之一。

EDI 的实质是交换,其主要目标是以最少的人工介入实现贸易循环,尤其是重复交换文件的自动处理,从而消减公司内部缓慢、繁杂和昂贵的管理费用。可见,EDI 是一种技术,或者说是一种方法或手段。EDI 的侧重点是自动化,它以节约成本和提高工作效率为主要目的。

EDI 标准是整个 EDI 最关键的部分,由于 EDI 是以事先商定的报文格式形式进行数据传输和信息交换,因此,制定统一的 EDI 标准至关重要。世界各国开发 EDI 得出一条重要经验,就是必须把 EDI 标准放在首要位置。EDI 标准主要分为基础标准、代码标准、报标准、单证标准、管理标准、应用标准、通信标准和安全保密标准。

在这些标准中,最首要的是实现单证标准化,包括单证格式的标准化、所记载信息的标准化以及信息描述的标准化。EDI 的单证标准经历了从专业标准、行业标准演化至国际标准的过程。国际上把 EDI 电子单证标准分为 DIFACT,ANSIX.I2 和联合国贸易数据交换 UNTDI 三类。除此之外,以国际标准化组织 ISO/ITCl/WG3 为代表的开放式国际标准,目前也正引起国际 EDI 领域的广泛关注。由该组织推出的"开放式 EDI 概念模型"和"开放式 EDI 参考模型",通过业务操作观点(BOO)和功能服务观点(FSV)等全新的标准化概念,为未来 EDI 在各个领域的应用提供了最佳标准语言。目前,我国已制定的单证标准有中华人民共和国进出口许可证、原产地证书、装箱单和装运声明。信息内容的标准化涉及单证上的哪些内容是必需的,哪些内容不一定是必需的。例如,在不同业务领域,同样的单证上所记载的内容项目不完全一致。

2. UN/EDIFACT 标准体系

以联合国欧洲经济委员会贸易程序简化工作组(UN/ECE/WP.4)为代表的 UN/EDI-FACT 标准,目前已成为整个国际范围内 EDI 应用的主流标准,包括美国、日本和西欧等发达国家都已把采用 EDIFACT 标准作为本国推广 EDI 的重要战略。自 20 世纪 80 年代后期

EDIFACT标准形成至今,由 UN/ECE 发布的 EDIFACT 标准、规范和报文标准已达近 200 个。这些标准大致可分为基础类、报文类、单证类(如发票、托运单等)、代码类(如港口代码、包装代码等)和管理类。它们之间既有明确的分类,又相互引用,结构十分清晰。

(1) 基础标准

基础标准是 EDI 的核心,它包括 EDIFACT 基础标准及其他类型的标准,如 EDIFACT 语法规则和报文设计指南等。

(2) 管理标准

管理标准主要包括有关的评审指南及报文提交程序和规则。

(3) 报文标准

报文标准是每一个具体应用的数据结构化的体现。在 EDI 运行环境中,所有数据都以报文形式发送或接收,如贸易、海关、运输和金融等方面的报文。

(4) 代码标准

在 EDI 传输的数据中,除了公司名称、地址、人名以及一些自由文本内容之外,几乎大多数数据将以代码的形式发出。为使交换各方便于理解收到的信息内容,以代码形式将传输的数据固定下来。

(5) 单证标准

EDI 是结构化数据交换,要开发 EDI 应用系统,首先需对电子单证进行标准化。没有标准的单证,其相应的 EDI 标准报文就无法与之对应。EDI 单证标准包括贸易单证、运输单证、海关单证、银行单证、保险单证和商检单证等。

EDIFACT 作为 EDI 的国际标准包括多个标准,如表 6-2 所列。

表 6-2 EDIFACT 标准

EDIFACT 数据元目录	EDIFACT 报文目录	EDIFACT 代码表目录	应用级语法规则
EDIFACT 复合数据元目录	报文设计规则与指南	EDIFACT 段目录	语法规则应用指南

EDI 是一种信息管理或处理的有效手段,它是对供应链上的信息流进行运作的有效方法。EDI 的目的是充分利用现有计算机及通信网络资源,提高贸易伙伴间通信的效益,降低成本。EDI 主要应用于以下企业:

① 制造业。及时响应以减少库存量及生产线待料时间,降低生产成本。

② 贸易运输业。快速通关报检,经济使用运输资源,降低贸易运输空间、成本与时间的浪费。

③ 流通业。快速响应,减少商场库存量与空架率,以加速商品资金周转,降低成本;建立物资配送体系,以完成产、存、运、销一体化的供应线管理。

④ 金融业。电子转账支付,减少金融单位与其用户间交通往返的时间与现金流动风险,并缩短资金流动所需的处理时间,提高用户资金调度的弹性;在跨行服务方面,更可使用户享

受到不同金融单位所提供的服务,以提高金融业的服务品质,增加服务项目。

EDI 应用获益最大的是零售业、制造业和配送业。在这些行业中的供应链上应用 EDI 技术使传输发票和订单过程达到了很高的效率,而这些业务代表了核心业务活动——采购和销售。EDI 在密切贸易伙伴关系方面有潜在的优势。

6.4.3 射频技术及应用

1. 射频技术简介

射频技术(RF,Radio Frequency)是利用无线电波对记录媒体进行读写。射频识别的距离可达几十厘米至几米,且根据读写的方式,可以输入数千字节的信息,同时,还具有保密性。它的基本原理是电磁理论。射频系统的优点是不局限于视线,识别距离比光学系统远,射频识别卡可具有读写能力,可携带大量数据,难以伪造,且有智能。RF 适用于物料跟踪、运载工具和货架识别等要求非接触数据采集和交换的场合,由于 RF 标签具有可读写能力,所以对于需要频繁改变数据内容的场合尤为适用。如车辆自动识别系统驾易通,采用的主要技术就是射频技术。

近年来,便携式数据终端(PDT)的应用逐渐增多,PDT 可把那些采集到的有用数据存储起来或传送至一个管理信息系统。便携式数据终端一般包括一个扫描器、一个体积小但功能很强并带有存储器的计算机、一个显示器和一个供人工输入的键盘。在只读存储器中装有常驻内存的操作系统,用于控制数据的采集和传送。PDT 存储器中的数据可随时通过射频通信技术传送给主计算机。操作时先扫描位置标签,这样货架号码和产品数量就都输入到 PDT,再通过 RF 技术把这些数据传送到计算机管理系统,从该系统可以得到客户产品清单、发票、发运标签及该地所存产品的代码和数量等。

在具体的应用过程中,根据不同的应用目的和应用环境,射频识别 RFID(Radio Frequency Identification)系统的组成会有所不同,但从 RFID 系统的工作原理来看,系统一般由信号发射机、信号接收机、编程器和天线几部分组成。

(1) 信号发射机

在 RFID 系统中,信号发射机因不同的应用目的,会以不同的形式存在,典型的形式是标签。标签相当于条码技术中的条码符号,用来存储需要识别传输的信息。但是,与条码不同的是,标签必须能够自动或在外力的作用下,把存储的信息主动发射出去。标签一般是带有线圈、天线、存储器与控制系统的低电集成电路。

按照不同的标准,标签有不同的分类。按照标签获取电能的方式不同,可以把标签分成主动式标签与被动式标签;根据内部使用存储器类型的不同,标签可以分为只读标签与可读可写标签;根据标签中存储数据能力的不同,可以把标签分为仅用于标识目的的标识标签与便携式数据文件两种。

(2) 信号接收机

在 RFID 系统中,信号接收机一般称为阅读器。根据所支持的不同标签类型与所完成的不同功能,阅读器的复杂程度有着显著的不同。阅读器的基本功能是提供与标签进行数据传输的途径。另外,阅读器还提供相当复杂的信号状态控制和奇偶错误检验与更正功能等。标签中除了存储需要传输的信息外,还必须含有一定的附加信息,如错误检验信息等。识别数据信息和附加信息按照一定的结构编制在一起,并按照特写的顺序向外发送。阅读器通过接收到的信息来控制数据流的发送。一旦到达阅读器的信息被正确接收和译解后,阅读器通过特写的算法来决定是否需要发射机对发送的信号重发一次,或者通知发射器停止发信号,这就是"命令响应协议"。使用这种协议,即便在很短的时间及很小的空间内阅读多个标签,也可以有效防止"欺骗问题"的产生。

(3) 编程器

编程器是向标签写入数据的装置,只有可读可写标签系统才需要编程器。编程器写入数据一般来说是离线完成的,也就是预先在标签中写入数据,等到开始应用时直接把它黏附在被标识项目上。也有一些 RFID 应用系统,写数据是在线完成的,尤其是在生产环境中当作为交互式便携数据文件来处理时。

(4) 天　线

天线是标签与阅读器之间传输数据的发射和接收装置。在实际应用中,除了系统功率外,天线的形状和相对位置也会影响数据的发射和接收,因此需要专业人员对系统的天线进行设计和安装。

2. 射频技术在军事物流中的应用

美国和北大西洋公约组织(NATO)在波斯尼亚的联合作战行动中,不但建成了战争史上投入战场最复杂的通信网,而且还完善了识别跟踪军用物资的新型后勤系统,这是吸取了沙漠风暴军事行动中大量物资无法跟踪造成重复运输的教训,无论物资是在订购之中、运输途中,还是在某个仓库存储着,通过该系统,各级指挥人员都可以实时掌握所有信息。该系统途中运输部分的功能就是靠贴在集装箱和装备上的射频识别标签实现的。RF 接收转发装置通常安装在运输线的一些检查点上,如门柱上、桥墩旁等,以及仓库、车站、码头、机场等关键地点。当接收装置收到 RF 标签信息后,即连通接收地的位置信息,并上传至通信卫星,再由卫星传送给运输调度中心,送入中心信息数据库中。

我国 RFID 的应用也已经开始,一些高速公路的收费站口使用 RFID 可以不停车收费,我国铁路系统使用 RFID 记录货车车厢编号的车号自动识别系统早已成功运行,一些物流公司也已将 RFID 用于物流管理中。

6.4.4　GPS 技术及应用

GPS(Global Positioning System)是美国继阿波罗登月计划和航天飞机之后的第三大航

天工程,是一种全球性、全天候、连续的卫星无线电导航系统,可提供实时的三维位置、三维速度和高精度的时间信息。由于 GPS 定位技术具有精度高、速度快和成本低的显著优点,因而已成为目前世界上应用范围最广泛、实用性最强的全球授时、测距、导航和定位的系统。在我国,GPS 技术普遍应用于汽车导航系统,以及对移动目标的定位、监控、指挥和调度系统,并成功应用于大地测量、工程测量、航空摄影测量、运载工具导航和管制、地壳运动监测、工程变形监测、资源勘察和地球动力等多种学科,具有极大的发展潜力。

1. GPS 的组成

(1) GPS 卫星星座

GPS 工作卫星及其星座由 21 颗工作卫星和 3 颗在轨备用卫星组成,记为(21+3)GPS 星座。24 颗卫星均匀分布在 6 个轨道平面内,轨道倾角为 55°,各个轨道平面之间相距 60°,即轨道的升交点赤经各相差 60°,每个轨道平面内各颗卫星之间的升交角距相差 90°,轨道平面上的卫星比西边相邻轨道平面上的相应卫星超前 30°。

在 20 000 km 高空的 GPS 卫星,当地球对恒星来说自转一周时,它们绕地球运行 2 周,即绕地球一周的时间为 12 恒星时。这样,对于地面观测者来说,每天将提前 4 分钟见到同一颗 GPS 卫星。位于地平线以上的卫星颗数随着时间和地点的不同而不同,最少可见到 4 颗,最多可见到 11 颗。在用 GPS 信号导航定位时,为了计算测站的三维坐标,必须观测 4 颗 GPS 卫星,称为定位卫星。这 4 颗卫星在观测过程中的几何位置分布对定位精度有一定影响,对于某时某地,有时甚至不能测得精确的点位坐标,这种时间段称为"间隙段"。但这种时间间隙段是很短暂的,并不影响全球绝大多数地方的全天候、高精度和连续实时性。

(2) 地面监控系统

对于导航定位来说,GPS 卫星是一动态已知点。卫星的位置是依据卫星发射的星历来描述卫星运动及其轨道的参数算得的。每颗 GPS 卫星所播发的星历由地面监控系统提供。卫星上的各种设备是否正常工作,以及卫星是否一直沿着预定轨道运行,都要由地面设备进行监测和控制。地面监控系统的另一重要作用是保持各颗卫星处于同一时间标准 GPS 时间系统。这就需要地面站监测各颗卫星的时间,求出钟差;然后由地面注入站发给卫星,卫星再由导航电文发给用户设备。GPS 工作卫星的地面监控系统包括 1 个主控站、3 个注入站和 5 个监测站。

(3) GPS 信号接收机

GPS 信号接收机的任务是能够捕获到按一定卫星高度截止角所选择的待测卫星的信号,并跟踪这些卫星的运行,对所接收到的 GPS 信号进行变换、放大和处理,以便测量出 GPS 信号从卫星到接收机天线的传播时间,解译出 GPS 卫星所发送的导航电文,实时计算出测站的三维位置以及三维速度和时间。

GPS 卫星发送的导航定位信号是一种可供无数用户共享的信息资源。对于陆地、海洋和空间的广大用户,只要用户拥有能够接收、跟踪、变换和测量 GPS 信号的接收设备,即 GPS 信号接收机,就可以在任何时候用 GPS 信号进行导航定位测量。根据使用目的的不同,用户要求的 GPS 信号接收机也各有差异。目前世界上已有几十家工厂生产 GPS 接收机,产品也有几百种,这些产品可以按照原理、用途和功能等来分类。

在静态定位中,GPS 接收机的位置在捕获和跟踪 GPS 卫星的过程中固定不变,接收机高精度地测量 GPS 信号的传播时间,利用 GPS 卫星在轨的已知位置计算出接收机天线所在位置的三维坐标。而在动态定位中,则是用 GPS 接收机测定一个运动物体的运行轨迹。GPS 信号接收机所在的运动物体称为载体(如航行中的船舰、空中的飞机或行走的车辆等)。载体上的 GPS 接收机天线在跟踪 GPS 卫星的过程中相对地球而运动,接收机用 GPS 信号实时测得运动载体的状态参数(瞬间三维位置和三维速度)。

接收机硬件和机内软件以及 GPS 数据的后处理软件包构成完整的 GPS 用户设备。GPS 接收机的结构分为天线单元和接收单元两大部分。对于测地型接收机来说,两个单元一般分成两个独立的部件,观测时将天线单元安置在测站上,接收单元置于测站附近的适当地方,用电缆线将两者连接成一个整机。也有的将天线单元和接收单元制作成一个整体,观测时将其安置在测站点上。

GPS 接收机一般用蓄电池做电源,同时采用机内、机外两种直流电源。设置机内电池的目的在于更换外电池时不中断连续观测。在用机外电源的过程中,机内电池自动充电。关机后,机内电池为 RAM 存储器供电,以防止丢失数据。

近几年,国内引进了多种类型的 GPS 测地型接收机。目前,各种类型的 GPS 接收机体积越来越小,质量越来越轻,便于野外观测。与 GPS 和 GLONASS 兼容的全球导航定位系统接收机已经问世。

2. GPS 技术的原理

GPS 接收机可接收到用于授时的准确至纳秒级的时间信息;用于预报未来几个月内卫星所处概略位置的预报星历;用于计算定位时所需卫星坐标的广播星历,精度为几米至几十米(各个卫星不同,随时变化);以及 GPS 系统信息,如卫星状况等。

GPS 接收机通过对信息的计算就可得到卫星到接收机的距离,由于含有接收机卫星钟的误差及大气传播误差,故称为伪距。对 OA 码测得的伪距称为 UA 码伪距,精度约为 20 m 左右;对 P 码测得的伪距称为 P 码伪距,精度约为 2 m 左右。

GPS 接收机对收到的卫星信号进行解码或采用其他技术,将调制在载波上的信息去掉后,就可以恢复载波。严格地讲,载波相位应称为载波拍频相位,它是收到的受多普勒频移影响的卫星信号载波相位与接收机本机振荡产生的信号相位之差。一般在接收机中对历元时刻进行量测,并保持对卫星信号的跟踪,就可记录下相位的变化值;但开始观测时的接收机和卫星振荡器的相位初值是未知的,起始历元的相位整数也是未知的,即整周模糊度只能在数据处理中作为参数计算。相位观测值的精度高至毫米,但前提是解出整周模糊度,因此,只有在相对定位并有一段连续观测值时才能使用相位观测值,而要达到优于米级的定位精度也只能采用相位观测值。

按定位方式,GPS 定位分为单点定位和相对定位(差分定位)。单点定位就是根据一台接收机的观测数据来确定接收机位置的方式,它只能采用伪距观测量,可用于车船等的概略导航定位。相对定位(差分定位)是根据两台以上接收机的观测数据来确定观测点之间相对位置的方法,它既可采用伪距观测量也可采用相位观测量,大地测量或工程测量均应采用相位观测量进行相对定位。

在 GPS 观测量中包含了卫星和接收机的钟差、大气传播延迟和多路径效应等误差;在定位计算时,还要受到卫星广播星历误差的影响。在进行相对定位时,大部分公共误差被抵消或削弱,因此定位精度将大大提高,双频接收机可以根据两个频率的观测量来抵消大气中电离层误差的主要部分,在精度要求高、接收机间的距离较远时(大气有明显差别),应选用双频接收机。

在定位观测时,若接收机相对于地球表面运动,则称为动态定位,如用于车船等概略导航定位的精度为 30～100 m 的伪距单点定位,或用于城市车辆导航定位的米级精度的伪距差分定位,或用于测量放样等的厘米级的相位差分定位(RTK)。实时差分定位需要数据链将两个或多个站的观测数据实时传输到一起计算。

在定位观测时,若接收机相对于地球表面静止,则称为静态定位。在进行控制网观测时,一般均采用这种方式由几台接收机同时观测,这样能最大限度地发挥 GPS 的定位精度。专用于这种目的的接收机被称为大地型接收机,是接收机中性能最好的一类。目前,GPS 已经能够达到地壳形变观测的精度要求,GPS 的常年观测台站已经能构成毫米级的全球坐标框架。

3. GPS 技术的应用

全球定位系统具有在海、陆、空进行全方位实时三维导航与定位能力。近 10 年来,我国测绘等部门使用 GPS 的经验表明,GPS 以全天候、高精度、自动化和高效益等显著特点,赢得了广大测绘工作者的信赖,并成功地应用于大地测量、工程测量、航空摄影测量、运载工具导航和管制、地壳运动监测、工程变形监测、资源勘察和地球动力学等多种学科,从而给测绘领域带来一场深刻的技术革命。

GPS 在物流领域的应用如下:

① 用于汽车自定位和跟踪调度。据丰田汽车公司的统计和预测,日本车载导航系统的市场在 2001 年至 2010 年间平均每年增长 36.5% 以上,全世界在车辆导航上的投资平均每年增长 61.2%,预计 2012 年的销售额将达到 4 700 万元人民币(约 6 亿日元)。因此,车辆导航已成为未来全球卫星定位系统应用的主要领域之一。

② 用于铁路运输管理。我国铁路开发的基于 GPS 的计算机管理信息系统,可以通过 GPS 和计算机网络实时收集全路列车、机车、车辆、集装箱及所运货物的动态信息,可实现列车和货物追踪管理。只要知道货车的车种、车型、车号,就可以立即从在近 10 万千米铁路网上流动着的几十万辆货车中找到该货车,还能得知这辆货车现正在何处运行或停在何处,以及所

有车载货物的发货信息。铁路部门运用这项技术可大大提高其路网及其运营的透明度,为货主提供更高质量的服务。

③ 用于军事物流。全球卫星定位系统首先是因为军事目的而建立的,因此在军事物流中,如在后勤装备的保障等方面应用相当普遍。以美国为例,其在世界各地驻扎的大批军队无论是在战时还是在平时都对后勤补给提出很高的要求,在战争中,如果不依赖 GPS,美军的后勤补给就会变得一团糟。美军在 20 世纪末的地区冲突中依靠 GPS 和其他顶尖技术,以强有力的、可见的后勤保障为保卫美国的利益做出了巨大贡献。

实验六　物流市场调查

【实验目的】

选择某一个企业单位为对象,联系课程所学理论,采用网上考察的方法,对某企业物流业的发展现状进行初步了解。培养实际调研能力,尝试检验所学知识,并从实际中进一步学习了解物流的内涵与外延。

【实验要求】

1. 了解物流的基本概念。
2. 掌握网上的调查方法。
3. 掌握物流功能的用法。
4. 学会物流管理的方法。

【实验内容】

1. 在网上寻找相关的资料。
2. 确定某一类企业。
3. 对该类企业进行网上调查。
4. 了解物流的作用和功能。
5. 掌握物流管理的方法。

【实验步骤】

1. 在有关网站上查找相关的资料。
2. 选择某类企业(例如服装企业或化妆品企业等)。
3. 调查该企业的物流状况。
4. 对以下几个问题进行调查研究:
(1) 企业对第三方物流的需求如何?
(2) 物流企业服务的情况如何?
(3) 物流企业的操作工具是什么?
(4) 物流行业职业化水平如何?

(5) 物流企业的市场开发能力如何?

(6) 物流企业对增值服务的开发情况如何?

5. 撰写调查报告(不少于 4 000 字)。

【实验提示】

对于物流企业服务水平的调查,可以从运作成本高低、信息的及时性和准确性、作业的速度、服务内容的完善、货损率的高低、作业差错率的高低和服务态度等方面调查研究。

【实验思考】

1. 什么是第三方物流?

2. 物流管理的内容有哪些?

思考与讨论

1. 电子商务下,物流的新特点有哪些?

2. 电子商务下,物流配送模式的特点有哪些?

3. 物流信息是如何分类的?它有哪些特征?

4. 条码技术的原理是什么?它的特征是什么?

5. 简述电子商务对物流配送的影响。

第 7 章　电子商务市场开发

7.1　电子商务市场的特点

在发达的经济社会中,商务活动的形式和内容被挖掘得淋漓尽致,而当科技进步创造出新的生产力后,又孕育出新的潜力,给我们展示了广阔的发展空间。

7.1.1　我国电子商务市场的发展

计算机网络应用的出现还不到 50 年,却已经创造了工业化以来价值增长的神话,在很大程度上改变了人们的生活方式,也提供了千千万万的就业机会。根据中国互联网信息中心(CNNTC)的统计,到 2010 年年底,中国互联网用户已经超过 4.85 亿,是世界上拥有网民最多的国家。

2007 年 6 月国家发改委和国务院信息化办公室共同发布的《电子商务发展"十一五"规划》中明确指出:要创新电子商务的发展模式,以促进模式创新、管理创新和技术创新的有机结合为着力点,面向发展前沿,立足自主创新,坚持需求导向,务求实用高效,探索多层次、多类型的电子商务模式,走出一条有中国特色的电子商务发展道路。

目前我国电子商务市场已经渐渐走上健康发展的道路,并具有以下特点。

1. 互联网与传统产业融合酝酿新机遇

10 年前的电子商务还是以 IT 创业者为主角,以烧钱和炒作吸引眼球,进入 21 世纪后,经历了"寒流"后的反思和观念的调整,传统的商务已经开始熟练地把电子当做手段,形形色色的电子商务服务内容出现在人们的视野中,拉近了与百姓的距离。我国出现了亚洲最大的电子商务企业,涌现出一大批成功的网商。尤其是数量众多的中小企业紧紧抓住新的机遇,将高科技的电子技术与传统的经营融合在一起。从中可以清楚地看到,行业化、平民化的电子商务时代已经到来。

2. 电子商务已经成为不可或缺的生活内容

由于计算机教育的普及,与计算机的发展同步成长起来的年青一代逐渐成为电子商务实践的主力,我国网络用户中 18~24 岁的年轻人占据了 1/3 的比例,其中不少人具有网络消费的经历,是电子商务的积极参与者。更有许许多多的学生投身网络创业,开拓出丰富多彩的网络人生和就业道路,促进了具有中国特色、适合我国国情的电子商务供求市场蓬勃发展。

3. 新的技术平台引领电子商务追波逐浪

计算机与通信技术的结合,衍生出的种种软硬件设备,扩展了上网的形式。特别是无线通信技术的成熟,使手机用户已经超过5亿,移动商务的前景十分巨大。中国移动和中国联通都推出了自己的即时通信产品,并积极拓展自己的电子商务业务,加上数字电视带给互联网的机遇,传统的互联网由固网平台过渡到移动网络平台和数字电视网络平台。

4. 资本运作助力企业实现跨越发展

资本运作一直是贯穿整个中国互联网产业的主题。从阿里巴巴创造的神话看到了风险投资赢利的前景。越来越多的网商找到了赢利模式,电子商务让曾经踯躅不前的投资者看到了希望之光。

虽然目前电子商务在我国已开始形成热潮,但从整个社会来看,有两方面还显得有些不足:

一方面,基础工作还不够坚实。主要是企业信息化程度不高。无论是工业企业、商业企业还是外贸企业,使用计算机进行业务处理与信息管理以及开展网上业务,都没有达到应有的规模,企业信息化是开展电子商务的基础,企业没有实现经营业务处理的数字化,就不能保持电子商务发展的后劲。

另一方面,政府的工作准备还不够。有助于电子商务发展的法规和标准等环境问题,以及网络道德、商务诚信和网络安全等问题仍困扰着电子商务的健康发展。

7.1.2 电子商务市场的细分

市场细分指按照消费者的欲望与需求,把一个总体市场划分成若干个具有共同特征的子市场的过程。分属于同一细分市场的消费者,他们的需要和欲望相似;分属于不同细分市场的消费者,对同一产品的需要和欲望存在着明显差别。

1. 电子商务市场细分的一般原则

(1) 需求差异是市场细分的内在要求

市场细分是电子商务进入平稳增长期后的必然趋势,消费者需求的差异是市场细分的内在依据。消费者在享受电子商务带来的"便利"的同时,越发感到搜寻"适宜"目标的困难。电子商务要想进一步发展,就必须变得更加贴近消费者生活。消费者在需要亚马逊、阿里巴巴和淘宝等综合性电子商务模式的同时,也需要专业性和细分化的电子商务模式。这样,消费者既能享受在琳琅满目的商品中畅游的快感,又可以规避选择的困扰。所以,迈向成熟的电子商务市场需要"细分"。

(2) 市场竞争是市场细分的外在动力

很少有一个产品能够同时满足所有客户的需要。既然只能满足一部分客户,那么针对整个市场的营销就是一种浪费。在市场竞争中,一个企业不可能在营销全过程中都占绝对优势。

为了有效地进行竞争，企业必须评价、选择并集中力量用于最有效的市场，这便是市场细分的外在强制力。

(3) 通过对市场的细分明确企业的经营目标

市场细分对企业起着重要作用，首先是有利于选择目标市场和制定市场营销策略。市场细分后的子市场比较具体，容易了解消费者的需求，企业可以根据自己的经营思想、方针和营销力量，确定自己的服务对象，即目标市场。

其次是有利于发掘市场机会，开拓新市场。通过市场细分，企业可以对每一个细分市场的购买潜力、满足程度和竞争情况等进行分析对比，探索出有利于本企业的市场机会，使企业及时做出科学的营销决策，更好地适应市场需要。

再次是有利于发挥核心优势。通过细分市场，选择适合自己的目标市场，企业可以整合各种资源，使所推出的增值服务能够真正被目标客户所认同并接受。

(4) 市场细分化是经济发展的趋势

目前，许多电子商务企业不再单一地向所有客户群推销类同的商品，而是在专业领域内，针对一部分具有需求共性的消费群体，为其提供极具竞争力的商品和在此基础上的一体化的网上售后服务。可见，在网上购物需求渐已饱和、市场经营趋同的现状下，细分市场已经成为电子商务的必由之路。

2. 市场细分的趋势

当生产力水平提高，市场走出短缺经济后，消费者的个性选择就会加强，市场细分就成为消费者的期望和经营者竞争的手段。

(1) 传统的市场细分

传统市场细分的方法有很多种，最常见的是以商品的自然属性来划分，如划分为食品、服装、电器、家具和药品等。

除上述方法外，有时也按照其他因素划分市场，如按照地域划分为城市和农村市场；按照经营环节划分为批发和零售市场；按照业态划分为超市、百货和专卖店；甚至按照商品的品牌和档次都可以将市场细分化。

传统的市场细分有两个特征，一是根据产品的特点划分；二是站在经营者管理的角度上划分。

(2) 现代市场细分趋势

在"以人为本"思想的指导下和消费者个性需求的驱动下，以人的属性细分市场是今后发展的趋势和竞争的焦点。

我国传统营销市场上有过的人文划分市场并不多，保持下来的只有按照性别和年龄划分这两种。我国改革开放30多年来的事实造成了群体的分化和观念的多元化，为了满足不同群体和心理的消费者，人的属性还可以按照以下这些特征细分：

① 收入。如VIP、白领、工薪族、贫困者。

② 文化。如不同学历、文化甚至学校里的年级。
③ 爱好。如车友、旅友、影迷等。
④ 习俗。如消费习惯和生活规律。
⑤ 身体。如身材、皮肤、健康状况等。
⑥ 家庭。如丁克、三代、标准户等。
⑦ 职业。如社交活动者、技术人员、领导层等。
⑧ 工作。如倒班者、出差者等。
⑨ 居住。如楼房、平房、别墅及上班远近等。
⑩ 特殊。如残疾人、孕妇等。

也许上述的人文划分还不足以造成消费上的明显区别,商品和服务仍存在很多的重叠与交叉,但是可以预见,当人的个性化进一步释放和市场竞争充分体现时,也许商场上的规则就是"细节决定成败"。

这种人本主义对市场的要求是天然存在的,并不是电子商务的出现而被培养和萌发的。然而传统营销因受到物理空间的限制和成本的控制而不可能做到如此细分,但是在网络的虚拟空间上,实现这一切变得轻而易举,所缺少的只是人们敏感的嗅觉和独特的思维。

7.1.3 电子商务市场的类型

1. 专业型电子商务

专业型电子商务包括对现有专业市场的电子商务化改造和电子商务市场专业化划分。其中,对现有专业市场的改造占据专业型电子商务的绝大部分比重,因为电子商务本身就是传统商务的电子化改造。在信息经济下,传统意义上的商圈被打破,客户扩展到全国乃至全世界,促成了真正意义上的国际化市场的形成。

传统的专业市场供应链较短,主要依靠经营户个人的商业渠道来组织货源和联系客户,而不能与全国乃至国际厂商建立有效的供应链关系,因此限制了专业市场的商圈半径。

在专业型电子商务中,部分商品的流通不再按照原来的行业和产业方式进行,也不再遵循传统商业的购进、储存和运销的模式运转。经营者可以实现先销后购、零库存的业务经营,也可以以虚拟企业的形式存在,作为经营传统产业的专业市场必然受到这种新购销方式的影响。另外,具有节省交易成本功能的专业市场,在电子商务时代也会丧失它的优势。

专业市场集聚了大量某一类商品或若干类具有互补和互替关系的商品,这是其他商业形态所不能比拟的,但是仅仅靠产品的陈列来吸引客户和集散信息是不够的。如果能将专业市场与电子商务结合,就可以实现优势互补,从而发挥强大的市场效应。

实体市场是产品摆设、客户谈判、看样、商品交易和进行仓储的场所,虚拟市场是商品信息交流、信息搜索、市场网络联系、信息发布和在线交易等手段的集合。传统市场缺乏现代电子商务的手段,而网络交易市场又缺乏现实平台,所以只有两者结合才是最好的办法。专业市的电子商务化不仅能提高本身的经营管理能力,同时也没有失去它存在的价值,而且还能确保专业市场本身的服务质量。

2. 地域型电子商务

地域型电子商务就是利用地域优势,针对特定地域区间内的客户开展电子商务活动。一般认为网络就是要突破传统的地域束缚,充分发挥网络的超越时间和空间的优势来追求更大的客户群和利润空间。其实就中国的现状来说,人们在这一点上将网络的超越地域性夸大了。网络的确具有全球性的特点,但网络电子商务特别是中国现阶段的网络电子商务,在超越地域性方面所具备的条件要差很多,因此,就不能轻视或者无视电子商务地域划分的特点,一味地追求全国化和全球化。

事实上,中国现有的物流渠道和支付手段都严重阻碍了电子商务超越地域化发展,由此也给网民本不太信任的网上消费更增添了几许担心,消费者对距离的认识是很敏感的,毕竟舍近求远不是明智之举。对于电子商务厂商来说,同样也要注意地域划分,不能盲目地将自己的销售范围圈得过大,否则不仅不能使利润最大化,甚至有可能走入卖出东西但不挣钱的怪圈。

3. 个性化电子商务

互联网初期主要以提供大量信息和功能化产品为主,然而时至今日,为客户提供全方位的个性化服务则占据主导地位。电子商务需要个性化,以往那种千篇一律的电子商务模式和忽视客户需求差异性的服务已经不能适应时代的要求。

电子商务个性化的原因主要有三个方面:一是电子商务个性化是企业创造竞争优势的重要手段;二是消费者的需求个性化是企业电子商务个性化的推动力;三是电子商务个性化是电子商务自身发展的内在要求。

个性化推动了电子商务的发展,同时也使各种增值服务更具有竞争优势。如今,众多专业服务提供商都宣称"能提供个性化电子商务解决方案",而且一些开展了电子商务的企业也纷纷打出了个性化服务这张"王牌"。

个性化服务是实现商业利润的关键,是促进电子商务增值服务的驱动器。正因为个性化服务在改善顾客关系、培养顾客忠诚度以及增加网上销售方面具有明显的效果,所以一大批成熟企业已经在个性化服务的道路上迈出了脚步,个性化电子商务开辟了电子商务市场的一片新天地。

4. 比较搜索型电子商务

比较搜索型购物网站是一种专业化的垂直搜索引擎,其主要功能是通过对海量信息的采集整理,向消费者提供精准的商品和商家资讯,从而帮助他们在进行网上购物时省时、省钱,又省心。同时,比较搜索型购物为商家提供一个高效的网络营销平台,帮助商家以极低的推广成本获得大量针对性极高的目标用户。

比较搜索型购物不同于传统意义上的网上购物,其商业价值在于提供给消费者一个购物选择和指导，能够让消费者在购物时确保自己得到相对最好的价格和服务。目前，国内的比较搜索型购物网站在模式上与国外成熟的比较购物网站已经非常接近。

例如，家电、手机和计算机等商品，每个品牌的主流型号都罗列出数十个经销商，其信息内容丰富，数据容量可观。比较搜索型购物的模式对商家和消费者都具有极大的吸引力，它的兴起为茫茫网海建立了定位的"航标"，不仅优化了电子商务资源，也为网上消费者与电子商务网之间架起了直通道。

购物搜索引擎与一般网页搜索引擎的主要区别在于，它除了搜索产品和了解商品说明等基本信息之外，通常还可以进行商品价格比较，并且可以对产品和在线商店进行评级，这些评比结果指标对于用户的购买决策具有一定影响。

通过购物搜索引擎不仅增加了被用户发现的机会，如果在评比上有较好的排名，也有助于增加顾客的信任。当用户使用购物搜索引擎检索商品时，可以获得比较丰富的信息，用户还可以对产品进行评比，或者发表自己的意见，这对其他消费者制定商品购买决策具有较大的参考价值。同时也从另一个角度说明，网上商店利用购物搜索引擎进行推广可以增加被用户发现的机会，从而达到促销的目的，因而成为网上销售的一种常用促销手段。

7.2 电子商务经营理念的创新

7.2.1 经典营销理念的变化

美国密歇根大学教授络姆·麦卡锡在20世纪50年代末提出了有关营销的4P理论，即产品(Product)、价格(Price)、渠道(Place)和促销(Promotion)。

随着经济的发展和消费者地位的上升，4P已不能顺应时代的要求，为此4C理论应运而生，即消费者的需要及欲望(Consumer's Wants and Needs)、消费者获取满意的成本(Cost to Satisfy)、用户购买的方便性(Convenience to Buy)和与用户沟通(Communication)。

21世纪初美国学者舒尔兹还提出了包括市场反应(Reaction)、顾客关联(Relativity)、关系营销(Relationship)和利益回报(Retribution)的4R理论。随着以IT技术为代表的高科技产业迅速崛起，营销理念又有了新的阐述，即差异化(Variation)、功能化(Versatility)、附加价值(Value)和共鸣(Vibration)的4V营销组合理论。从4P到4C再到4R最后到4V(统称"4X")，代表了营销理论的发展和演变过程，它们都带有强烈的时代背景，也意味着企业所处的营销环境产生了巨大变革。

1. 从4P到4C的演变

以4P为基本框架的传统营销是一种由内向外的推动式营销。4P出现以后，曾经成为商业人士的经典理论。他们认为进入市场的公司只要明确目标客户，提供相应的产品，选择合适的营销方案，就能获得预期的利润。为了实现这个目标，可供选择的竞争手段就是4P，而且这四个方面都在企业控制范围内,所以有很好的可操作性。

然而,4P 的最大不足就是忽略了客户在企业成长中的重要性,它掩盖了消费大众的多样性,只适合用来销售大量制造的规模化产品。

4C 在对前者扬弃的基础上,将整个营销活动的重点目标置于现实消费者和潜在消费者身上。4C 理论的营销工具是营销过程中消费者和成本等基本因素的组合运用,它努力做到产品、服务及成本的和谐统一,拓展了原有的市场和营销的概念。

从 4P 到 4C 营销理念的演变具体表现在以下几方面。

(1) 产品从"物质"到理念的变化

传统意义上的产品多是一种物理的概念,即一个实实在在的东西。而在信息化社会中,产品的概念发生了变化,从"物质"的概念演变为一个综合服务和满足需求的概念。也就是说,企业售出的不光是一些物质型的产品,而是一种综合服务的理念。

例如,软件只是微软公司产品的一部分,通过软件产品,公司还售出了一系列的技术标准和公司的形象以及完善的售后服务体系等"无形"产品。再如,Office 的正式用户随时都可以反映或询问使用中的问题,并通过网络得到来自世界各地的解答。

(2) 产品生命周期的变化

产品的生命周期分为开发、引进、成长、饱和及衰退五个阶段,在这五个阶段中,厂家由于不直接接触消费者,所以很难把握新产品研制的正确投向。另外,在掌握产品的饱和期和衰退期时总会不可避免地发生滞后;而在新的环境下,产品生命周期的概念会逐步淡化。

由于生产者和消费者可以在网上建立直接的联系,所以满足大部分消费者的需求就是新产品开发的正确投向。从产品一投入市场,就知道了应改进和提高的方向。于是,当老产品还处在成长期时,企业就开始了下一代系列产品的研制。系列产品的推出取代了原有产品的饱和期和衰退期,使产品永远保持旺盛的生命力。

(3) 定价策略的变化

传统商品的定价策略基本上是按"生产成本+生产利润+销售利润+品牌系数"来确定的。在这种价格策略中,生产厂家对价格起着主导作用。这种价格策略能否被消费者和市场接受是一个具有很大风险的未知数。而新型的 4C 组合则相反,根据消费者和市场的需求来计算满足这种需求的产品和成本。由这种成本开发出来的产品和制定出来的产品价格,其风险相对较小。

(4) 地域观念的变化

在传统商业或营销策略中,企业不得不考虑营销渠道和地域的问题,因此一定会受到厂家所在地和目标市场所在地以及用什么样的渠道来售出产品的限制。而商家在制定营销策略时,也一定会受到所在地区的商业覆盖范围、收入和消费水平、特点和职业结构等限制。在现代营销策略中,企业和商业的营销过程没有了地域的概念,营销策略中要考虑的重要问题是如何在网络上用丰富的商品信息资源吸引用户,以及如何使开发出来的电子商务系统既安全又便于消费者使用。

从以上分析看出,4P 是站在企业的角度来看营销,它的出现一方面使市场营销理论有了体系感;另一方面使复杂的现象和理论简单化,从而促进了市场营销理论的普及和应用。而 4C 理论则以消费者为导向,4C 中的消费者、成本、便利和沟通直接影响了企业在终端的出货,决定了企业的未来,是站在消费者的角度来看营销。

2. 4R 理论的长处

具体包括:

① 以竞争为导向,在新的层次上概括了营销的新框架,根据市场不断成熟和竞争日趋激烈的形势,着眼于企业与顾客互动与双赢,不仅积极地适应顾客的需求,而且主动地创造需求,运用优化和系统的思想去整合营销,通过关联、关系和反应等形式与客户形成独特的关系,把企业与客户联系在一起,形成竞争优势。

② 体现并落实了关系营销的思想,要提高顾客的忠诚度,赢得长期而稳定的市场,通过关联、关系和反应,提出了如何建立关系、如何长期拥有客户和如何保证长期利益的具体操作方式,通过某些有效的方式在业务和需求等方面与顾客建立关联,形成一种互助、互求、互需的关系,把顾客与企业联系在一起,这样就大大减少了顾客流失的可能性。

③ 反应机制为互动与双赢以及建立关联提供了基础和保证,同时也延伸和升华了便利性。

④ 兼容了成本和双赢两方面的内容。追求回报,企业必须实施低成本战略,充分考虑顾客愿意付出的成本,实现成本的最小化,并在此基础上获得更多的顾客份额,形成规模效益。这样,企业为顾客提供价值和追求回报相辅相成,相互促进,客观上达到的是一种双赢的效果。

4R 营销理论同样重视消费者的需求,但它更多地强调以竞争为导向,因为处于激烈竞争环境下的企业,不仅要听取来自客户的声音,还要时刻提防身旁的竞争对手,要求企业在不断成熟的市场环境和日趋激烈的行业竞争中,冷静地分析企业自身在竞争中的优势和劣势,并采取相应的策略。4R 理论通过实行供应链管理的营销模式,采用整合营销,快速响应市场,实现企业营销个性化和优势化,在竞争中求发展。

从导向来看,4P 理论提出的是由上而下的运行原则,重视产品导向而非消费者导向,它宣传的是"消费者请注意";4C 理论以"请注意消费者"为座右铭,强调以消费者为导向。4R 也是以消费者为导向,"便利"与"节省","沟通"与"关联",虽然紧密相连,但 4R 较之 4C 更明确地立足于消费者,它宣传的是"请注意消费者和竞争对手"。

3. 4V 理论带来的新观念

在新经济时代,培育、保持和提高核心竞争力是企业经营管理活动的中心,也成为企业市场营销活动的着眼点。4V 理论正是在这种需求下应运而生的。

差异化营销是指企业凭借自身的技术优势和管理优势,生产出性能和质量优于市场现有水平的产品;或者在销售方面,通过有特色的宣传活动、灵活的推销手段和周到的售后服务,在消费者心目中树立起不同于一般的良好形象。差异化营销所追求的"差异"是在产品功能、质量、服务和营销等多方面的不可替代性,因此也可分为产品差异化、市场差异化和形象差异化三个方面。

功能化是指以产品的核心功能为基础,提供不同功能组合的系列化产品供给,如增加一些功能变成高档产品,或减掉一些功能变成中、低档产品,以满足不同客户的消费习惯和经济承受能力。其关键是要形成产品核心功能的超强生产能力,同时兼顾延伸功能与附加功能的发展需要,以功能组合的独特性来博取细分客户群的青睐。

附加价值是指除去产品本身之外的,包括品牌、文化、技术、营销和服务等因素所形成的价值。

共鸣是指企业为客户持续提供具有最大价值创新的产品和服务,使客户能够更多地体验到产品和服务的实际价值效用,最终在企业和客户之间产生利益与情感关联。共鸣强调的是企业的创新能力与客户所重视的价值联系起来,将营销理念直接定位于包括使用价值、服务价值、人文价值和形象价值等在内的客户整体价值最大化。

7.2.2 距离经济的理念

中国电子商务从盲目的实践阶段上升到一个理性的发展阶段,"距离经济理论"产生了一定的作用。这里所指的距离包含物理空间和虚拟空间的时间、空间、思维和交流等的差异。

1. 距离促进发展

人类从农业经济时代、工业经济时代,走到今天的信息经济时代。信息时代的显著特点是人们完全改变了工业经济时代的生产、经营和生活模式,大大缩短了人们在时间、空间、思维和交流等方面的距离。"短距离"的信息经济是对"长距离"的工业经济的扬弃和"背叛",是当今网络经济发展的理论依据。

2. 距离产生市场

一个企业在传统的经济模式下,"距离"是其商业经营的主要障碍,若网络经营者没有发现这种"距离"市场(如与其他企业经营思维的"距离"、信用"距离"和产品运输的距离等),并且不能很好地解决这些"距离",则这种电子商务就显得没有什么价值。

所以,电子商务的开展应从最适合网络经济特征的行业,即产生"距离"经济的市场开始;在没有条件时,有必要努力挖掘和创造一种新的"距离"市场。

3. 网络创造机会

网络的最终目的便是缩短"距离"。从工业经济时代过来的传统或新兴产业,若能利用网络特征与优势,完全解决传统工业经济模式下的"距离"问题,则就是找到了商机和赢利点;基于这一理论,许多有先见之明的企业将会努力挖掘出"距离"市场空白,寻找到适合网络经济发展的有效市场;基于这一理论,使人们可以有效地预测或评估一个网络或网站的经营状况和其存在的价值。

通过对距离经济理论的分析,可以得出一个结论:距离经济理论是网络经济时代的经济规律,"距离经济"即是需求分析。遵循这个规律,能够使人们认真地去寻找"距离"市场,使人们努力去创造"距离"市场,只有这样,网络经济才能为人类带来巨大的效益和价值。

7.2.3 长尾效应

"长尾"是统计学中分布特征的一个口语化表达。美国学者克里斯·安德森首次探讨了"长尾"问题:商业的未来不在热门产品,而在于过去被视为"失败者"的那些产品一条无穷长的"尾巴"。

1. 传统营销的"二八定律"

传统营销的"二八定律"也叫巴莱多定律,是19世纪末20世纪初意大利经济学家巴莱多发明的。他认为,在任何一组东西中,最重要的只占其中一小部分,约20%,其余80%的尽管是多数,却是次要的。19世纪以来,"二八定律"一直是商业中的黄金法则,如20%的客户带来80%的销售额,20%的产品创造80%的利润等。

2. 长尾效应的产生

21世纪后,全球的主要市场均进入了丰饶经济,一方面,商品供应极大丰富;另一方面,人们对消费的需求也产生了多样性的变化。在商品需求曲线上,高峰后的数据不会迅速下降到零,反而会拖着一条长长的尾巴。各种商品的种类之多,超乎人们的想象,而这些商品又都能以合乎经济效益的方式满足消费者,因此,一旦这些商品结合在一起,同样会创造出非常庞大的市场。

长尾理论认为,只要存储和流通的渠道足够大,那些需求不旺或销量不佳产品所共同占据的市场份额就可以和那些数量不多的热卖品所占据的市场份额相匹敌甚至更大。

3. 长尾理论的意义

长尾理论向"二八定律"发起了全面挑战。

有时候人们可能轻易忽略一些很小的订单,感觉没什么利润,其实有些时候,这些订单往往潜藏着巨大的商机。长尾理论教会人们,应该抓住更多非主流产品的销售,不以善小而不为,才能赢得更广阔的市场。

据统计,亚马逊有超过一半的销售量都来自排行榜上位于13万名开外的图书;美国最大的在线DVD影碟租赁商Netflix公司有1/5的出租量来自其排行榜3000名以外的内容;而在线音乐零售商Rhapsody排行榜1万名以外的曲目下载数量甚至超过了排行榜前1万名的曲目。

1980年,托夫勒在《第三次浪潮》中预言"不再有大规模生产,不再有大众消费,不再有大众娱乐"。取而代之的是个性化的生产、创造和消费。如今,这个预言已经变成现实。

一种商品卖天下的盛况已经成为过去,继之而起的是一个多重选择的市场。以往人们在购物时必须精打细算,只买主流的商品。当回顾过去的年代时会发现,那个时候由于各种限制而只能生产少数的几种商品,这仅有的几种商品限制了人们的选择。在商品供应匮乏的时代,人们并不是没有这些多样化和个性化的需求,而是受当时产品所限,使得这些需求被掩盖了。但是随着生活的日益富裕,市场上有数以千计的产品可供挑选,人们可以尽情挑选最符合自己口味的产品。

7.2.4 精准营销

1. 精准营销的表述

精准营销就是在精准定位的基础上,依托现代信息技术手段建立个性化的顾客沟通服务体系,以实现企业可度量的低成本扩张之路。

精准营销有三个层面的含义:

第一,精准的营销思想。营销的终极追求就是无营销的营销,到达终极思想的过渡就是逐步精准。

第二,实施精准的体系保证和手段,而这种手段是可衡量的。

第三,达到低成本可持续发展的企业目标。

精准营销就是通过现代信息技术手段实现的个性化营销活动,通过市场定量分析的手段和个性化沟通技术等实现企业对效益最大化的追求。

精准营销与以前的营销模式和理论的区别主要有以下几点:

① 理念创新。关心客户的长久利益和终身价值。

② 技术创新。将传统定性的营销转变成定量营销。

③ 理论创新。个性沟通及新型顾客增值理论。

(1) 关心客户的长久利益和终身价值

进入 21 世纪,电子商务已成为众多企业之间、企业与消费者之间进行信息沟通和贸易活动的重要形式,与消费者生活的关系也越来越密切。这种发展态势已经对企业的经营理念和营销方式构成了强大冲击,精准营销真正贯彻了消费者导向的基本原则,通过个性化的沟通技术实现顾客的个性需求、个性服务和个性关怀。

这些个性化的服务比较准确地了解和掌握顾客的需求和欲望,实现与消费者的长期沟通,挖掘客户的长久价值以至终身价值。

(2) 传统定性的营销转变成定量营销

以前的营销理论和实践是一种定性的科学,从 4P 到 4C 都是一种定性理论,通过它们实现服务的细分。精准营销通过现代数据库技术和现代沟通技术实现了对目标人群的精准定位,实现了对营销过程的定量跟踪,实现了对营销结果的定量预测,所以精准营销的一大贡献就是使营销理论从定性跃升到一个定量的高峰。

(3) 个性沟通及新型顾客增值理论

精准营销借助现代网络和通信技术,采取"一对一"的沟通模式,在客户的沟通联系上实现了最短的直线距离传播方式。"让客价值"是指顾客总价值与顾客总成本之间的差额。其中顾客总价值是指顾客购买某一产品或服务所期望获得的一组利益,包括产品价值、服务价值和形象价值等。顾客总成本是指顾客为购买某一产品或服务所支付的货币及所耗费的时间和精力等,包括货币成本、时间成本及精力成本等。

由于顾客在购买时总希望把有关成本降至最低,同时又希望从中获得更多的实际利益,因此,总是倾向于选择"让客价值"最大的方式。企业为了在竞争中战胜对手,吸引更多的潜在顾客,就必须向顾客提供比竞争对手更多的"让客价值"。

2. 精准营销的作用

精准营销首先提高了顾客的总价值。在"一对一"营销观念的指导下,产品设计充分考虑了消费者需求的个性特征,增强了产品价值的适应性,从而为顾客创造了更大的产品价值。在提供优质产品的同时,精准营销更注重服务价值的创造,努力向消费者提供周密完善的销售服务,方便顾客购买。

另外,精准营销通过一系列的营销活动,努力提升自身形象,培养消费者对企业的偏好与忠诚。精准营销降低了顾客总成本,消费者购买商品时不仅要考虑商品的价格,还必须了解有关商品的确切信息,并对商品各方面进行比较,同时还需要考虑购物环境是否方便等。所以,企业既要考虑商品价格的制定能否被消费者接受,更要考虑消费者在价格以外将要支出的时间和精力即交易费用,其大小直接制约着交易达成的可能性,从而影响企业的营销效果。因此降低交易费用便成为营销方式变革的关键动因。

3. 精准营销的关注点

(1) 关心客户细分和客户价值

精准营销强调企业对与客户之间"关系"的管理,而不是对客户基础信息的管理。应关心客户"关系"存在的生命周期。客户生命周期包括客户理解、客户分类、客户定制、客户交流、客户获取和客户保留等几个阶段。以前的大多数营销理论和实践往往集中在如何吸引新的客户,而不是客户保留方面;强调创造交易,而不是关系。

(2) 精准营销关心客户忠诚度

客户保留最有效的方式是提高客户对企业的忠诚度。客户忠诚是客户对企业的感知、态度和行为。它驱使客户与企业保持长久的合作关系而不会使他们流失到其他竞争者那里,即使企业出现短暂的价格上涨和服务上的过失,也不会流失客户。

客户忠诚来源于企业能够提供满足并超越客户期望的能力,这种能力使客户对企业产生持续的满意感。所以,理解并有效捕获到客户期望是实现客户忠诚的根本。

(3) 精准营销着重于客户增值和裂变

把物理学的链式反应引入对精准营销的研究中。精准营销中,在客户保留方面的价值更重要的是客户增值管理,精准营销形成链式反应的条件是对客户关系的维护达到形成链式反应的临界点。这种不断进行的裂变反应使得企业的低成本扩张成为可能,精准营销的思想和体系也使顾客增值这种"链式反应"不断地进行下去,并且规模越来越大,反应越来越剧烈。

7.3 电子商务经营战略的选择

7.3.1 多元化经营战略

多元化经营战略是指企业同时经营两个以上行业,提供多种基本经济用途不同的产品或服务进入不同市场的企业经营战略,它是企业发展到一定阶段,为寻求长远发展而采取的一种扩张行为。

1. 多元化经营战略的优势

表现在:

① 可使企业获得更多的市场机会,充分运用企业的各种资源实现多种业务整合,充实系列产品结构或丰富产品组合结构。

② 经营比较灵活,能迅速从不良业务中退出,从而有效规避、分散或减少"过度专业化"的风险。

③ 能充分利用品牌效应、员工潜能、营销渠道,以及管理经验和物质资源,为市场提供多样化的产品或服务。

多元化经营战略在增强企业实力、分散经营风险、发挥资源潜力和树立企业形象等方面具有十分重要的作用。在国外,美国的杜邦、通用电气、菲利普·莫里斯,日本的三菱,韩国的LG等一批企业通过实施多元化战略取得了较大的经营业绩。近年来,我国的海尔、康佳、春兰、红塔等企业在开展多元化经营方面也获得了一定成功。

2. 多元化经营战略的弊端

表现在:

① 管理难度增大。尤其是当企业进入到与原来业务相关度不高的新领域时,企业原有的管理理念、模式和经验可能造成组织结构不稳定,增大经营失控的风险。

② 资源分散。企业资源被分摊到多项业务中,一方面可能会导致原有核心竞争力的丧失,而其他核心竞争力又难以培育起来;另一方面可能陷入资源短缺、资金周转不灵的境地。韩国的大宇、日本的索尼、我国的巨人集团和春都企业都是因此而出现了问题。

③ 影响企业形象系统(CIS,Corporate Identity System)策略的有效实施。实施多元化经

营的企业多是其主业业绩好的知名企业,采用多元化经营后,多产品对企业原有品牌价值的分享可能会影响企业主业所创立的品牌基础。

7.3.2 专业化经营战略

专业化经营战略是指企业通过从事符合自身资源条件与能力的某一领域的生产经营业务来谋求其不断发展。

1. 专业化经营战略的优势

表现在:
① 企业可集中各种资源优势于最熟悉的业务领域,从而开发培育出具有竞争力的产品。
② 便于企业整合战略的运作,实现规模化生产,取得行业内的成本优势。
③ 有利于CIS战略的贯彻实施,使企业品牌与产品有机融合。

从竞争的角度看,企业业务的专业化能够以更高的效率和更好的效果为某一狭窄的战略对象服务,从而在较广阔的竞争范围内超过对手。

2. 专业化经营战略的弊端

表现在:
① 由于企业业务集中于某一领域,因此,可能失去其他一些市场机会。
② 这一战略的关键是要在一个细分市场寻找特殊目标,通过为这一特殊目标服务而在市场上占据一席之地,由于市场竞争程度的日趋激烈,对许多企业来说很难找到或创造出一个能够长期运用专业化经营战略的核心产品。
③ 专业化容易形成当发生经营危机时企业难以退出,从而陷入"过度专业化"的危机。
④ 由于经营领域较集中,一方面企业的某些技术或资源优势可能得不到充分发挥;另一方面也容易使企业陷入故步自封的境地,钝化其对市场变化的反应。

7.3.3 丰富多彩的新战略模式

电子商务市场百花齐放,正在衍生着丰富的业态,巨大的发展前景不仅快速催生出更多的网店经营者,而且不断寻求新颖的电子商务模式也能让电子商务在互联网上永葆青春。

1. 社区电子商务

社区化电子商务模式主要是以社区发展为重心,以人为本,充分挖掘信息,提供关系性服务,更好地促进社交活动。通过社区化的发展与完善,寻求电子商务赢利模式。这种模式的价值在于其强大的黏性和一定规模后的价值指数增长。

社区电子商务的优势有以下几点:
① 强大的用户群体与高度的信任和信用度,具有信用约束。
② 通过社区化内容,能够更好地进行信息挖掘、整合与创新,有利于电子商务模式的

完善。

③ 消费能力强大,成功的运营模式将使企业具有相当可观的赢利。

2. 电子服务

随着网络交互性越来越重要,电子服务成为新的制胜点。

网络服务交易与网络购物最本质的区别就在于它所交易的物品是看不见、摸不着的服务商品,如淘宝的产品代购就是卖服务的一种体现,而且呈现着越来越受欢迎的趋势。

以前,这些服务都是通过传统的中介机构来实现交换,而网络服务交易就是将这种中介机构网络化、平台化。目前很多网站越来越重视服务,用户群体也更加需要服务。网上的转移成本是较小的,一旦发现更好的服务,便会很容易发生转移。长久地吸引新顾客和保持顾客忠诚度的关键就是要做好服务。

3. C2C2B

C2C2B是一类新型电子商务模式的网站,其创新性在于:它为所有的消费者提供了新的电子交易规则。在这种模式下,不仅消费者可以推荐消费者,还可以推荐企业商家,建立自己的销售联盟和消费者联盟。它改变了人们的生活方式和消费观念,使人们可以更加自由、更加有效地支配自己的时间。它把消费者放在核心地位,让消费者与消费者结合,让消费者与企业结合,使电子商务变得更加有活力,发挥群体的智慧。这种模式的一个显著特点和必要点就是重视服务,符合了电子商务电子服务化的大趋势。

4. 移动电子商务

移动电子商务是指通过手机或MID等移动手持终端从事的商务活动。目前,移动电子商务最主要的实现方式是短信、手机上网和无线射频技术。

工业和信息化部副部长奚国华说:"今后的网络将是移动和互联网的天下。"

移动电子商务的特性对用户诉求的响应主要包括以下几个方面:

① 即时性。移动电子商务尤其适用于瞬息万变的商务活动与商业交易。

② 移动性。商务活动不受空间限制。

③ 便利性。可简化商业交易过程,如在超市、加油站和公交系统的手机支付。

④ 私人性。可承担更多私人身份类业务,如手机银行和手机登机牌等。

我国移动用户的数量是全球第一,拥有很多新商业机会。当用户基数达到一个异常庞大的水准后,它所产生的衍生效益或许超乎人们的想象。

移动电子商务的发展已经开始崭露头角,目前C2C领域的老大——淘宝网也开始布局无线领域,推出了手机版的淘宝,而以前已知的电子钱包、电子银行、电子支付和电子客票等无不是移动电子商务的一些极好的应用。随着3G技术的普及,手机上网用户数将继续呈现高速上升的势头,无线市场的商业价值将被迅速挖掘出来,成为快速发展的一个新领域。

5. Web 2.0 与电子商务的结合

随着 Web 2.0 在互联网上的蓬勃发展，使广大网民切切实实地感受到了自身的影响力，解放了个人的创新与贡献潜能，使得互联网的创造力上升到新的量级；同时，也使网络从以门户、社区、搜索这些"集约型服务"为中心，转移到以独立自我为中心，围绕独立个体的需求来开发技术、设计新的服务与商业模式。大量中小企业独立、自主地参与电子商务，才将是电子商务产业能量真正爆发的时刻。

7.4 电子商务经营项目的选择

选择什么经营项目，与经营成功与否具有密切关系，需要进行充分的市场调研和科学的分析，综合考虑持续发展的可能。

7.4.1 根据网络展示的特点选择

电子商务是在虚拟空间中进行交易，从这个特点出发，经营的项目可以考虑如下。

1. 纯信息类的产品

凡是能数字化的产品都可以直接用网络传递，最大限度地发挥网络功能。具有这种性质的项目大体有两种：一种是将以前有形的媒介电子化，于是就有了电子版的书、报、音像、票证和信息存储等；另一种是各种有偿的信息服务，如文献检索、资质查询、竞价排名、铃声下载、链接和广告等。

受到产品自身属性和科技水平的限制，能数字化的产品毕竟是有限的。

2. 标准化程度高的产品

标准化程度高的产品的最大特点是个体之间的差异小，不需要比较和区分，如书籍文具和机械配件等，以及几乎包括了所有工业化批量生产的日用品，这些产品的消费需求大，但是附加价值和利润都不高。

3. 科技含量高的产品

科技含量高的产品指的是不能或不便于在现场直观测试和检查的产品，如电子配件和数码产品等，一般用人工不能分辨挑选，其性能和质量是通过文字说明表示的，此种产品通过传统现场营销和在网络上营销几乎没有区别。

4. 能用多媒体充分展示的产品

有些产品尽管个体差异大、挑选性强，但可以通过多媒体软硬件全面展示，甚至可以演示肉眼不及的部分，这样的产品也同样可以在网络上经营。例如款式和尺寸复杂的服装，可以在网页上的试衣间输入自己的身材和肤色数据，以展示穿着效果，提高销售的针对性，扩大经营范围。

5．礼品和集团办公用品

类似这样的产品有很多,其主要特征是购买者并不是直接消费者,因而购买者往往更关心产品的价值而不是使用价值,一般不在乎适用性和个人感觉,往往比较容易在网上成交。

7.4.2 根据市场的需求变化选择

市场是不断变化和发展的,根据市场的情况来选择经营项目可以考虑如下。

1．与经济发展同步

人的生活需求分为不同层次,在从温饱向小康发展的过程中,对商品的要求越来越复杂。市场是经济发展和人们生活水平的直接反映,就像收藏、健身和宠物等市场的巨大需求,必须是基本生存需求得到满足以后才逐步出现的,因此电子商务不能不关注经济发展给市场带来的变化。

2．满足消费心理需求

社会的分化促使产生了不同的消费层次,处于不同阶层的人自然有着不同的需求,同时由于生活环境、成长经历、教育程度和生活圈子的差异,也使消费者具有不同的生活习惯,因此,即使是日用所必需的消费品,人们也会有尝新、追随、观望和保守等不同的购买习惯,和这些心理与时俱进的是营销的机会。

3．发挥品牌效应

当电子商务还没有成为消费主流的时候,消费者面对虚拟网络是有风险意识的,因此,商家利用已经在社会上具有知名度的品牌是规避风险、赢得信任和扩大市场的方法之一。品牌的利用有很多具体做法,比如经营品牌商品或利用品牌平台等。要想在市场上长久占据有利地位,最终目标还是建立自己的品牌。

4．与竞争者错位经营

经营者都知道"人无我有,人有我优,人优我廉"的道理,其中就包含了要与竞争者错位经营的思想,实际上,"扎堆"和"错位"都有存在的道理和成功的机会,不过在网络上对市场分解以及对商品或服务项目进行组合则来得更容易,可以利用这个特点寻找更多的错位方式,从而达到"独此一家"的最理想的目标。

7.4.3 根据自身条件的优势选择

每个经营者自身的条件都是不一样的,选择项目时可以从以下几方面考虑。

1．选择自己最熟悉的项目

从自己熟悉的项目做起是避免盲目性的基本考虑,然后在经营过程中收集信息、积累经验、观察市场,逐步扩大范围。

2. 利用渠道和价格的优势

如果能将原有的经营资源移植到网上营销,那么在起点上就比从零开始领先了一步。能够利用得天独厚的供销渠道和别人不能获得的价格优势也是抢先获利的有利条件。

3. 资源的保证能力

电子商务目前是朝阳产业,在争"鲜"的同时,也必须考虑可持续发展的能力,避免急功近利。要考虑财力资源和人力资源等能够持续供给,以满足中、长期的发展。不同的电子商务模式能够有利可图的生命周期并不相同,有些电子商务模式的生命周期仅仅只有几天到几个星期。在竞争和模仿的压力下,原先相当新颖独特的电子商务模式将会变得极其平庸,尤其是那些通过网上模式创新的品牌产品,其利润很快会被挤干。因此,在策划新型电子商务模式时一定要考虑该模式的后续发展。

7.4.4 创新是电子商务的生命力

与传统营销相比,电子商务发展的潜力和空间很大,对这点要充分认识。

1. 开拓市场的勇气

大家都认同的机会必然有竞争最激励的场面,大家望而却步的市场往往给那些勇于挑战的人留出空隙,当你确信自己具有挑战的性格和已做好挑战的准备时,大胆创新并持之以恒就有可能成为新潮流的领导者。

2. 培育市场的耐心

市场开发需要的是勇气,但市场的成熟需要的是耐心的培育,环境需要不断创造,消费者也需要不断引导,这个过程要经历几个阶段,而不是经营者主观意志能够完全掌握的,因此不能一蹴而就和急于求成。

3. 经历挫折的准备

创新伴随着风险,发展的结果都有成功和失败两种可能,不成功的可能是多数。为谨慎经营,创新需要有风险防范的方案,也要有失败的准备,包括心理承受的准备,也包括具体的善后处理办法。创新是民族的灵魂,也是电子商务独特的魅力,电子商务创新往往是首先用新的内容吸引,然后用优质的服务保持。

7.5 电子商务客户的管理

经济发展和科技进步使生产力不断提高,产品越来越丰富;但是市场需求总量的大小是相对稳定的,这使得对客户的争夺比商品开发更艰巨,竞争更激烈。

7.5.1 电子商务时代客户关系管理的特点

在传统条件下实现客户关系管理有较大局限性,主要表现在客户信息的分散性以及企业内部各部门业务运作的独立性。电子商务环境下的客户关系管理是在传统商务环境下客户关系管理的基础上,以信息技术和网络技术为平台的一种新兴客户管理理念与模式,是一个完整的收集、分析、开发和利用各种客户资源的系统。

电子商务时代客户关系管理的主要特点如下。

1. 高效的信息沟通

互联网及时的沟通方式,可以有效支持客户随时、准确地访问企业信息。客户只要进入企业网站,就能了解各种产品和服务信息,寻找决策依据及满足需求的可行途径。同时营销人员借助先进的信息技术,可以及时、全面地把握企业的运行状况及变化趋势,以便根据客户的需要提供更为有效的信息,改善信息沟通效果。

2. 较低的客户关系管理成本

在电子商务模式下,任何组织或个人都能以低廉的费用从网上获取所需要的信息。在这样的条件下,客户关系管理系统不仅是企业的必然选择,也是广大在线客户的要求。因此,在充分沟通的基础上,相互了解对方的价值追求和利益所在,以寻找双方最佳的合作方式,无论对企业还是在线客户来说,都有着极大的吸引力。

3. 集成的解决方案

在电子商务模式下,企业内部的信息处理是高度集成的,为了使企业业务的运作保持协调一致,需要建立集成的解决方案。该方案使后台应用系统与电子商务的运作策略相互协调,使原来分散的各种客户数据形成正确、完整、统一的客户信息为各部门所共享,客户能够通过电话、传真、Web 和 E-mail 等渠道与公司联系并获得快速响应,客户与企业的任何一个部门打交道都能得到一致的信息。

4. 满足客户的个性需求

客户与公司交往的各种信息都能从客户数据库中得到体现,因此能够最大限度地满足客户个性化的需求;公司可以准确判断客户的需求特性,以便有的放矢地开展客户服务,提高客户忠诚度。

7.5.2 客户关系管理带给企业的利益

1. 降低成本并增加收入

在降低成本方面,客户关系管理使销售和营销过程自动化,大大降低了销售费用和营销费用。并且,由于客户关系管理使企业与客户产生高度互动,从而帮助企业实现更准确的客户定位,可以使企业留住老客户,也可以使获得新客户的成本显著下降。在增加收入方面,由于在客户关系管理过程中掌握了大量客户信息,所以可以通过数据挖掘技术来发现客户的潜在需求,实现交叉销售,从而带来额外的新收入来源。并且,由于采用了客户关系管理,所以可以更加密切与客户的关系,还可能增加订单的数量和频率,减少客户流失。

2. 提高业务运作效率

由于信息技术的应用,实现了企业内部的信息共享,使业务流程处理的自动化程度大大提高,从而大大缩短业务处理的时间,员工的工作也得到简化,企业内外的各项业务得到有效运转,同时也保证了客户以最短的时间和最快的速度得到满意的服务。所以,实施客户关系管理可以节省企业产品生产销售的周期,降低原材料和产品的库存,对提高企业的经济效益大有帮助。

3. 保留客户并提高客户忠诚度

客户可以通过多种形式与企业进行交流和业务往来,企业的客户数据库可以记录分析客户的各种个性化需求,向每一位客户提供"一对一"的产品和服务。而且企业可以根据客户的不同交易记录提供不同层次的优惠措施,鼓励客户长期与企业开展业务。

4. 有助于拓展市场

客户关系管理系统具有对市场活动和销售活动的预测及分析能力,能够从不同角度提供有关产品和服务的成本和利润数据,并根据市场需求趋势的变化,对客户分布做出科学的预测,以便更好地把握市场机会。

5. 挖掘客户的潜在价值

每一个企业都有一定数量的客户群,如果能对客户的深层次需求进行研究,则可带来更多的商业机会。在客户关系管理过程中产生了大量有用的客户数据,只要加以深入利用即可发现很多客户的潜在需求。

7.5.3 电子商务发展中客户关系管理的实施要点

1. 提高认识、统一思想

客户关系管理不仅需要企业高层领导的支持和推动,也需要提高员工对客户关系管理重要性的认识,要让员工充分认识到客户是企业最宝贵的财富,没有满意的客户就不可能有员工的前途;同时客户的满意度与忠诚度需要靠每一位员工积极、努力地去精心培育,客户关系管理需要充分发挥每一位员工的自觉性,只有这样才能保证客户关系管理真正落到实处。

2. 组建项目实施团队

客户关系管理系统的实施必须由专门的团队来具体组织领导,这一团队的成员既要包括公司的主要领导,以及企业内部信息技术、营销、销售、客户支持、财务和生产研发等各部门的代表,还必须要有外部的顾问人员参与,如果有条件还应邀请客户代表参与到项目中来。在进行项目的业务需求分析时,从客户和企业相关部门的角度出发,分析他们对客户关系管理系统的实际需求,可以大大提高系统的有效性。因此,对客户关系管理系统进行业务需求分析是整个项目实施过程中的重要环节。

3. 利用网络特有的功能

电子商务离不开互联网,正是由于电子商务网站提供了企业与客户(包括潜在客户)之间新的沟通渠道和沟通方式,才使电子商务具有如此旺盛而鲜活的生命力。

为了与客户沟通,在电子商务中可采取的措施有以下几种。

(1) 电子邮件链接

电子邮件链接便于客户与网站管理者通过邮件联系。可以邮寄目录,或者请客户签署邮寄单。应该让所有在邮寄单上的人及时了解所提供的最新产品。为了将客户信息放在邮寄单上,可在做第一次交易时询问客户的电子邮件地址,可以提供给他们两种选择:一种是明确列在邮寄单上;另一种是不明确列出。企业一旦有了地址,并勾画出客户的购买行为,就可以传送适当的信息了。信息发出后不久就会接收到顾客反馈的信息。

(2) 建立网络社区

建立网络社区的目的是培养稳定的客户群。社区建立的原则是基于基本的心理学常识:人类不喜欢改变传统,不喜欢陌生的选择。因此,当他们寻求某种目标时,就会融入到一个团体中去。创造一种环境,供客户在网上公开发表意见,使他们感觉自己成为一个强势集团的成员,这也是稳定客户的有效方法。

(3) 建立客户购物专区

建立客户购物专区,存放每一位客户的购物信息,以便于客户跟踪和查询订单的执行。与顾客进行成功互动的一个先决条件是:需要向客户提供其购物全过程的全面情况,以推动他们的购买决策。

应当非常明确地告知客户何时预订,一旦预订了商品,就要告知其价格。这种说明应该包括购买前、购买中和购买后。这样,可提高购物过程的透明度。

无论产品多么好,无论品牌多么有名,要想保持对竞争对手的优势,吸引一批又一批的回头客,做好客户服务是唯一的选择。实际上任何产品和服务,从生产到会计核算,都有可能成为商品,每一位竞争者都希望自己在各方面都做得很好,尽量消除缺陷。如果企业想从竞争中胜出,那么,可以使企业保持持续优势的重要一点就是优秀的客户服务。

许多企业客户关系管理的实践表明:在电子商务发展时代,有效实施客户关系管理是企业保持旺盛生命力的强劲动力,只有客户关系管理得成功,才有电子商务的成功,也才能使企业持续、快速、健康地发展。

7.5.4 电子商务环境下客户关系管理的流程

电子商务的迅速发展给企业的客户关系管理带来了无限的发展空间,企业可以在可承受的成本范围内管理更多的客户资源,实现更高的客户满意度。客户关系管理包括客户的充分吸引、客户的数据分析、客户的反馈处理以及客户的忠诚强化。

1. 客户的充分吸引

过去通过大众媒体进行的广告促销,只要能保持在电视和报纸上经常曝光就可以树立品牌形象,就有可能成为畅销商品,而不必考虑每位客户的专门需要。

但是随着社会的发展,人们面临着信息爆炸和网络社会,面临着那些热衷于电子游戏和网上交友的十八岁青少年成长为消费主体的时候,他们获得信息的渠道自然包括了网络、无线通信和数码影像等。要想适应这样的消费者,并在竞争中保持优势,就必须利用电子商务系统来对传统的渠道和促销进行"充电",双管齐下,以便尽可能吸引更多客户对公司的产品或服务进行尝试,开拓更大的市场空间。

2. 客户的数据分析

当客户在你的吸引下跨出了勇敢的第一步时,事情才刚刚开始。由于有了电子商务系统,所以可以轻松地知道客户的一些消费资料或者个人资料,在现今社会,这些资料对于企业来说是一种稀缺资源,所以一定要好好利用。

企业的资源有限,如果企业与任意一位客户都进行电子商务活动,那么在时间、人力和硬件条件上都是不可能的。从著名的客户"8/2/2法则"可以得出:在顶部的20%的客户创造了企业80%的利润,而这些利润的一半让最底部的20%不赢利的客户丧失掉了。因此,企业可以通过对客户数据的分析,找出哪些对企业来说是重要的客户,哪些是需要争取的客户,哪些是可有可无的客户,然后进行有针对性的管理,使企业获得尽量多的利润。

3. 客户的反馈处理

客户的反馈可以有多种方式,比如电话投诉或口头抱怨等,企业可以利用电子商务系统对客户的反馈进行综合处理,找出其中有价值的信息。客户的意见是企业前进的动力,很多创新都是来源于客户的抱怨,处理好客户的反馈是使客户满意的一个很重要的因素,积极与企业沟通的客户是企业需要争取的客户,也是最有价值的客户。

企业应该充分利用电子商务这一平台,建立一套成熟的客户反馈处理机制,这样不但能使客户自由而方便地反馈他们的意见,而且通过这一系统可以迅速对客户的反馈进行分析和处理,并且能使整个公司即时共享这一信息。

4. 客户的忠诚强化

客户关系管理的目标就是要形成客户的忠诚,只有忠诚的客户才是企业长期利润的来源。客户的忠诚可以分为行为忠诚和心理忠诚。而心理忠诚也不是都在一个级别上,它也有强弱之分。企业的目标就是让客户从满意到忠诚,并且程度越来越深。越是忠诚的客户,对企业的贡献就越大。

所以,客户的忠诚是需要维护和强化的,电子商务的发展为企业提供了与更多客户沟通的技术,使企业可以通过很多虚拟的工具与客户进行有效和充分的沟通,企业应关注和关心忠诚的客户,及时挖掘他们的潜在需求,使他们不断地感到满意,实现对企业始终的忠诚。企业千万不要以为从满意到忠诚后就可以放松对这些客户的投入,客户关系管理是一个连续的、长期的、循环的过程,千万不要急功近利,否则就会前功尽弃,被客户所抛弃。

实验七 客户满意就是我最大的心愿

【实验目的】

通过本次实验使学生真正了解客户服务的内涵和在现实生活中的重要性,掌握客户服务过程中的方法和技巧,学会在现实客户服务中因人而异灵活服务客户的理论。

【实验要求】

1. 了解客户服务的过程。
2. 熟悉客户服务的概念。
3. 学会处理某一件事的方法和技巧。

【实验内容及操作步骤】

[操作一]销售客户服务

1. 情境描述

在某一海参专卖店(简称"仰世"),看到一位面带微笑的销售员正在向一位老人介绍海参,可那位老人似乎并没有被销售员的详细介绍所打动。老人说,他刚才在某个海参店也看了许多海参,从外观上看没有什么区别,"仰世"店里的其中一种海参稍贵了一点,不知道是不是因为质量的原因。听了老人的话,"仰世"海参专卖店的那位销售员笑了,她依旧不急不躁地说,买东西一定要货比三家,以质论价,尤其是买海参;买海参不能只看外表,比如说产地和干湿程度等,都会影响到海参的价格,而"仰世"海参向来是以质量作保障。说完,这位销售员顺手从柜子里拿出了一把锤子,只见她又拿起一个海参放在一块木板上,猛地一锤子砸下去,只听啪的一声脆响,海参断成了两截。拿起断开的海参,她走到那位老人跟前说,"大爷,您看这断面多光滑,肉多厚啊!这就是'仰世'的海参!"老人接过断成两截的海参说,"孩子,这你就不懂了吧,这不是肉,是胶质蛋白,你那一锤子砸下去的时候我就听到了,这海参确实够干,不含水分,给我称二斤。"此时,"仰世"海参专卖店的这位销售员并没有急于去给客户称海参,而是开始从盛满海参的容器里一个一个地挑选起海参来。一边挑选一边给老人介绍什么样的海参没有沙,营养价值更高。足足挑选了十几分钟,才为老人选出了两斤海参。送老人出门时,销售员随手拿出一瓶矿泉水递给了老人,"大爷,天热您多喝点水,回去后海参发不好再给我打电话啊。"

2. 问　题

(1) 刚才销售员为什么要砸海参?

(2) 换位思考:如果是自己去买海参,你希望销售员怎样接待你?

(3) 换位思考:如果你是销售员,应该怎样对待客户?

3. 实　验

每6个人一组,分别扮演销售员和客户,重演以上情景。

[操作二]客户服务管理

1. 情境描述

某饭店是一家接待商务客人的饭店,最近一些老客户反映,饭店客房里的茶叶缸由于新改装的茶叶袋比较大,茶叶缸的盖子盖不住。客房部经理查房时也发现了这个问题,并通报了采购部经理。但是过了三个月,问题仍没解决。饭店经理知道了此事,他找来客房部经理和采购部经理了解情况。客房部经理说:"这件事我已经告诉采购部经理了。"采购部经理说:"这件事我已经告诉供货商了。"类似的问题在这家饭店多次发生。

2. 问　题

(1) 请用客户服务理论去分析这件事。

(2) 换位思考:如果你是客房部经理,你应该如何处理此事?

(3) 换位思考:如果你是销售部经理,你应该如何处理此事?

3. 实　验

每6个人一组,分别扮演客房部经理、销售部经理和客户,重演以上情景。

4. 参考分析

从情景描述中可以很明显地看到,由于饭店相关部门对顾客反映的情况采取独立的应对方式,且由于部门界限的存在,这些不同的业务功能往往很难以协调一致的方式将注意力集中在客户的抱怨上。为此企业各部门须相互合作、共同设计和执行有竞争力的顾客价值传递系统,以满足顾客的需要,在顾客满意度方面做好工作,并由此进一步加强顾客的满意度和诚信度。饭店相关部门应针对顾客的抱怨,对存在的问题进行原因分析,并及时采取纠正措施。正确的做法应该是:采购部经理在接到情况反馈后,立即检查新改装的茶叶库存情况,根据日消耗量计算库存使用时间,在重新订购和货运时间允许的情况下,将订货要求告诉供货商,以保证为客人提供满足要求的茶叶。而客房部经理也不应该仅仅将情况反馈给采购部后就不再管了,而应积极与采购部沟通,及早解决问题。

这个简单的饭店案例折射出了一个很普遍的在客户服务管理中的问题。随着经济的发展和生活水平的提高,人们不再满足于基本的生活需要,而是更加注重具有情趣化和个性化的产品和服务。具有一定战略眼光的企业,越来越重视消费者的兴趣和感受,他们时刻关注消费者需求的变化,及时与消费者沟通,并迅速采取相应的市场行动,以满足不断变化的消费需求。

为了给客户提供更好的服务,企业需要付出很多努力来满足客户的需求,从而使企业在风云变幻的市场中有一立足之地。

首先,现在很多企业的各个部门在处理事情时都是从自己的部门利益出发,就好像一个企业内部的各个部门是"独立"的。但是所有好公司的每个部门的目标是一致的——那就是让整个企业的效益最大化,各部门紧密团结在一起,处理各种事务。如果面对客户的抱怨,这个部门认为是另外部门的事,另外的部门又认为不是他们部门的事,这样推来推去,费了很多精力,到最后问题也没能解决,却使顾客牢骚满腹,那么会给客户带来很多麻烦,公司可能因此会减少一个客户,同时也会使企业形象大打折扣!

其次,在企业各个部门紧紧团结在一起,为实现企业效益最大化而奋斗的前提下,每个企业都应该利用现代化的科学技术建立有关客户资料的数据库,使企业各个层面的管理者及时发现客户需求的变化,迅速做出相应的反应来满足客户的需求。如果各个部门的管理人员能够把客户的不满和抱怨反映到数据库上,那么企业的每个部门就都能在第一时间掌握情况,并协同各个部门一起来处理问题。

最后,可能还有很多顾客对所获得的服务感到失望,虽然他们保持沉默,但是可能永远都不是这家企业的回头客了!这对于一家企业来说是何等大的损失啊!所以对于企业来说,很有必要定期组织一些有实质意义的关于服务质量的问卷调查。由于服务的无形性和时间性,如果得不到来自客户的反馈,那么任何服务承诺都是企业主管的一种善良愿望。判断当前服务中存在的主要问题,并非旨在使顾客的抱怨降至最低,而是尽可能多地让客户有良好的条件与渠道来提出真实意见,以使企业知道在哪些方面急需采取行动,最终使失望的顾客获得满意。建立在对消费者科学抽样基础上的顾客满意度调查,就是一种对服务质量进行评估的、效果显著的管理方法。

如果一家企业能够做到以上三点,那么至少在客户服务方面就不存在问题。21世纪,企业经营应以满足顾客需求和获得经济利益为中心,企业绝不能把提供的服务当做促销的手段,而应超越商品销售本身,以赢得顾客百分之百的满意。实现这一目标的最主要手段是要有一个崇高的企业精神,有一个真诚为顾客服务的理念。在市场竞争环境中,只有满足顾客需求才有效益。因此,企业要通过满足顾客的需求,用高质量的服务产生更高的效益。企业要把顾客放在应有的重要位置上,将服务顾客看做是企业的一项长期战略投资。

[操作三]银行客户服务

1. 情境描述

某年11月2日,郑先生到"平易支行"取款机上要取1 000元。正在操作时,手机响了,陈先生看见机器吐出了卡,便赶忙取出卡转身离开了取款机屏风去接电话。等电话打完后再次取款时,他发现这台取款机与自己熟悉的开户行的取款机的操作略有不同,这台取款机是先吐卡,后出钞。而且他的卡上已减少了1 000元。这时,他赶紧询问这家支行的员工。

陈先生:"我没取到钱,可卡上少了1 000元,是不是这台机器有毛病啊?"

员工:"你是怎么操作的？取了卡有没有等一下再离开？"

陈先生:"吐卡时未出钱啊,我就接了一个电话。"

员工:"可能被后面取款的人拿走了。我们这台机器有时反应慢,特别是业务高峰时期。告诉你吧,我们行的系统早就落后了,该换代了。这台老爷机早该报废了。唉！我们行有毛病的地方多着呢。"

陈先生:"我的1 000元怎么办？"

员工:"谁叫你不等一下再离开,自认倒霉吧！"

陈先生:……

2. 问　　题

(1) 请用客户服务理论去分析这件事。

(2) 如果你是支行经理,这样的员工应把他放在哪个部门合适呢？

(3) 换位思考:如果你是员工,你应该如何处理此事？

(4) 换位思考:如果你是陈先生,你应该如何处理此事？

3. 实　　验

每6个人一组,分别扮演支行经理、员工和客户,重演以上情景。

4. 参考分析

其实员工可以做得更好,应该是:

陈先生:"我没取到钱,可卡上少了1 000元,是不是这台机器有毛病啊？"

银行员工:"您先别着急,我们对取款情况都有实时录像,请把当时的情况跟我们讲一下,好吗？"

陈先生:"吐卡时未出钱啊,我就接了一个电话。"

银行员工:"请跟我们一起看一下回放录像,好吗？看看是什么原因。"

从录像中看到,原来在陈先生取卡转身接电话的瞬间,钞已吐出。而他后面一个矮个子青年便随手取走了1 000元。

银行员工:"每个行的取款机,吐卡和出钞方式可能略有不同,请按屏幕提示进行操作。不过,我们会将您失款的情况上报,请留下联系电话,有情况我们立即与您联系。"

陈先生:"好吧！谢谢您提醒。"

从案例中看出,当客户有紧急要求时,是及时帮助客户解决问题,还是向客户"自曝家丑",这是企业文化和员工素质的一个体现。因为不同的处理方法,可能导致客户对一家银行产生截然不同的感受。客户一般容易相信内部员工对本机构的负面评价,尤其是第一次上门的客户,会觉得这家银行"真的"不行。

要想让客户认同你的银行,首先需要自己认同。确保从自己口中说出正面的言语,正面的言语会转化为积极的力量！

［操作四］饭店客户服务

第7章 电子商务市场开发

1. 情境描述

某年8月19日,正值旅游高峰时节,四海宾朋云集东湖。在这大好时机下,"南方大酒店"也是宾客盈门。晚上,为了解除一天的劳累,客人纷纷来到了"南方大酒店"的桑拿部。面对如此多的客人,"南方大酒店"桑拿部真有点应接不暇,服务员疾走如飞,技师们忙得连轴转,但服务不到位的问题还是暴露出来了。有四位做足道的客人因不能及时享受到服务,而找到了山峰主管投诉。此时,山峰主管也正忙得团团转,但他仍多方协调处理,陆续派技师前去服务,并且诚恳地对客人讲:"今天,因为我工作失误,没有按我们的承诺在规定的时间内为您提供服务,所以今天您所有的消费由我个人承担。"随后,山峰主管又对收银台做了细致的安排交代。

客人消费结束回房间后,打电话到桑拿部,让服务员一定拿账单来要去结账。这时,山峰主管来到客人房间,客人开门就讲:"小山,今天就冲你如此用心工作,如此诚信,如此敢承担责任,今天的账我一定要结。并且,不挂账,不打折,否则,我于心不忍。"客人说完,将近500元的账用现金付款。以后,这位客人成为"南方大酒店"桑拿部的忠诚客户。

2. 问 题

（1）请用客户服务理论去分析这件事。

（2）换位思考:如果你是山峰主管,你会如何处理此事?

（3）换位思考:如果你是客户,你会如何处理此事?

3. 实 验

每6个人一组,分别扮演山峰主管和客户,重演以上情景。

4. 参考分析

从以上服务实例中也会深刻体会到细节服务的真谛:

① 服务创新无止境,尤其是细节服务更是取之不尽,用之不竭,只要广大员工善于学习,勤于探索,细心观察,类似的细节服务一定可以源源不断地被创造发明出来。

② 细节服务来源于广大基层员工,细节服务的原动力来自于员工对客人真挚的关心和奉献,来自于"全心全意为客人服务"的精神。

③ 细节服务是酒店克敌制胜的法宝。目前,酒店业的竞争已趋白热化,企业要想在竞争中立于不败之地,就必须深挖细节服务,在客人的惊喜和感动中,培养忠诚客户,培育客源市场。

【实验提示】

对于具体每一组的实验,会因人而异,每一位学生可以按不同的角色去体验。

通过以上实训可以得到下面的结论:

（1）满意的员工造就满意的客户服务。

（2）服务就是为客户创造价值。

（3）客户服务要以客户需求为导向。

（4）客户的力量是万万不可忽视的。

【实验思考】
1. 实训中用到哪些客户服务理论知识？
2. 你在实际生活中遇到过哪些客户服务的案例？请举例。
3. 你认为要做好客户服务工作，最关键的是什么？为什么？
4. 作为一名学生，你认为这种实验会给你带来什么实际的帮助？为什么？

思考与讨论

1. 为什么说创新是电子商务得天独厚的特征？
2. 长尾理论在网络营销中的表现是什么？
3. 按照人性化要求细分网络市场可以有哪些类别？
4. 在考虑网络经营项目时要考虑哪些方面？
5. 怎样进行有效的客户管理？
6. 试想自己开发一个独特的网络经营项目。

第 8 章 电子商务交易安全

8.1 电子商务安全概述

8.1.1 电子商务系统的安全隐患

电子商务的安全性并不是一个孤立的概念,它是由计算机网络安全性发展而来的。因为电子商务是利用计算机网络的信息交换来实现电子交易,所以凡是涉及计算机网络安全的问题对于电子商务都有着重要的意义。当然,电子商务的安全也存在着自身的特点。

电子商务安全主要解决数据保密和认证问题。数据保密就是采取复杂多样的措施对数据加以保护,以防止数据被有意或无意地泄露给无关人员。认证分为信息认证和用户认证两方面。信息认证是指信息从发送到接收的整个通路中没有被第三者修改和伪造;用户认证是指用户双方都能证实对方是这次通信的合法用户。

在竞争激烈的市场环境下,网络信息总是被一些不法分子和网络黑客窃取,对企业甚至对老百姓造成的损失都是不可估量的。

电子商务在信息传递和交易过程中容易出现问题的方式有 5 种(见图 8-1):

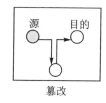
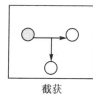
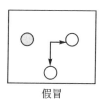

图 8-1 电子商务中的安全隐患

① 信息的篡改。当攻击者熟悉了网络信息格式以后,通过各种技术方法和手段对网络上传输的信息进行中途修改,并发往目的地,从而破坏信息的完整性。

② 信息的截获和窃取。如果没有采用加密措施或加密强度不够,攻击者可能获取传输的机密信息,通过对信息流量和流向、通信频度和长度等参数的分析,推断出有用的信息,如消费者的银行账号、密码以及企业的商业机密等。

③ 信息的假冒。当攻击者掌握了网络数据的规律或解密了商务信息以后,可以假冒合法用户或发送假冒信息来欺骗其他用户,占用合法用户的资源。

④ 信息的中断。攻击者通过各种手段对网络传输的信息进行中断,不发往目的地,破坏信息的正常传输,从而阻止交易的正常进行。

⑤ 交易抵赖。交易抵赖包括多个方面,如发信者事后否认曾经发送过某条信息或内容;收信者事后否认曾经收到过某条消息或内容;购买者做了订货单不承认;商家卖出的商品因价格差而不承认原有的交易等。

8.1.2 电子商务的安全要素

根据网络信息交换过程中出现问题的方式,可以总结出电子商务信息传送与用户管理方面应具备以下六大安全要素。

1. 信息的保密性

信息的保密性是指信息在传输或存储过程中不被他人窃取。在利用网络进行交易时,必须保证发送者和接收者之间交换信息的保密性。电子商务作为贸易的一种手段,其信息直接代表着个人、企业或国家的商业机密。传统的纸面贸易都是通过邮寄封装的信件或通过可靠的通信渠道发送商业文件来达到保守机密的目的。电子商务建立在一个较为开放的网络环境上,维护商业机密是电子商务全面推广应用的重要保障。因此,要想预防信息在大量传输过程中被非法窃取,就必须确保只有合法用户才能看到数据。

2. 信息的完整性

由于数据输入时的意外差错或欺诈行为,可能导致贸易双方信息的差异;数据传输过程中的信息丢失、重复或传送的次序差错,也会导致贸易双方信息的不同。电子商务系统中的信息存储必须保证正确无误。贸易双方信息的完整性将直接影响到贸易各方的交易和经营策略,所以,保持贸易双方信息的完整性是电子商务的基础。因此,应该预防对信息的随意生成、修改和删除,同时防止在传送过程中信息的丢失和重复,并保证信息传送次序的统一。

3. 信息的有效性

电子商务以电子形式取代了纸张,那么保证这种电子形式贸易信息的有效性则是开展电子商务的前提。电子商务作为贸易的一种形式,其信息的有效性将直接关系到个人、企业和国家的经济利益和声誉。一旦签订交易,这项交易就应得到保护以防止被篡改或伪造。交易的有效性以其价格、期限和数量作为协议的一部分时尤为重要。接收方可以证实所接收的数据是原发送方发出的;而原发送方也可以证实只有指定的接收方才能接收数据。因此,必须保证贸易数据在确定价格、期限、数量以及确定时间、地点时是有效的。

4. 信息的不可抵赖性

电子商务可能直接关系到贸易双方的商业交易,如何确定所要进行交易的贸易方正是所期望的贸易方这一问题,则是保证电子商务进行的关键。在传统的纸面贸易中,贸易双方通过在交易合同、契约或贸易交易所的书面文件上的手写签名或印章来鉴定贸易伙伴,确定合同、契约和交易所的可靠性,并预防抵赖行为的发生;一旦交易开展后便不可撤销,交易中的任何一方都不得否认其在交易中的作用。但是,在无纸化的电子商务方式下,通过手写签名和印章进行贸易方的鉴别已经不可能了。因此,可能出现这样的情况,如买方向卖方订购某种建筑材料,订货时世界市场的价格较低,但当收到订单时价格上涨了,如果卖方否认收到订单,那么买方就会遭受损失。再如,买方在网上买了钢材,如果称没有买,谎称寄出的订单不是自己的,而是信用卡被盗用,卖方同样也会遭受损失。因此,要求在交易信息的传输过程中为参与交易的个人、企业或国家提供可靠的标识,使原发送方在发送数据后不能抵赖,接收方在收到数据后也不能抵赖。

5. 交易身份的真实性

交易身份的真实性是指交易双方确实是存在的,不是假冒的。网上交易的双方相距可能很远,互不了解,若要使交易成功,就必须相互信任,确认对方是真实的。商家要考虑客户是不是骗子,客户要考虑商店是不是黑店,是否有信誉。

6. 系统的可靠性

系统的可靠性涉及两个方面的内容。

(1) 网络传输的可靠性

电子商务系统是计算机系统,其可靠性是指防止计算机失效、程序错误、传输错误、硬件故障、系统软件错误和自然灾害等对信息产生的潜在威胁,并加以控制和预防,以确保系统安全可靠。保证计算机系统的安全是保障电子商务系统数据传输、数据存储及电子商务完整性检查的正确和可靠的根基。

(2) 数据信息的可靠性

计算机网络本身容易遭到一些恶意程序的破坏,从而使电子商务信息遭到破坏。计算机病毒是一种通过修改其他程序而把自身或其变种不断复制的程序,即会"传染"的程序。主要的计算机病毒有:

① 计算机蠕虫。是一种通过网络将自身从一个节点发送到另一个节点并自动启动的程序,而这种程序通常都带有破坏性的指令。

② 特洛伊木马。是一种执行超出程序定义之外的程序。例如,一个编译程序除了完成编译功能外,还把用户的源程序偷偷复制下来。

③ 逻辑炸弹。是一种当运行环境满足某种特定条件时执行破坏功能的程序。

从这里的讨论可以看出,上面所说的"计算机病毒"的概念是狭义的。事实上,人们平时把具有以上特征的程序统称为"计算机病毒"。计算机病毒是计算机界的一大公害。对于利用计算机进行交易的电子商务参与者而言,计算机病毒也是他们不得不防范的,因为病毒的爆发势必会造成巨大的经济损失。

8.1.3 计算机安全术语

常用的计算机安全术语主要包括漏洞、威胁、威胁代理、攻击和对策等。

1. 漏 洞

漏洞指软件、硬件或策略上的缺陷,这种缺陷导致非法用户未经授权而获得访问系统的权限或提高权限。

2. 威 胁

威胁即危险源。表 8-1 列出的是几种重要的威胁。

表 8-1 几种重要的威胁

术　语	定　义
身份欺骗	非法获得访问权限并使用他人的身份验证信息,如用户名和密码
篡改数据	恶意修改数据
信息暴露	将信息暴露给没有访问权限的人,例如无须适当的权限就可以访问文件
拒绝服务	阻止合法用户使用服务和系统

3. 威胁代理

威胁代理指通过漏洞攻击系统的人或程序,分为恶意和非恶意两种。表 8-2 列出的是几种恶意的威胁代理。

表 8-2 几种恶意的威胁代理

术　语	定　义
病毒	一种入侵程序,可以通过插入自我复制代码的副本感染计算机,并删除重要文件、修改系统或执行某些其他操作,从而对计算机上的数据或计算机本身造成损害
蠕虫	是一种自我复制的程序,通常与病毒一样恶毒,无须先有感染文件就可以在计算机之间传播
特洛伊木马	可以是软件或电子邮件,表面看是有用或友好的,但实际上会执行一些以破坏为目的的程序或者为攻击者提供访问途径
邮件爆炸	是发送给没有防范的收件人的恶意邮件。当收件人打开电子邮件或运行该程序,邮件爆炸将在计算机上执行一些恶意操作
攻击者	实施攻击的个人或组织

4. 攻 击

攻击指企图利用漏洞达到恶意目的的威胁代理。

5. 对　策

对策是为减小计算机环境中的风险的软件配置、硬件或程序。

8.1.4　浏览器安全设置

Internet Explore 是使用最广泛的浏览器，它使用方便、功能强大；但由于它支持 JavaScript 脚本和 ActiveX 控件等元素，使得在利用它浏览网页时留下了很多安全隐患。下面简单介绍 Internet Explore 的安全配置手段，但应注意利用网页进行攻击是很难防范的，因为没有特别有效的方法，而且安全的配置都是以失去很多功能为代价的。

1. 管理 cookie 的技巧

在 IE7.0 中，"工具"→"Internet 选项"菜单项中的"隐私"标签专门用来管理 cookie。

移动图 8-2 中的活动游标，可以发现 cookie 有六个安全级别，分别是"阻止所有 cookie"、"高"、"中高"、"中"、"低"、"接受所有 cookie"（默认级别为"中"），分别对应从严到松的 cookie 策略，可根据需要方便地进行设定。

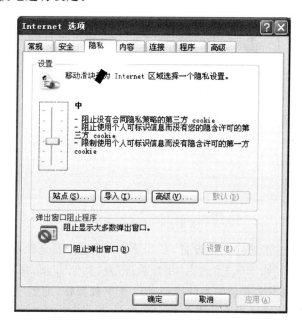

图 8-2　cookie 的六个安全级别

对于一些特定的网站，单击图 8-2 中的"高级"按钮，还可以将其设定为"一直允许或拒绝使用 cookie"。

通过 IE7.0 的 cookie 策略，就能个性化地设定浏览网页时的 cookie 规则，以便更好地保护自己的信息，增加使用 IE 的安全性。例如，在默认级别为"中"时，IE 允许网站将 cookie 放入你的电脑,但拒绝第三方的操作。

2. 禁用或限制使用Java、Java小程序脚本、ActiveX控件和插件

在互联网上经常用到用Java、Java小程序脚本和ActiveX控件和插件编写的脚本,它们可能会获取用户标识、IP地址和口令等信息,影响系统的安全。因此,应对Java,Java小程序脚本及ActiveX控件和插件的使用进行限制。

在IE中选择"工具"→"Internet选项"菜单项,打开"安全"标签,在这里,将网站划分为四个区域,分别是"Internet"、"本地Intranet"、"受信任的站点"和"受限制的站点",如图8-3所示。用户可以将网站分配到具有适当安全级别的区域。通过图8-3中的"自定义级别"按钮可以对不同的区域设置不同的安全级别。

图8-3 安全级别

单击"自定义级别"按钮进行安全设置,如图8-4所示。安全级别包括"ActiveX控件和插件"、"Microsoft VM"、"脚本"、"下载"、"用户验证"及"其他"6项,每一项均可展开进行详细配置,对于一些不安全或不太安全的控件或插件以及下载操作,应该予以禁止、限制或至少要进行提示。例如,在设置"对标记为可安全执行脚本的ActiveX控件执行脚本"项时,可根据信任级别来选择"启用"、"禁止"或是"提示",默认情况为"启用"。

3. 调整自动完成功能的设置

默认条件下,用户在第一次使用Web地址、表单、表单的用户名和密码后(如果同意保存密码),在下一次再想进入同样的Web页及输入密码时,只需输入开头部分,后面的部分就会自动完成,这样给用户带来了便利,但同时也带来了安全问题。可以通过调整"自动完成"功能

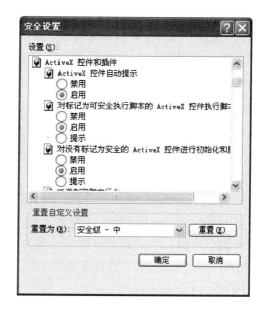

图 8-4 自定义级别

的设置来解决该问题。通过"自动完成"功能,可以做到只选择针对 Web 地址及表单和密码使用"自动完成"功能,也可以只在某些地方使用此功能,还可以清除任何项目的历史记录。

具体设置方法如下:

① 在 IE 中选择"工具"→"Internet 选项"菜单项;

② 单击"内容"标签;

③ 在"个人信息"区域单击"自动完成"按钮,弹出"自动完成设置"对话框;

④ 选中要使用的自动完成选项的复选框。

为了安全起见和防止泄露个人信息,应该定期清除自动完成的历史记录,这时只需在"清除自动完成历史记录"区域中单击"清除表单"和"清除密码"按钮即可。

以上介绍了安全使用 IE7.0 的一些有效配置。防止 IE 泄密最有效的配置是对 IE 使用的 ActiveX 控件和 Java 小程序脚本进行控制。除了进行正确的配置以外,要想做到"上网无忧,安全冲浪",还应该安装防火墙和杀毒软件等。

8.2 数据加密技术

在保障信息安全各种功能特性的诸多技术中,密码技术是信息安全的核心和关键技术,通过数据加密技术,可以在一定程度上提高数据传输的安全性,保证传输数据的完整性。

数据加密技术从其发展过程来看,可以分为古典加密技术和现代加密技术两个阶段。古典加密技术主要是通过对文字信息进行加密变换来保护信息,通常采用一些简单的替代或置换来转换信息;现代加密技术则充分应用了计算机和通信等手段,通过复杂的多步运算来转换信息。要想了解古典加密技术和现代加密技术,就必须掌握数据加密模型。下面,先讨论数据加密模型,然后再介绍古典加密技术和现代加密技术。

8.2.1 数据加密模型

数据加密过程就是通过加密系统把原始的数字信息(明文),通过数据加密系统的加密方式变换成与明文完全不同的数字信息(密文)的过程。密文经过网络传输到达目的地后,再用数据加密系统的解密方法将密文还原成为明文。

一个数据加密系统(图8-5)包括明文、加密算法、加密密钥以及解密算法、解密密钥和密文。密钥是一个具有特定长度的数字串,密钥的值是从大量的随机数中选取的。加密过程包括两个核心元素:加密算法和加密密钥。明文通过加密算法和加密密钥的共同作用,生成密文。相应的,解密过程也包括两个核心元素:解密算法和解密密钥。密文通过解密算法和解密密钥的共同作用,被还原成为明文。

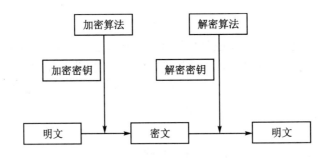

图8-5 数据加密系统模型

需要注意的是,由于算法是公开的,因此,一个数据加密系统的主要安全性是基于密钥的,而不是基于算法的,所以加密系统的密钥体制是一个非常重要的问题。

8.2.2 古典加密技术

在历史演变的长河中,战争是历代帝王实现宏图大志、扩展疆土、镇压反抗的一种手段。在战争中,信息如何才能安全地传输?古典加密技术就是在这种情况下产生的。古典加密技术的对象是字符。古典加密技术主要有两种基本算法:替代算法和置换移位法。

1. 替代算法

替代算法指的是明文的字母由其他字母、数字或符号所代替。最著名的替代算法是恺撒密码。恺撒密码的原理很简单,其实就是单字母替换。下面看一个简单的例子:

明文：abcdefghijklmnopq
密文：defghijklmnopqrst

此时，若明文为 student，则对应的密文为 vmuahsm。在这个一一对应的算法中，恺撒密码将字母表用了一种顺序替代的方法来进行加密，此时密钥为 3，即每个字母顺序推后 3 个。由于英文字母为 26 个，因此恺撒密码仅有 26 个可能的密钥，非常不安全。

为了加强安全性，人们想出了更进一步的方法：替代时不是有规律的，而是随机生成一个对照表。例如：

明文：abcdefghijklmnopqrstuvwxyz
密文：xnyahpogzqwblsflrcvmuekjdj

此时，若明文为 student，则对应的密文为 vmuahsm。在这种情况下，解密函数是上面这个替代对照表的一个逆置换。

不过，有更好的加密手段，就会有更好的解密手段；而且无论怎样改变字母表中的字母顺序，密码都有可能被人破解。由于英文单词中各字母出现的频度是不一样的，所以通过对字母频度的统计就可以很容易地对替换密码进行破译。为了抗击字母频度分析，随后产生了以置换移位法为主要加密手段的加密方法。

2. 置换移位法

使用置换移位法的最著名的一种密码称为维吉尼亚密码。它是以置换移位为基础的周期替换密码。

在前面介绍的替代算法中，针对所有的明文字母，密钥要么是一个唯一的数，要么完全无规律可循。在维吉尼亚密码中，加密密钥是一个可被任意指定的字符串。加密密钥字符依次逐个作用于明文信息字符。明文信息长度往往会大于密钥字符串长度，而明文的每一个字符又都需要有一个对应的密钥字符，因此密钥就需要不断循环，直至明文的每一个字符都对应一个密钥字符。对于密钥字符，规定密钥字母 a,b,c,d,…,y,z 对应的数字 n 为 0,1,2,3,…,24,25。每个明文字符首先找到对应的密钥字符，然后根据英文字母表按照密钥字符对应的数字 n 向后顺序推后 n 个字母，即可得到明文字符对应的密文字符。

如果密钥字为 deceptive，明文为 wearediscoveredsaveyourself，则加密的过程为：

明文：wearediscoveredsaveyourself
密钥：deceptivedeceptivedeceptive
密文：zicvtwqngrzgvtwavzhcqyglmgj

对明文中的第一个字符 w，对应的密钥字符为 d，它对应的数字为 3，则需要向后推 3 个字母 x,y,z，因此其对应的密文字符为 z。从上面的加密过程可以清晰地看到，密钥 deceptive 被重复使用。

在维吉尼亚密码中，如果密钥字的长度是 m，那么明文中的一个字母能够映射成 m 个可能的字母中的一个。因此，针对明文中会出现的 26 个英文字母，每个字母都可能有 m 个对应的密文字符。由于密钥是可以随意变换的,所以,密钥长度 m 和构成密钥的每一个字符就都是不固定的,因此密钥字空间是一个相当大的空间,且该空间足以阻止手工穷举密钥搜索。

为了方便记忆,维吉尼亚密码的密钥字常常取自英文中的一个单词、一个句子或一段文章,因此,维吉尼亚密码明文的字母频率分布与密钥的字母频率分布相同,仍然能够用统计技术进行分析。要想抗击这样的密码分析,就必须将字母频度隐蔽。Hill 密码就可以做到这一点。

在 Hill 密码体制中,明文空间和密文空间是相同的,比如英文字母集。首先对字母集中的字母进行编号,比如 A 为 0 号,B 为 1 号,Z 为 25 号;后面所有的运算都要对 26 取模,然后选择一个可逆的 d 维方阵 P,其元素是介于 0 和 25 之间的整数。加密过程为 $C=MP$,这里的 M 是 d 维列向量形式的明文,C 是 d 维列向量形式的密文,加密密钥是 d 维方阵 P,明文 M 和密钥 P 进行矩阵相乘得到密文 C。更确切地说,每个 d 元明文字符定义了列向量 M,其元素是 d 元明文字符的编号。计算得到的列向量 C 再被译为 d 元密文字符。解密时,就使用 P 的逆矩阵作为解密密钥,它与密文 C 进行矩阵相乘,即可得到明文 M。

尽管 Hill 密码体制看起来几乎没有实用价值,但它对密码学的发展却产生了深刻的影响。Hill 密码发明的重要性在于它无可辩驳地表明:数学方法在密码学中的地位是不容置疑的。随后在 20 世纪 30 年代,大批数学家投身于密码学研究,并基于数学方法产生出了现代加密技术。

尽管古典密码体制受到当时历史条件的限制,从而没有涉及非常高深或者复杂的理论,但在其漫长的发展演化过程中,已经充分表现出现代密码学的两大基本思想——替代和换位,而且还将数学的方法引入到密码的分析和研究中。这为现代加密技术的形成和发展奠定了坚实的基础。

8.2.3 现代加密技术

在数据加密模型中曾谈到,由于算法是公开的,所以,一个数据加密系统的主要安全性是基于密钥的。在现代数据加密技术中,将密钥体制分为对称密钥体制和非对称密钥体制两种。相应地,对数据加密的技术也分为两类,即对称加密技术和非对称加密(也称为公开密钥加密)技术。对称加密技术以 DES(Data Encryption Standard)算法为典型代表,非对称加密技术通常以 RSA(取名来自于三位开发者的名字 Ron Rivest、Adi Shamirh 和 Len Adleman)算法为代表。对称加密的加密密钥与解密密钥相同;而非对称加密的加密密钥则与解密密钥不同,加密密钥可以公开,而解密密钥需要保密。下面就对这两种技术进行详细阐述。

1. 对称加密技术

(1) 发展历程

美国国家标准局 1973 年开始研究除国防部以外其他部门的计算机系统的数据加密标准,并于 1973 年 5 月 15 日和 1974 年 8 月 27 日先后两次向公众发出了征求加密算法的公告。

加密算法所要达到的目标（通常称为 DES 密码算法要求）主要为以下 4 点：

① 提供高质量的数据保护，防止数据未经授权的泄露和未被察觉的修改。

② 具有相当高的复杂性，使得破译的开销超过可能获得的利益，同时又要便于理解和掌握。

③ DES 密码体制的安全性应该不依赖于算法的保密，其安全性仅以加密密钥的保密为基础。

④ 实现经济，运行有效，并且适用于多种完全不同的应用。

1977 年 1 月，美国政府颁布采纳 IBM 公司设计的方案作为非机密数据的正式数据加密标准。这就是 DES 加密标准。后来，ISO 也将 DES 作为数据加密标准。

DES 算法对信息的加密和解密都使用相同的密钥，即加密密钥也可以用做解密密钥。这种方法在密码学中叫做对称加密算法，也称之为对称密钥加密算法。除了 DES 外，另一个对称密钥加密系统是国际数据加密算法（IDEA），它比 DES 的加密性好，而且对计算机功能的要求也没有那么高。IDEA 加密标准由 PGP(Pretty Good Privacy)系统使用。

对称加密算法使用起来简单快捷，密钥较短，且破译困难。这种加密方法可简化加密处理过程，信息交换双方都不必彼此研究和交换专用的加密算法。如果在交换阶段密钥未曾泄露，那么机密性和报文完整性就能够得以保证。

目前在国内，DES 算法在 POS、ATM、磁卡及智能卡（IC 卡）等上面以及在加油站和高速公路收费站等处被广泛应用，以此来实现对关键数据的保密，如信用卡持卡人的 PIN 的加密传输、IC 卡与 POS 间的双向认证和金融交易数据包的 MAC 校验等，均用到了 DES 算法。

(2) DES 详细描述

DES 是一种数据分组的加密算法。DES 算法的入口参数有 3 个：数据、工作方式和密钥。其中数据是要被加密或被解密的数据分组，为 8 字节 64 位；工作方式为 DES 的工作方式，有两种，即加密或解密；密钥为 8 字节 64 位，是 DES 算法的工作密钥，其中有效密钥长度为 56 位，另外有 8 位用于奇偶校验。

DES 算法的工作原理是：当工作方式为加密时，用密钥对数据进行加密，生成数据的密码形式（64 位）作为 DES 的输出结果；当工作方式为解密时，用密钥将密码形式的数据解密，还原为数据的明码形式（64 位）作为 DES 的输出结果。解密过程与加密过程相似，但是密钥的顺序正好相反。

对称加密算法的加密过程如图 8-6 所示。在通信网络的两端，双方约定一致的加密密钥和解密密钥，在通信的源点用密钥对核心数据进行 DES 加密，然后以密码形式将数据在公共通信网中传输到通信网络的终点，数据到达目的地后，用同样的密钥对密码数据进行解密，便再现了明码形式的核心数据。这样，便保证了核心数据（如 PIN 或 MAC 等）在公共通信网中传输的安全性和可靠性。

DES 的保密性仅取决于对密钥的保密，而算法是公开的。DES 内部的复杂结构是至今没

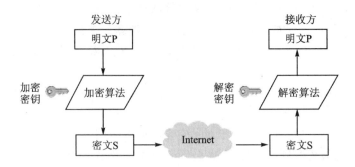

图 8-6 对称加密算法的加密过程示意图

有找到破译方法捷径的根本原因。现在 DES 可由软件和硬件实现。美国 AT&T 首先用 LSI 芯片实现了 DES 的全部工作模式,该产品称为数据加密处理机(DEP)。通过定期在通信网络的源端和目的端同时改用新的密钥,便能更进一步提高数据的保密性,这正是现在金融交易网络的流行做法。

DES 算法具有极高的安全性,到目前为止,除了用穷举搜索法对 DES 算法进行攻击外,还没有发现更有效的办法。而 56 位长的密钥的穷举空间为 2^{56},这意味着如果一台计算机的速度是每秒钟检测 100 万个密钥,则它搜索完全部密钥就需要将近 2 285 年的时间,可见,这是难以实现的。当然,随着科学技术的发展,当出现超高速计算机后,密钥被穷举出来的可能性就会增大。为了提供更高的安全性,后来又提出了三重 DES 或称 3DES 系统,使用 3 个不同的密钥对数据块进行(2 次或)3 次加密,该方法比进行 3 次普通加密要快一些。其强度大约与 112 位的密钥强度相当。

(3) 不足之处

尽管对称加密算法使用起来简单快捷,破译困难,但它在应用于电子商务交易过程中仍旧存在如下问题:

① 使用对称加密算法要求提供一条安全的渠道使得通信双方在首次通信时协商一个共同的密钥。直接的面对面协商是不现实而且难以实施的,所以双方可能需要借助于邮件和电话等其他相对不够安全的手段来进行协商。

② 密钥的数目难以管理。因为每一个合作者都需要使用不同的密钥,所以很难适应开放社会中大量的信息交流。

③ 对称加密算法无法验证发送者和接受者的身份。

④ 对称密钥的管理和分发工作是一件具有潜在危险和烦琐的过程。对称加密是基于共同保守秘密来实现的,采用对称加密技术的贸易双方必须保证采用的是相同的密钥,以保证彼此密钥的交换是安全可靠的,同时还要设定防止密钥泄密和更改密钥的程序。

2. 非对称加密技术

(1) 简　介

1976年，美国斯坦福大学的两名学者迪菲(Diffie)和赫尔曼(Hellman)就DES算法密钥利用公开信道传输分发的问题，提出了一种新的密钥交换协议，即允许在不安全媒体上的通信双方交换信息，且能安全地达成一致的密钥，这就是"公开密钥系统"。相对于"对称加密算法"，这种方法也叫做"非对称加密算法"。

1977年，即Diffie-Hellman的论文发表一年后，MIT的3名研究人员根据这一想法开发了一种实用方法，这就是RSA，它是以3名发明此算法的数学家(Ron Rivest, Adi Shamirh和Len Adleman)名字的第一个字母构成的。1983年RSA在美国申请专利，并正式被采用为标准。RSA是目前使用最广泛的非对称加密算法。

虽然非对称加密算法研制的最初理念与目标是旨在解决对称加密算法中密钥的分发问题，可是实际上它不但很好地解决了这个问题，而且还可利用非对称加密算法来完成对电子信息的数字签名以防对信息的否认与抵赖；同时还可利用数字签名较容易地发现攻击者对信息的非法篡改，以便保护数据信息的完整性。

与对称加密算法不同，非对称加密算法需要两个密钥：公开密钥(public key,简称公钥)和私有密钥(private key,简称私钥)。公开密钥与私有密钥是一对密钥。如果公开密钥对数据进行加密，那么只有用对应的私有密钥才能解密；如果用私有密钥对数据进行加密，那么只有用对应的公开密钥才能解密。因为加密和解密使用的是两个不同的密钥，所以这种算法叫做非对称加密算法。

在这种加密算法中，一个密码用来加密消息，另一个密码用来解密消息。在两个密钥中存在一种数学关系。每个用户可以得到唯一的一对密钥，一个是公开的，另一个是保密的。公开密钥保存在公共区域，可在用户中传递，甚至可印在报纸上面。而私有密钥则必须存放在安全保密的地方。

非对称加密算法的加密过程如图8-7所示。双方利用非对称加密算法实现机密信息交

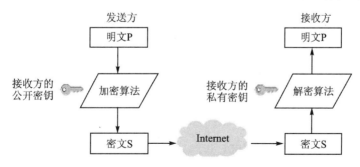

图8-7　非对称加密算法的加密过程示意图

换的基本过程是:接收方生成一对密钥,并将其中的一把作为公开密钥向其他方公开;得到该公开密钥的发送方使用该密钥对机密信息进行加密形成密文,通过 Internet 发送给接收方;接收方收到密文后,用自己保存的另一把私有密钥对收到的信息进行解密,形成明文。接收方只能用其私有密钥解密由其公开密钥加密后的信息。在信息传送过程中,不必担心发送方送过来的消息被第三者截获。因为即使信息被人截获,由于无法获得对应的私有密钥,所以最终还是无法读懂这个消息。

非对称加密算法的保密性较好,它消除了最终用户交换密钥的需要,但加密和解密过程花费时间长、速度慢,不适合对文件加密,而只适用于对少量数据进行加密。

(2) RSA 详细描述

在非对称加密算法中,最有名的一种是 RSA 算法。它已被 ISO/TCg7 的数据加密技术分委员会 SC20 推荐为公开密钥数据加密标准。

RSA 算法既能用于数据加密,也能用于数字签名,其安全性是基于分解大整数的困难性。在 RSA 体制中使用了这样一个基本事实:到目前为止,无法找到一个有效的算法来分解两个大素数之积。RSA 算法的原理描述如下:

第一步,用两个很大的互异的质数 p 和 q 计算它们的乘积 $n=pq$(p 和 q 必须保密),n 是模数。

第二步,选择一个比 n 小的数 e,它与 $(p-1)(q-1)$ 互为质数,即除了 1 以外,e 和 $(p-1)(q-1)$ 没有其他的公因子。

第三步,找到另一个数 d,使 $ed-1$ 能被 $(p-1)(q-1)$ 整除,即 $ed=1 \mod(p-1)(q-1)$。

第四步,取公开密钥为 (e,n) 这一对数,私有密钥为 (d,n) 这一对数。

第五步,加密过程为 $c=m^e \mod n$,其中 m 为明文,c 为密文。

第六步,解密过程为 $m=c^d \mod n$。

为了进一步了解其过程,使用很小的 p 和 q 值来考虑。假定取 $p=7$ 和 $q=11$,那么,有

$$n = 7 \times 11 = 77$$

且

$$(p-1)(q-1) = 6 \times 10 = 60$$

这里必须选一个与 60 互为质数的、数值为 e 的值。如选择 $e=7$,因为 7 与 60 这两个数除了 1 之外没有公因子。下面计算 d,有

$$7d = 1 \mod[(7-1) \times (11-1)]$$
$$7 \times d = 1 \mod 60$$

故有

$$7d = 60k + 1 \quad (k=1,2,3,\cdots)$$

结果 $d=43$,因为

$$7 \times 43 = 301 = 60 \times 5 + 1 = 1 \mod 60$$

所以现在得到公开密钥$(e,n)=(7,77)$和私有密钥$(d,n)=(43,77)$。注意,在这个例子中,一旦知道了n就很容易计算出p和q,这样可以由d计算出e,但是如果n是两个256位长的数的乘积,就不大可能计算出p和q的值。显然,p和q绝不能泄漏,因为一旦知道了p和q的值,就很容易由公开密钥确定私有密钥。

现在考虑一个简单的加密过程。假定要加密包含数值9的消息,则按照上述加密算法有
$$c = m^e \bmod n = 9^7 \bmod 77 = 37$$
所以37是要发送的密文。在消息的接收端,密文按下列方法被解密,即
$$m = c^d \bmod n = 37^{43} \bmod 77 = 9$$
这里,使用了一种计算模数的方法,即
$$(x \times y) \bmod z = [(x \bmod z) \times (y \bmod z)] \bmod z$$
这样,按照要求,原始的消息就被复原了。

RSA的安全性来自这样一个前提,即对大数提取因子的计算量非常巨大。如果能够分解n的因子,就能找到p和q,也就会危及到d的安全。利用目前已经掌握的知识和理论,分解2 048位的大整数已经超过了64位计算机的运算能力,因此在目前和预见的将来,它是足够安全的。

在图8-7所示的非对称加密算法的加密过程中,由于公开密钥是任何人都可以获取的,所以就无法保证信息发送者的不可抵赖性。为了保证发送者的不可抵赖性,可以使用两次加密,具体过程包括以下几步:

第一步,发送方甲方和接收方乙方分别生成自己的私有/公开密钥对,并各自将自己的公开密钥发布出去,使对方获得自己的公开密钥。

第二步,发送方甲方使用接收方乙方的公开密钥对自己的私有密钥进行加密得到密文A,然后通过网络传输密文A到接收方乙方。

第三步,发送方甲方对需要传输的消息用自己的公开密钥进行加密得到密文B,然后通过网络把密文B传输到接收方乙方。

第四步,接收方乙方用自己的私有密钥对密文A进行解密后得到发送方甲方的私有密钥。

第五步,接收方乙方用第四步中得到的甲方的私有密钥对密文B进行解密得到消息的明文形式。

在上述的信息传输过程中实现了两个加密解密过程,即要传输的消息本身的加密解密过程以及发送方甲方私有密钥的加密解密过程。第一次加密的目的是甲方将自己的私有密钥传递给乙方。甲方在加密过程中使用乙方的公开密钥加密,因此乙方解密时使用的是自己的私有密钥,解密得到甲方的私有密钥。第二次加密的目的是甲方将消息传递给乙方。加密过程中使用的是甲方的公开密钥,因此乙方要想解密密文B就必须使用甲方的私有密钥。这时乙方用通过第一次解密得到的甲方的私有密钥来进行第二次解密。由于加密过程使用了发送方

甲方的密钥，因此就可以保证不可抵赖性。同时，这种两次加密的方法可以保证消息的更高安全性。

RSA 算法的优点是密钥空间大，缺点是加密速度慢，如果 RSA 和 DES 结合使用，则正好能弥补 RSA 的缺点，即 DES 用于明文加密，RSA 用于 DES 密钥的加密。DES 加密速度快，适合加密较长的报文；而 RSA 可解决 DES 密钥分发的问题。

(3) 不足之处

RSA 算法是第一个能同时用于加密和数字签名的算法，也易于理解和操作。RSA 是被研究得最广泛的公钥算法，从提出到现在已近 20 年，经历了各种攻击的考验，逐渐为人们所接受，普遍认为是目前最优秀的公钥方案之一。不过，RSA 也存在一些缺陷，主要有：

① 产生密钥很麻烦。由于受到素数产生技术的限制，因而难以做到一次一密。

② 速度较慢。由于进行的都是大数计算，所以使得 RSA 最快的情况也比 DES 慢上百倍，无论是用软件还是硬件实现，速度一直是 RSA 的缺陷。正是由于这个原因，一般来说 RSA 只用于少量数据加密。

(4) RSA 的安全性

模数 n 的大小决定了该算法的安全性。RSA 的安全性是基于分解大整数的困难性的，但是否等同于大数分解则一直未能得到理论上的证明，因为还没有证明破解 RSA 就一定需要做大数分解。假设存在一种无须分解大数的算法，那么它肯定可以修改成为大数分解算法。目前，RSA 的一些变种算法已被证明等价于大数分解。不管怎样，分解数 n 是最显然的攻击方法。现在，人们已能分解多个十进制的大素数。因此，模数必须选大一些，并因具体适用情况而定。

RSA 容易受到选择密文攻击。RSA 在选择密文攻击面前很脆弱。一般攻击者是将某一信息做一下伪装，让拥有私钥的实体签署。然后，经过计算就可得到它想要的信息。这个固有的问题来自于公钥密码系统的最有用的特征——每个人都能使用公钥。从算法上无法解决这一问题，主要措施有两条：一条是采用好的公钥协议，以保证在工作过程中一个实体不对其他实体任意产生信息解密，也不对自己一无所知的信息签名；另一条是决不对陌生人送来的随机文档签名，签名时首先使用单向 Hash 功能函数对文档做 Hash 处理或同时使用不同的签名算法。

RSA 可能受到公共模数攻击。若系统中共有一个模数，而不同的人只是拥有不同的 e 和 d，那么系统将是危险的，最普遍的情况是同一信息使用不同的公钥加密，这些公钥共模且互质，则该信息无需私钥就可得到恢复。解决办法只有一个，那就是不要共享模数 n。

RSA 可能受到小指数攻击。有一种提高 RSA 速度的建议是使公钥取较小的值，这样会使加密变得易于实现，速度有所提高。但这样做是不安全的，解决的办法就是 e 和 d 都取较大的值。

8.3 认证技术

8.3.1 身份认证

1. 身份认证的目的

主要包括：
① 可信性。即证明信息来源是可信的。
② 完整性。要求信息在传输过程中保持完整，即信息接收者能够确认所获得的信息在传输过程中未被修改、延迟和替换。
③ 不可抵赖性。信息发送方和接收方都不能否认所发出的信息和已收到的信息。
④ 访问控制。拒绝非法用户访问系统资源，合法用户只能访问系统授权的和指定的资源。

2. 身份认证的基本分类

内容包括：
① 身份证实。对个人身份进行肯定或否定确认。一般方法是将输入的个人信息（经公式和算法运算所得的结果）与卡上或库存中的信息（经公式和算法运算所得的结果）进行比较，得出结论。
② 身份识别。一般方法是输入个人信息，经处理提取成模板信息，试着在存储数据库中搜索找出一个与之匹配的模板，而后给出结论，例如确定一个人是否曾有前科的指纹检验系统。显然，身份识别要比身份证实难得多。

8.3.2 信息认证

1. 基于公钥体制的信息认证

由于基于公钥体制的算法速度很慢，所以不太适合于对文件加密，而只适合于对少量数据进行加密。在 Windows NT 的安全性体系结构中，公开密钥系统主要用于对私有密钥的加密过程。每个用户如果想要对数据进行加密，都需要生成一对自己的密钥对（key pair）。密钥对中的公开密钥和非对称的加密及解密算法是公开的，而只有私有密钥由密钥的主人妥善保管。

通信中，如果用公开密钥对数据进行加密，那么只有用对应的私有密钥才能解密；如果用私有密钥对数据进行加密，那么只有用对应的公开密钥才能解密。

2. 加入数字签名的验证

对文件进行加密只解决了一个问题，还需要采取另外的手段来防止他人对所传输文件的破坏，以及如何确定发信人的身份。所以要加入数字签名及验证（verification）才能真正实现在公开网络上的安全传输。

如果第三方冒充发送方发出了一个文件,因为接收方在对数字签名进行解密时使用的是发送方的公开密钥,而由于第三方不知道发送方的私有密钥,则解密出来的数字签名真假二者必然是不同的。这就提供了一个安全确认发送方身份的方法。

8.3.3 通过认证机构认证

1. 认证中心和数字证书的定义

认证中心(CA,Certification Authority)是电子商务中的一个核心环节,是在电子交易中承担网上安全电子交易认证服务、签发数字证书、确认用户身份等工作的具有权威性和公正性的第三方(third party)服务机构,它是实现网上交易和网上支付的重要安全保障。在交易支付过程中,参与各方必须利用认证中心签发的数字证书来证明各自的身份。

数字证书的工作原理如下。数字证书是在 Internet 上用于建立人们身份和电子资产的数据文件。加密的在线通信常常被用于保护在线交易并保证其安全。在网络上以电子手段存在的数字标识,即数字证书,用来证实一个用户的身份及用户对网络资源的访问权限。在网上的电子交易中,如果双方出示了各自的数字证书,并用它来进行交易操作,那么双方就都可不必为对方身份的真伪担心。数字证书的内部格式是由 ITU-TX.509 国际标准所规定的。其主要内容有:证书的版本号、证书的序列号、证书签发者使用的签名算法、证书签发者、有效期、证书在该日期前无效、证书在该日期后无效、持证者的公钥信息、使用何种公钥算法、公钥(一般为 1 024 位以上的比特串)、可选域、签发者的数字签名以及可任意设置若干个扩展域。

数字证书可分为客户端数字证书、服务器端数字证书和开发者数字证书。客户端数字证书用于证明电子商务活动中客户端的身份,一般安装在客户浏览器上。服务器端数字证书一般签发给向客户提供服务的 WWW 服务器,用于向客户证明服务器的合法身份。开发者数字证书用于证明开发者发布软件的合法性。

2. 数字证书的申请和签发

数字证书的申请和签发一般要经过下列步骤。

① 申请者确定向某 CA 申请数字证书后,下载并安装该 CA 的"自签名证书"(self-signed certificate)或更高级 CA 向该 CA 签发的数字证书,验证 CA 身份的真实性。一个 CA 除了要具有权威机构的授权外,还要能够让证书申请者验证自己。让证书申请者验证自己的方法有两种:一种是该 CA 向更具权威性的 CA 申请数字证书,让证书申请者逐级向上验证,一直验证到他相信的 CA 为止;另一种是该 CA 创建"自签名证书"(也称根证书)让用户验证自己。用户如果安装了某 CA 的根证书,就能识别所有由该 CA 签发的数字证书了。

② 申请者的计算机随机产生二对公/私密钥。主流的 WWW 浏览器如 IE 和 Netscape 都具有此功能。

③ 私钥留下,公钥和申请明文用12A的公钥加密,发送给CA。申请明文包括CA所要求申请的各种信息。

④ CA受理证书甲的申请并核实申请者提交的信息:

ⓐ CA用自己的私钥对颁发的数字证书进行数字签名,并发送给申请者。

ⓑ 经CA签名过的数字证书被安装在申请者的计算机上。

3. 数字证书的验证过程

数字证书的验证一般都是由浏览器自动完成的,验证过程与数字签名的验证过程基本相同。下面以通信双方A、B进行安全通信时B验证A的数字证书为例,简述数字证书的验证过程。操作过程如下:

① 交易中B要求A出示其自己的数字证书。

② A将自己的数字证书发送至B,B首先验证签发该证书的CA是否合法。如果B已经安装了此CA的根证书,则说明B已经验证并信任该CA。如果B没有安装,则计算机会提示B去下载并验证此CA的根证书。B先用CA根证书所带的该CA的公钥验证解密根证书的数字签名,得到根证书的数字摘要,B再用相同的数字摘要算法对根证书制作数字摘要并将两个数字摘要进行比较,若相等,则该CA的根证书的自签名合法。若B信任该CA,则CA验证完毕;若B不信任该CA,则可进一步验证向该CA签发数字证书的更高一级CA,验证方法相同,直至B信任CA为止。

③ B用CA的公钥解密A证书的数字签名,得到A证书的数字摘要。

④ B用数字摘要算法对A的证书明文制作数字摘要。

⑤ B将两个数字摘要进行对比。

⑥ 若相同,则说明A的数字证书是合法的,且没有被篡改,是可靠的。B就可使用A的公钥与A进行安全通信。同时证明A的公钥是真实的,B即可使用A的公钥进行安全通信。

8.4 公钥基础设施(PKI)

目前,可以通过多种技术手段实现电子签名,在确认了签署者的确切身份后,电子签名承认人们可以用多种不同的方法签署一份电子记录。在世界先进国家和我国,普遍使用的、比较成熟的、使用方便且具有可操作性的电子签名技术是基于PKI的数字签名技术。

PKI的核心执行机构是电子认证服务提供者,通称为认证机构CA(Certificate Authority)。PKI签名的核心元素是由CA签发的数字证书。它所提供的PKI服务就是认证、数据完整性、数据保密性和不可否认性。它的做法是利用证书公钥和与之对应的私钥进行加密/解密,并产生对数字电文的签名及验证签名。数字签名是利用公钥密码技术和其他密码算法生成一系列符号及代码组成电子密码进行签名,以代替书写签名和印章;这种电子式的签名还可进行技术验证,其验证的准确度是手工签名和图章无法比拟的。这种签名方法可在很大的可信

PKI 域人群中进行认证,或在多个可信的 PKI 域中进行交叉认证,它特别适用于互联网和广域网上的安全认证和传输。

8.4.1 PKI 技术的信任服务

PKI 是 Public Key Infrastructure 的缩写,意为"公钥基础设施"。简单地说,PKI 技术就是利用公钥理论和技术建立的、可提供信息安全服务的基础设施。公钥基础设施 PKI 是以公开密钥技术为基础,以数据的机密性、完整性和不可抵赖性为安全目的而构建的认证、授权和加密等硬软件的综合设施。根据美国国家标准技术局的描述,在网络通信和网络交易中,特别是在电子政务和电子商务业务中,最需要的安全保证包括四个方面:身份标识和认证、保密或隐私、数据完整性和不可否认性。PKI 可以完全提供以上四个方面的保障。它所提供的服务主要包括三个方面。

1. 认　证

在现实生活中,认证采用的方式通常是两个人事前进行协商,确定一个秘密,然后,依据这个秘密进行相互认证。随着网络的扩大和用户的增加,事前协商秘密会变得非常复杂,在大规模的网络中,两两进行协商几乎是不可能的。PKI 通过证书进行认证,认证时对方知道你就是你,但却无法知道你为什么是你。在这里,证书是一个可信的第三方证明,通过它,通信双方可以安全地进行互相认证,而不用担心对方是假冒的。

2. 支持密钥管理

通过加密证书,通信双方可以协商一个秘密,而这个秘密可以作为通信加密的密钥。在需要通信时,可以在认证的基础上协商一个密钥。PKI 能够通过良好的密钥恢复能力,提供可信、可管理的密钥恢复机制。PKI 的普及应用能够保证在全社会范围内提供全面的密钥恢复与管理能力,以保证网上活动健康有序地发展。

3. 完整性与不可否认

完整性与不可否认性是 PKI 提供的最基本服务。一般来说,完整性也可以通过双方协商一个秘密来解决,但当一方有意抵赖时,这种完整性就无法接受第三方的仲裁。而 PKI 提供的完整性是可以通过第三方仲裁的,并且这种可以由第三方进行仲裁的完整性是通信双方都不可否认的。完善的 PKI 系统通过非对称算法以及安全的应用设备,基本上解决了网络社会中的绝大部分安全问题(可用性除外)。目前,许多网站、电子商务和安全 E-mail 系统等都已经采用了 PKI 技术。

8.4.2 PKI 的体系结构

一个标准的 PKI 域必须具备以下主要内容。

1. 认证机构 CA

CA 是 PKI 的核心执行机构,是 PKI 的主要组成部分。从广义上讲,认证中心还应该包括证书申请注册机构 RA,它是数字证书的申请注册、证书签发和管理机构。CA 是保证电子商务、电子政务、网上银行和网上证券等交易的权威性、可信任性和公正性的第三方机构。

2. 证书和证书库

证书是数字证书或电子证书的简称,它符合 X.509 标准,是网上实体身份的证明。证书是由具备权威性、可信任性和公正性的第三方机构签发的,因此,它是权威性的电子文档。

证书库是 CA 颁发证书和撤销证书的集中存放地,它像网上的"白页"一样,是网上的公共信息库,可供公众进行开放式查询。一般来说,查询的目的有两个:一是想得到与之通信实体的公钥;二是要验证通信对方的证书是否已进入"黑名单"。证书库支持分布式存放,即可以采用数据库镜像技术,将 CA 签发的证书中与本组织有关的证书和证书撤销列表存放到本地,以提高证书的查询效率,减少向总目录查询的瓶颈。

3. 密钥备份及恢复

密钥备份及恢复是密钥管理的主要内容,用户由于某些原因将解密数据的密钥丢失,从而使已被加密的密文无法解开。为避免这种情况的发生,PKI 提供了密钥备份与密钥恢复机制,即当用户证书生成时,加密密钥即被 CA 备份存储;当需要恢复时,用户只需向 CA 提出申请,CA 就会为用户自动进行恢复。

4. 密钥和证书的更新

一个证书的有效期是有限的,这种规定在理论上是基于当前非对称算法和密钥长度的可破译性分析;在实际应用中是由于长期使用同一个密钥有被破译的危险,因此,为了保证安全,证书和密钥必须有一定的更换频度。为此,PKI 对已发的证书必须有一个更换措施,这个过程称为"密钥更新或证书更新"。

5. 证书历史档案

一系列旧证书和相应的私钥组成了用户密钥和证书的历史档案。记录整个密钥历史是非常重要的。例如,某用户几年前用自己的公钥加密的数据或者其他人用自己的公钥加密的数据无法用现在的私钥解密,那么该用户就必须从他的密钥历史档案中查找到几年前的私钥来解密数据。

6. 客户端软件

为了方便客户操作和解决 PKI 的应用问题,在客户方装有客户端软件,以实现数字签名和加密传输数据等功能。此外,客户端软件还负责在认证过程中查询证书和相关的撤销信息,以及进行证书路径处理和对特定文档提供时间戳请求等。

7. 交叉认证

交叉认证就是多个 PKI 域之间实现互相操作。交叉认证实现的方法有多种：一种是桥接 CA，即用一个第三方 CA 作为桥，将多个 CA 连接起来，成为一个可信任的统一体；另一种是多个 CA 的根 CA 互相签发根证书，这样当不同 PKI 域中的终端用户沿着不同的认证链检验认证到根时，就能达到互相信任的目的。

8.4.3 PKI 的应用

1. 虚拟专用网络(VPN)

通常，企业在架构 VPN 时都会利用防火墙和访问控制技术来提高 VPN 的安全性，其实这只解决了很少一部分问题，而一个现代 VPN 所需要的安全保障，如认证、机密、完整、不可否认以及易用性等都需要采用更完善的安全技术。就技术而言，除了基于防火墙的 VPN 之外，还可以有其他的结构方式，如基于黑盒的 VPN、基于路由器的 VPN、基于远程访问的 VPN 或者基于软件的 VPN。现实中构造的 VPN 往往并不局限于一种单一的结构，而是趋向于采用混合结构方式，以达到最适合具体环境和最理想的效果。在实现中，VPN 的基本思想是采用秘密通信通道，用加密的方法来实现。事实上，缺乏 PKI 技术所支持的数字证书，VPN 也就缺少了最重要的安全特性。

基于 PKI 技术的 IPSec 协议现在已经成为架构 VPN 的基础，它可以为路由器之间、防火墙之间或者路由器与防火墙之间提供经过加密和认证的通信。虽然它的实现会复杂一些，但其安全性比其他协议都完善得多。由于 IPSec 是 IP 层上的协议，因此很容易在全世界范围内形成一种规范，具有非常好的通用性；而且 IPSec 本身就支持面向未来的协议——IPv6。总之，IPSec 还是一个发展中的协议，随着成熟的公钥密码技术越来越多地嵌入到 IPSec 中，相信在未来几年内，该协议会在 VPN 世界里扮演越来越重要的角色。

2. 安全电子邮件

作为 Internet 上最有效的应用，电子邮件凭借其易用、低成本和高效已经成为现代商业中的一种标准信息交换工具。随着 Internet 的持续增长，商业机构或政府机构都开始用电子邮件来交换一些秘密的或是有商业价值的信息，这就引出了一些安全方面的问题。其实，电子邮件的安全需求也是机密、完整、认证和不可否认的，而这些部分可以利用 PKI 技术来获得。具体来说，利用数字证书和私钥，用户可以对他所发的邮件进行数字签名，这样就可以获得认证、完整性和不可否认性，如果证书是由其所属公司或某一可信的第三方颁发的，那么，无论收到邮件的人是否认识发邮件的人，他都可以信任该邮件的来源，这样，在政策和法律允许的情况下，用加密的方法就可以保证信息的保密性。

目前，发展很快的安全电子邮件协议是 S/MIME，这是一个允许发送加密和有签名邮件的协议。该协议的实现需要依赖于 PKI 技术。

3. Web 安全

为了透明地解决 Web 的安全问题,最合适的入手点是浏览器。现在,无论是 Internet Explorer 还是 Netscape Navigator 浏览器,都支持 SSL 协议。在传输层和应用层之间的安全通信层,在两个实体进行通信之前,先要建立 SSL 连接,以此实现对应用层透明的安全通信。利用 PKI 技术,SSL 协议允许在浏览器和服务器之间进行加密通信。此外还可以利用数字证书来保证通信安全,服务器端和浏览器端分别由可信的第三方颁发数字证书,这样在交易时,双方可以通过数字证书确认对方的身份。需要注意的是,SSL 协议本身并不能提供对不可否认性的支持,这部分工作必须由数字证书来完成。

结合 SSL 协议和数字证书,PKI 技术可以保证 Web 交易多方面的安全需求,使得在 Web 上的交易与面对面的交易一样安全。

4. 电子商务的应用

PKI 技术是解决电子商务安全问题的关键,综合 PKI 的各种应用,可以建立一个可信任和足够安全的网络。在这方面,有可信的认证中心,典型的如银行、政府或其他第三方。在通信中,利用数字证书可消除由匿名带来的风险,利用加密技术可消除由开放网络带来的风险,这样,商业交易就可以安全可靠地在网上进行了。

网上商业行为只是 PKI 技术目前比较热门的一种应用,必须看到,PKI 还是一门处于发展中的技术。

8.5 防火墙技术

网络安全是电子商务安全的基础,一个完整的电子商务系统应建立在安全的网络基础设施之上。网络安全涉及的方面较多,如操作系统、防火墙技术、虚拟专用网(VPN)技术、各种反黑客技术和漏洞检测技术等。其中最重要的就是防火墙技术。

什么是防火墙?网络中的防火墙像一座水力发电厂的大坝,大坝上十分严格地预留了一定数量的开口和溢流口,可以使一定数量的水通过规定通道;还可以把网络防火墙比喻成国际机场的边防检查站和海关,在得到允许进出一个国家前,必须通过一系列的检查点。在网络防火墙中,每个数据包在得到许可继续传输前也必须通过某些检查点。最初,希望建造网络防火墙的真正目的就是这个。

在网络中,所谓"防火墙"是指一种将内部网与公众访问网(如 Internet)分开的方法,它实际上是一种隔离技术。防火墙是在两个网络通信时执行的一种访问控制尺度,它能允许你"同意"的人和数据进入你的网络,同时将你"不同意"的人和数据拒之门外,最大限度地阻止网络中的黑客访问你的网络。换句话说,如果不通过防火墙,公司内部的人就无法访问 Internet,Internet 上的人也无法与公司内部的人进行通信。

8.5.1 防火墙的功能

防火墙的功能有以下 4 点。

1. 网络安全的屏障

防火墙(作为阻塞点和控制点)能极大提高内部网络的安全性,并通过过滤不安全的服务而降低风险。由于只有经过精心选择的应用协议才能通过防火墙,所以网络环境变得更安全,如防火墙可以禁止诸如众所周知的不安全的 NFS 协议进出受保护网络,这样,外部的攻击者就不可能利用这些脆弱的协议来攻击内部网络。防火墙同时可以保护网络免受基于路由的攻击,如 IP 选项中的路由和 ICMP 重定向中的重定向路径攻击。防火墙应该可以拒绝所有使用以上类型攻击的报文并通知防火墙管理员。

2. 强化网络安全策略

通过以防火墙为中心的安全方案配置,能将所有的安全软件(90 密码、加密、身份认证和审计等)配置在防火墙上。与将网络安全问题分散到各个主机上相比,防火墙的集中安全管理更经济。例如,在访问网络时,一次一密的密码系统和其他的身份认证系统完全可以不必分散在各个主机上,而集中在防火墙一身上。

3. 对网络存取和访问进行监控审计

如果所有的访问都经过防火墙,那么防火墙就能记录下这些访问并做出日志记录,同时也能提供网络使用情况的统计数据。当发生可疑动作时,防火墙能进行适当的报警,并提供网络是否受到监测和攻击的详细信息。另外,收集一个网络的使用和误用情况也非常重要。最重要的理由是可以清楚防火墙是否能够抵挡攻击者的探测和攻击,并且清楚防火墙的控制是否充足。而网络使用统计的方法对网络进行需求分析和威胁分析等也是非常重要的。

4. 防止内部信息外泄

通过利用防火墙对内部网络的划分,可实现对内部网重点网段的隔离,从而限制了局部重点或敏感网络安全问题对全局网络造成的影响。再者,隐私是内部网络非常令人关心的问题,一个内部网络中不引人注意的细节可能包含了有关安全的线索而引起外部攻击者的兴趣,甚至因此而暴露了内部网络的某些安全漏洞。使用防火墙就可以隐蔽那些透漏内部细节如 Finger 及 DNS 等的服务。Finger 显示了主机上所有用户的注册名、真名、最后登录时间和使用的 shell 的类型等。如果 Finger 显示的信息被攻击者获悉,那么攻击者就可以知道一个系统使用的频繁程度以及这个系统是否有用户正在连线上网等信息,而防火墙可以对外部网络屏蔽该服务。防火墙同样可以阻塞有关内部网络中的 DNS 信息,这样一台主机的域名和 IP 地址就不会被外界所了解。

除了安全作用,防火墙还能支持具有 Internet 服务特性的企业内部网络技术体系 VPN。

8.5.2 防火墙的分类

根据防火墙的分类标准,可将其分为多种类型,这里所遵循的是根据网络体系结构进行分类。按照这样的标准,可以分为以下几种防火墙。

1. 网络级防火墙

一般是基于源地址和目的地址、应用或协议以及每个 IP 包的端口来做出通过与否的判断。一个路由器便是一个"传统"的网络级防火墙,大多数路由器都能通过检查这些信息来决定是否将所收到的包转发,但它不能判断出一个 IP 包来自何方,去向何处。

但是,先进的网络级防火墙就可以判断这一点。首先,它可以提供内部信息以说明所通过的连接状态和一些数据流的内容,并把所判断的信息与规则表比较,在规则表中定义了各种规则来表明是否同意或拒绝包的通过。包过滤防火墙检查每一条规则直至发现包中的信息与某规则相符或不符。如果没有一条规则符合,则防火墙就会使用默认规则,一般情况下,默认规则就是要求防火墙丢弃该包。其次,通过定义基于 TCP 或 UDP 数据包的端口号,防火墙能够判断是否允许建立特定的连接,如 Telnet 或 FTP 连接。

下面是某一网络级防火墙的访问控制规则:

① 允许网络 123.1.0.1 使用 FTP(端口 21)访问主机 150.0.0.1。
② 允许 IP 地址为 202.103.1.18 和 202.103.1.14 的用户 Telnet(端口 23)到主机 150.0.0.2 上。
③ 允许任何地址的 E-mail(端口 25)进入主机 150.0.0.3。
④ 允许任何 WWW 数据(端口 80)通过。
⑤ 不允许其他数据包进入。

网络级防火墙简洁、速度快、费用低,并且对用户透明,但是对网络的保护很有限,因为它只检查地址和端口,而对网络更高协议层的信息无理解能力。

2. 应用级网关

应用级网关就是人们常说的"代理服务器",它能够检查进出的数据包,并通过网关来限制所传递的数据,以防在受信任的服务器和客户机上与不受信任的主机间直接建立联系。应用级网关能够理解应用层上的协议,能够做一些复杂的访问控制,并做一些精细的注册和稽核。但每一种协议都需要相应的代理软件,因此使用时工作量大,效率不如网络级防火墙高。

常用的应用层协议,如 HTTP,FTP,Telnet,rlogin,和 X-Windows 等,已有相应的代理服务器。但是,对于新开发的应用,尚没有相应的代理服务器,它们将使用网络级防火墙和一般的代理服务器。

应用级网关有较好的访问控制,是目前最安全的防火墙技术;但实现困难,而且有的应用级网关缺乏"透明度"。在实际使用中,当用户在受信任的网络上通过防火墙访问 Internet 时,经常会发现存在延迟并且必须进行多次登录才能访问 Internet 或 Intranet 的情况。

3. 电路级网关

电路级网关用来监控受信任的客户或服务器与不受信任的主机间的 TCP 握手信息,从而决定该会话(session)是否合法。电路级网关是在 OSI 模型中会话层上过滤数据包,这样它比包过滤防火墙要高两层。

实际上电路级网关并非作为一个独立的产品存在,它与其他的应用级网关结合在一起,如 Trust Information Systems 公司的 Gauntlet Internet Firewall 和 DEC 公司的 Alta Vista Firewall 等产品。另外,电路级网关还提供一个重要的安全功能代理服务器(proxy server),代理服务器是个防火墙,在其上运行一个叫做"地址转移"的进程,以将公司内部的所有 IP 地址映射到一个"安全"的 IP 地址,该地址由防火墙使用。但是,电路级网关也存在一些缺陷,因为该网关是在会话层工作的,所以它无法检查应用层级的数据包。

4. 规则检查防火墙

该防火墙结合了包过滤防火墙、电路级网关和应用级网关的特点。它同包过滤防火墙一样,规则检查防火墙能够在 OSI 网络层上通过 IP 地址和端口号过滤进出的数据包。它也像电路级网关一样,能够检查 SYN 和 ACK 标记以及序列数字是否逻辑有序。当然,它也像应用级网关一样,可以在 OSI 应用层上检查数据包的内容,查看这些内容是否能符合公司网络的安全规则。

规则检查防火墙虽然集成前三者的特点,但是不同于一个应用级网关的是,它并不打破客户/服务器模式来分析应用层的数据,它允许受信任的客户机和不受信任的主机建立直接连接。规则检查防火墙不依靠与应用层有关的代理,而是依靠某种算法来识别进出的应用层数据,这些算法通过已知合法数据包的模式来比较进出数据包,这样从理论上就能比应用级代理在过滤数据包上更有效。

目前在市场上流行的防火墙大多属于规则检查防火墙,因为该防火墙对用户透明,在 OSI 最高层上加密数据,不需要修改客户端程序,也不需要对每个需要在防火墙上运行的服务额外增加一个代理,如现在最流行的防火墙之一——On Technology 软件公司生产的 On Guard 和 Check Point 软件公司生产的 Fire Wall-1 防火墙都是一种规则检查防火墙。

从趋势上看,未来的防火墙将位于网络级防火墙和应用级防火墙之间,也就是说,网络级防火墙将变得更加能够识别通过的信息,而应用级防火墙在目前的功能上则向"透明"和"低级"方面发展。防火墙最终将成为一个快速注册稽查系统,以保护数据以加密方式通过,使人们可以放心地在节点间传送数据。

8.6 安全协议

8.6.1 SSL 协议

SSL(Secure Socket Layer,安全套接层)协议主要通过使用公开密钥体制和 X.509 数字证书技术来保护信息传输的机密性和完整性,它不能保证信息的不可抵赖性,主要适用于点对点的信息传输,常采用 Web Server 方式。

SSL 协议是网景(Netscape)公司提出的基于 Web 应用的安全协议,主要用于提高应用程序之间数据的安全系数,它包括:服务器认证、客户认证(可选)、SSL 链路上的数据完整性和 SSL 链路上的数据保密性。对于电子商务应用来说,使用 SSL 可保证信息的真实性、完整性和保密性。但由于 SSL 不对应用层的消息进行数字签名,因此不能提供交易的不可否认性,这是 SSL 在电子商务中使用的最大不足。

SSL 协议的整个概念可以被概括为:它是一个保证任何安装了安全套接层的客户和服务器间事务安全的协议,该协议向基于 TCP/IP 的客户/服务器应用程序提供了客户端和服务器的鉴别、数据完整性及信息机密性等安全措施,目的是为用户提供与企业内联网相连接的安全通信服务。

SSL 包含两层协议:SSL 记录协议和 SSL 握手协议。SSL 记录协议规定了记录头和记录数据格式。SSL 握手协议建立和加密通信信道,并对客户认证。SSL 采用了公开密钥和专有密钥两种加密,在建立连接过程中采用公开密钥,在会话过程中使用专有密钥。加密的类型和强度则在两端之间建立连接的过程中判断决定。它保证了客户和服务器间事务的安全性。

1. SSL 协议的运行

SSL 协议在运行过程中可分为六个阶段:

① 建立连接阶段。客户通过网络向服务商打招呼,服务商回应。
② 交换密码阶段。客户与服务商之间交换双方认可的密码。
③ 会谈密码阶段。客户与服务商之间产生彼此交谈的会谈密码。
④ 检验阶段。服务商检验取得的密码。
⑤ 客户认证阶段。服务商验证客户的可信度。
⑥ 结束阶段。客户与服务商之间相互交换结束信息。

当上述动作完成之后,两者之间的资料传输就用对方公钥进行加密后再传输,另一方收到资料后用私钥解密。即使盗窃者在网上取得加密的资料,如果没有解密密钥,也无法看到可读的资料。

2. SSL 提供的三种基本安全服务

(1) 加密处理

在客户机与服务器进行数据交换前,交换 SSL 初始握手信息,在 SSL 握手信息中采用了各种加密技术对其加密,以保证其机密性和数据的完整性,并用数字证书进行鉴别。这样就可以防止非法用户使用工具进行窃听,尽管可能截取到通信内容,但无法对其破译。

(2) 保证信息的完整性

安全套接层协议采用 Hash 函数和机密共享的方法来提供信息完整性的服务,建立客户机与服务器之间的安全通道,以使所有经过安全套接层协议处理的业务全部准确无误地到达目的地。

(3) 提供较完善的认证服务

客户机和服务器都有各自的识别号,这些识别号由公开密钥进行编号,为了验证用户是否合法,安全套接层协议要求在握手交换数据前进行数字认证,以此来确保用户的合法性。

8.6.2 SET 协议

1. SET 协议介绍

SET 协议主要是为用户、商家和银行之间通过信用卡支付的交易而设计的,它要保证支付信息的机密性、支付过程的完整性、商家及客户(持卡人)的合法身份以及可操作性。SET 的核心技术主要有公开密钥加密、数字签名、电子信封和电子安全证书等。

SET 能在电子交易环节上提供更大的信任度、更完整的交易信息、更高的安全性和更少受欺诈的可能性。SET 协议支持 B2C 类型的电子商务模式,即消费者持卡在网上购物与交易的模式。SET 交易分三个阶段进行(见图 8-8):

① 购买请求阶段。用户与商家确定所用支付方式的细节。

② 支付认定阶段。商家与银行核实,随着交易的进展,他们将得到付款。

③ 受款阶段。商家向银行出示所有交易的细节,然后银行以适当方式转移货款。

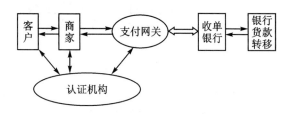

图 8-8 SET 交易阶段

2. SET 协议实现的主要目标

内容包括:

① 信息在 Internet 上安全传输。保证网上传输的数据不被黑客窃取。

② 订单信息与个人账号信息的隔离。当包含持卡人账号信息的订单送达商家时,商家只能看到订货信息,而不能看到持卡人的账户信息。

③ 持卡人和商家相互认证,以确定通信双方的身份。一般由第三方机构负责为在线通信双方提供信用担保。

④ 要求软件遵循相同的协议和报文格式,以使不同厂家开发的软件具有兼容和互操作功能,并且可以运行在不同的硬件和操作系统平台上。

因此,SET 协议保证了电子交易的机密性、数据完整性、身份的合法性和不可否认性。

3. SET 交易的运作模式

SET 交易的运作模式如图 8-9 所示,具体过程是:

① 持卡者向商家发出购买初始化请求,其中包含持卡者的信息和证书。

② 商家接收到请求后验证持卡者的身份,然后将商家和支付网关的有关信息和证书生成回复消息,发给持卡者。

③ 持卡者接收到消息后,验证商家和支付网关的身份。然后,持卡者利用自己的支付信息(包括账户信息)生成购买请求消息,并发送给商家。

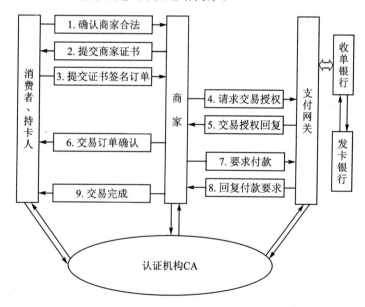

图 8-9　SET 交易运作模式

④ 商家接收到购买请求消息后,连同自己的信息生成授权请求消息,发给支付网关,请求支付网关授权该交易。

⑤ 支付网关接收到授权请求消息后,取出支付信息,通过银行内部网络连接收单银行和

发卡银行,对该交易进行授权。授权完成后,支付网关产生授权响应消息,发给商家。

⑥ 商家接收到授权响应消息后,定期向支付网关发出转账请求消息,请求进行转账。

⑦ 支付网关接收到转账请求消息后,通过银行内部网络连接收单银行和发卡银行,将资金从持卡者账户转到商家账户中,然后向商家发出消息。

⑧ 商家接收到消息,知道已经完成转账,然后产生消息,发送给持卡者。

⑨ 持卡者接收到消息,知道该交易已经完成。

SET 协议通过证书、认证中心以及它的树形验证体系结构来完成认证过程。

4. SET 与 SSL 的比较

SET 有以下几个方面的优点:

① SET 为商家提供了保护手段,使得商家免受欺诈的困扰。

② 对消费者而言,SET 保证了商家的合法性,并且用户的信用卡号不会被窃取;SET 为消费者保守了更多的秘密,从而使消费者在线购物时更加轻松。

③ 银行和发卡机构以及各种信用卡组织推荐 SET,因为 SET 帮助他们将业务扩展到 Internet 这个广阔的空间,从而减少了信用卡网上支付的欺骗概率,这使得它比其他的支付方式具有更大的竞争优势。

SSL 协议和 SET 协议在网络各层的位置和功能并不相同。SSL 是基于传输层的通用安全协议,且只占电子商务体系中的一部分,可将其看做是其中用于传输的那部分技术规范。从电子商务特性来看,它并不具备商务性、服务性、协调性和集成性。而 SET 协议则位于应用层,它对网络上其他各层也有涉及。SET 中规范了整个商务的活动流程,它对从信用卡持卡人到商家,到支付网关,到认证中心以及到信用卡结算中心之间的信息流向和必须参与的加密与认证都制定了严密的标准,从而最大限度地保证了商务性、服务性、协调性和集成性。

电子商务的安全不仅仅是狭义上的网络安全,如防病毒、防黑客和入侵检测等,从广义上讲,它还包括信息的完整性以及交易双方身份的不可抵赖性,因此,从整体上可将其分为计算机网络安全和商务交易安全两大部分。电子商务的安全要求有三个方面:电子商务交易方自身的网络安全、电子交易数据的传输安全和电子商务的支付安全。

电子商务中大量的交易数据需要在 Internet 上传输,因此如何保障数据的私密性以及防止数据被他人破坏和篡改就显得尤为重要。人们采用数据加密技术来保护电子商务交易数据传输的保密性,采用数字签名技术来保证电子商务交易数据传输的完整性。

8.7 网民的自我保护措施

对于普通网民消费者,应该首先了解主要存在的网络上的不安全因素。最常见的是以发送电子邮件的方式传递虚假信息引诱用户中圈套;建立假冒网上银行或网上证券网站,骗取用户账号密码实施盗窃;网页弹出消息诱骗网民上当;利用虚假的电子商务进行诈骗等。

针对电子邮件欺诈,广大网民如收到有如下特点的邮件就要提高警惕,不要轻易打开和听信:一是伪造发件人信息;二是问候语或开场白往往模仿被假冒单位的口吻和语气,如"亲爱的用户";三是邮件内容多为传递紧迫的信息,如账户状态将影响到正常使用或宣称正在与网站更新账号资料信息等;四是索取个人信息,如要求用户提供密码和账号等信息。

针对假冒网上银行和网上证券网站的情况,广大网上电子金融和电子商务用户在进行网上交易时要做到以下几点:① 核对网址,看是否与真实网址一致;② 选妥和保管好密码;③ 做好交易记录;④ 管好数字证书;⑤ 对异常动态提高警惕;⑥ 通过正确的程序登录支付网关。

针对虚假电子商务信息的情况,广大网民应了解诈骗信息的特点,不要上当,并在进行网络交易前,对交易网站和交易对方的资质进行全面了解。

尽量在不同场合使用有所区别的密码。牢记密码数字,如果记录下来则应妥善保管。密码不要告诉他人,包括自己的亲朋好友。在用户登录或输入网上支付密码时,应防止左右可疑的人窥视。预留密码时不要选用身份证号、生日、电话号、门牌号以及吉祥、重复或连续等易被他人破译的数字。建议选用既不易被他人猜到,又方便记忆的数字。当发现有泄密的危险时,应及时更换密码,并应不定期更换密码。

不断增强网络安全与道德意识,培养良好的网络安全与道德素质,提高网上的自我约束能力、自控能力和自我保护意识,自觉抵制网上的不良行为和信息,做一个网络信息时代有理想、有道德、有文化、有纪律的合格网民。增强法律意识,能够使用电子商务的《消费者权益保护法》来保护自己。

其他网络安全防范措施有:
① 安装防火墙和防病毒软件,并经常升级。② 注意经常给系统打补丁,堵塞软件漏洞。③ 禁止浏览器运行 JavaScript 和 ActiveX 代码。④ 不要上一些不太了解的网站,不要执行从网上下载后未经杀毒处理的软件,不要打开从 MSN 或者 QQ 上传送过来的不明文件等。⑤ 提高自我保护意识。

8.8 电子商务安全管理

8.8.1 安全管理体系

由于互联网覆盖全球,信息内容广泛,用户结构复杂,因此不可能进行集中统一管理。电子商务的大量问题(控制通信路由选择、追踪和监控通信过程、控制和封闭信息流通、保证通信可靠性和敏感信息的安全、提供源和目标的认证、实施法律意义上的公证和仲裁等)都涉及安全问题,要想对安全问题进行认真研究,提出解决方案,除了加强制度和法规等管理措施外,还要强化信息系统本身的安全能力。

1. 信息安全管理的范围

网络信息的安全管理，包括以下四类活动。

(1) 系统安全管理

系统安全管理涉及安全管理的各个方面，包括以下典型活动：

① 总体安全策略的管理，包括一致性的修改与维护。

② 与其他管理功能的相互作用。

③ 与安全服务管理和安全机制管理的交互作用。

④ 事件处理管理。

⑤ 安全审计管理。

⑥ 安全恢复管理。

(2) 安全服务管理

安全服务管理涉及特定安全服务管理的各个方面，包括以下典型活动：

① 为某种安全服务决定与指派安全保护目标。

② 在可选情况下，指定并维护选择规则，选取安全服务使用的特定的安全机制。

③ 对那些需要事先取得管理同意的可用安全机制进行协商（本地的和远程的）。

④ 通过适当的安全机制管理功能调用特定的安全机制（例如提供行政管理加强的安全服务）。

⑤ 与其他安全服务管理功能和安全机制管理功能的交互作用。

(3) 安全机制管理

安全机制管理涉及特定安全机制的管理，包括以下典型活动：

① 密钥管理。

② 加密管理。

③ 数字签名管理。

④ 访问控制管理。

⑤ 数据完整性管理。

⑥ 路由选择控制管理。

(4) 信息安全管理

安全管理本身涉及信息的安全，这也是网络信息安全管理的重要部分。网络信息安全管理将借助选择适当的安全服务和安全机制，来确保安全管理协议和信息获得足够的保护。

2. 安全体系结构

(1) 物理安全

物理安全是指在物理介质层次上对存储和传输的网络信息进行安全保护，是网络信息安全的基本保障。建立物理安全体系结构应从三个方面考虑：一是自然灾害（地震、火灾、洪水）、物理损坏（硬盘损坏、设备使用到期、外力损坏）和设备故障（停电断电、电磁干扰）；二是电磁辐射、乘虚而入和痕迹泄露等；三是操作失误（格式化硬盘、线路拆除）和意外疏忽。

（2）访问控制

访问控制首先要把用户和数据进行分类，然后根据需要把两者匹配起来，把数据的不同访问权限授予用户，这样，被授权的用户才能访问相应数据。

（3）数据保密

数据保密是避免网络中各系统之间的交换数据因数据被截获而造成泄密。数据保密应考虑以下三个方面：

① 连接保密。对某个连接上的所有用户数据提供保密。

② 选择字段保密。对协议数据单元的一部分选择字段进行保密。

③ 信息流保密。对可能从观察信息流就能推导出的信息提供保密。

（4）数据完整性

数据完整性是保证接收方收到的信息与发送方发送的信息完全一致，它包括可恢复的完整性、不可恢复的完整性和选择字段的完整性。目前主要通过数字签名技术来实现。

（5）路由控制

在大型网络中，从源节点到目的节点可能有多条线路，其中有些线路可能是安全的，有些则是不安全的。通过选择路由控制机制，可使信息发送者选择特殊的路由，以保证数据的安全。

3. 建立全面实用的网络安全体系

近几年来，计算机网络的发展异常迅猛，特别是随着互联网的不断推广应用，计算机网络越来越成为人们所关注的全球性热点之一。网络在工业、金融、政务和教育等领域的渗透，使网络在人们日常工作中的地位越来越重要。网络的规模不断扩大，复杂性也随之不断增加。在很好地使用信息系统的同时，如何保障计算机网络的安全使用也成为一个越来越受到重视的问题。

（1）安全体系的定义

网络安全管理体系是一个在网络系统内结合安全技术与安全管理，以实现系统多层次安全保证的应用体系。此体系结合网络、系统、用户、应用及数据方面的安全措施，对网络系统的使用实施统一的安全规划。随着计算机技术的不断发展，保障安全的技术日益完善。

与此同时，破坏网络安全的技术也在不断涌现，使安全保障成为一个棘手的问题。要想从技术和管理上解决网络的安全问题，可在以下五个层次上加强措施：网络的完整性、系统的完整性、用户账号的完整性、应用/数据的完整性和数据的保密性。

(2) 网络的完整性

网络是信息系统里连接主机、用户机及其他计算机设备的基础,是公司业务系统正常运行的首要保证。从管理的角度看,网络可以分为内部网(企业内部网)与外部网(Extranet)。网络的安全涉及内部网的安全保证以及两者之间连接的安全保证。目前,使用比较广泛的网络安全技术包括防火墙、网络管理和通信安全技术。

(a) 网络管理技术

网络管理技术(network management)对内部网络进行全面监控,具有展示拓扑图、管理流量、故障报警等功能。网络管理系统对整个网络状况进行智能化的检测,以提高网络的可用性和可靠性,从而在整体上提高网络运行的效率,降低管理成本。

(b) 通信安全技术

通信安全技术(communication security)为网络间的通信提供了安全保障,加强了通信协议上的管理。在具体应用上,通信安全技术表现在对电子邮件的加密、建立安全性较高的电子商务站点、建设可靠性高的电子企业虚拟网(VPN)等。

(3) 系统的完整性

系统的安全管理围绕着系统硬件、系统软件以及系统上运行的数据库和应用软件来采取相应的安全措施。系统的安全措施将首先为操作系统提供防范性好的安全保护伞,并为数据库和应用软件提供整体性的安全保护。在系统这一层,具体的安全技术包括病毒防范、风险评估、非法入侵的检测及整体性的安全审计。

(a) 系统性的病毒防范

系统性的病毒防范(virus detection and prevention)不仅仅针对单个的计算机系统,也增加了对网络病毒的防范。在文件服务器、应用服务器和网络防火墙上增加防范病毒的软件,可把防毒的范围扩大到网络里的每个系统。

(b) 系统的风险评估

系统的风险评估(risk assessment)可检查出系统的安全漏洞,同时还对系统资源的使用状况进行分析,以提示出系统最需解决的问题。在系统配置与应用不断改变的情况下,系统管理员需要定期对系统、数据库和系统应用进行安全评估,以便及时采取必要的安全措施,对系统实施有效的安全防范。

(c) 非法入侵的检测

非法入侵的检测(intrusion detection)一方面通过实时监视和主动的漏洞检测,堵住"黑客"入侵的途径;另一方面设置伪装的安全陷阱,以诱惑"黑客"来攻击,从而捕捉"黑客"对系统侵犯的证据。

(d) 安全审计

安全审计(centralized auditing)定期对分布的系统安全措施的实施情况进行检查,并对所产生的安全报告进行综合审计。

8.8.2 安全管理措施

1. 安全管理技术措施

(1) 加强场地设备防护

在计算机设备实体安全中,首先是对场地环境条件的控制。对计算机网络的中心机房及其延伸点,要坚决搞好基本环境建设,要有完整的防雷电设施,有严格的防电磁干扰设施,机房内要搞好防水、防火的预防工作,主机房电源要有完整的双回路备份机制。

(2) 做好备份应急工作

在计算机网络系统中,对那些极其关键部位的设备,除了提供实时全双工热备份机制外,还应有备份设备以供应急之用。

(3) 做好远程备份工作

由于系统数据的重要性,所以平常要做好计算机数据的远程备份工作;同时,计算机数据的备份介质不能与计算机中心存放在一处(最好不要存放于同一大楼内)。

(4) 挑选高素质的系统管理员

系统管理员要有极强的责任心;要有较高的业务水平,要对自己所管理的计算机系统了如指掌;要有吃苦耐劳、默默奉献的精神;并且计算机网络系统的管理员一般来说还要求有一定的稳定性,不能过于频繁地更换。

(5) 建立专用的网络防火墙

一般来说,网络接入点越多,被非法入侵的可能性就越大,所以在内部网络和外部网络之间建立专用的防火墙,不让外部网络上的无关用户来访问内部网络,是一个防止外部入侵非常有效的方法。但是防火墙的建立并非就一劳永逸,所以在建立硬件设备防火墙之时,也要在内部人员心目中建立起一道坚固的"防火墙"。

(6) 不使用来历不明的软件

那些来历不明的程序和廉价游戏软件是病毒的主要载体。因而当在计算机网络上使用外来磁盘时,必须进行计算机病毒的检查,同时严禁在网上使用来历不明的软件,特别是游戏软件。

(7) 采用数据加密技术

数据加密是计算机安全的重要组成部分。计算机中的口令全部是加密过的,文件也可以加密。对于一般性文件,只需进行简单的加密即可,而对于重要文件,就要选用当今最先进的数据加密技术进行加密。

(8) 加强系统管理员的培训

计算机网络系统管理员要对自己的知识及时更新,了解当前最前沿的安全布防措施,及时更改网络系统的安全布防,以确保网络正常运行。

(9) 完善安全管理制度

主要包括：

① 严格执行用户权限管理制度，对各级用户的使用权限定期进行检查。

② 严格执行控制网络接入设备的管理制度。对接入网络的任何设备及使用情况都要有非常详细的记录说明，并定期检查其使用情况，还要对其入网操作的权限加以控制。

③ 严格加强口令保密制度的执行。杜绝使用公开或默认的口令和用户名称，对关键用户的口令要采用双人监护、异地保存等方式进行管理，严防个人独自以关键用户进入网络系统。

④ 加强对入网用户身份的检查。对因工作岗位调换的用户要及时更改其网络使用权限，对不具备再次使用网络资源的用户身份要及时予以删除。

⑤ 加强网络系统的日常巡查，及时监控用户使用网络资源的情况。对陌生用户要及时查清来源，并加以相应处理；对越权用户要查明越权原因，并根据实际情况限制其使用权限。

⑥ 随时监视网络资源使用情况，严防网络使用瓶颈。当发现网络资源紧张时，要查明具体原因，如系资源紧张，则要及时对网络资源进行扩容；如系网络瓶颈，则要分析具体情况，对网络的部分接入方式进行改造，改善网络性能；如系某个用户过度侵占网络系统资源，则要对其权限加以控制。

⑦ 及时做好网络系统动态数据的远程备份工作。对于网络系统来说，静态的系统及数据往往容易引起注意，且能够做好远程备份工作；而作为随时变化的业务动态数据，则需要得到及时的备份，以备在系统出现意想不到的故障时使用。

⑧ 定期清理网络存储的资源。由于网络实现资源共享，所以所有联网用户都来争抢有限的资源，有些用户将自己的私人文件也存放于共享区域，严重影响网络资源的充分利用；另外，一些用于系统监控的日志文件或临时文件，在进行相应处理之后，要将它们定期或不定期地进行清理。

⑨ 要加强网络用户与网络管理部门之间的联系与沟通，及时发现网络使用中的各种安全隐患，并根据具体情况制定出切实可行的防范方法，从而构建网络安全的联防体系。

(10) 健全网络管理监督体系

由于计算机网络技术涉及面广、技术性强，故在一般情况下，其他业务部门无法插足其中进行监管。目前大部分企业的科技部门都实行组建、使用、维护和监管的一条龙服务，当然这样做有其优势的一面，但同时少了一些外部约束。所以应该尽快在内部审计部门培养出一批精通计算机业务的审计能手，以便更好地对计算机网络系统的管理及其使用人员进行跟踪审计。

2．技术设备

为了保证计算机系统、网络系统和信息的安全，近年来针对不同的问题研发了许多技术和产品，解决了安全需求方面的特定问题。

选择、安装与参数设置;业务应用系统的安装与参数设置。

(3) 事件处理管理

事件处理管理包括:远程报告那些明显企图威胁系统安全的行为,以及修改用来触发事件报告的阈值。

(4) 安全审计管理

安全审计管理包括:选择将被记录和被远程收集的事件,授予或取消对所选事件进行审计跟踪日志记录的能力,对所选审计记录进行远程收集,准备安全审计报告。

(5) 安全恢复管理

安全恢复管理包括:维护那些用来对确实存在的或可疑的安全事故做出反应的规则,远程报告明显威胁系统安全的行为,加强安全管理者的交互作用。

(6) 密钥管理

密钥管理包括:产生与所要求安全级别相称的合适密钥;根据访问控制的要求,对于每个密钥决定哪个实体应该接受密钥的备份;采用可靠的办法使得这些密钥对开放系统中的实体是可用的。

(7) 访问控制管理

访问控制管理可涉及:安全属性(包括口令)的分配,对访问控制表或权限表进行修改,在通信实体与其他提供访问控制服务的实体之间使用协议。

8.8.3 人员管理

1. 安全管理首先是人的管理

网络安全的强度只取决于网络中最弱连接的强弱程度。最危险的是个人警惕性的丧失。在网络安全领域中,人们常说的一个例子就是木桶理论,即一个木桶如果有一块木板是短的,那么即使其他的木板再长,水也会从短木板处流出来。有人说那块短木板是服务,其实更确切地说,那块短木板是人的安全意识,也就是人的警惕性。

许多事例说明,威胁信息系统安全的重要因素是系统工作人员,建设一支高度自觉遵纪守法的技术人员队伍是计算机安全工作中最重要的一环。为此,应采取以下措施。

(1) 思想教育

加强思想和职业道德教育,定期对工作人员的政治思想、业务水平进行考核和审查,发现问题及时处理。

(2) 明确职责

明确工作人员的岗位和职责范围,各负其责,相互制约,以达到安全的目的。特别要坚持系统程序员与操作员分离的原则,以减少计算机犯罪的机会。

(3) 技术培训

加强技术培训和安全教育,提高工作人员的业务水平和安全意识,以保证信息系统的正常

(1) 防火墙产品

防火墙产品主要提供被保护网络与外部网络之间的进出控制。它是被保护网络与外部网络之间的一道屏障,根据各种过滤原则来判断网络数据是否能够通过防火墙。

(2) VPN 设备

VPN 设备实现了利用公共网络建立自己的虚拟专网。VPN 设备负责给发送到对方的数据包进行加密并重新打包,当到达对方 VPN 设备时再拆包、解密。

(3) 系统日志审计工具

许多系统都提供了系统日志,其中包含了有关系统安全方面的有价值的信息。在系统投入使用时,网络管理员对系统日志进行配置,使其尽可能多地保留一些有用的信息。

(4) 信息网关

信息网关为计算机内的电子文件引入了密级、电子印章和网关证的概念。信息网关负责检查出入网络的文件是否具有网关证,是否按照所具有的密级进行了加密。在检查合格后才能传出或传入网络。

(5) 授权和身份认证系统

授权和身份认证系统加强了原有的基于账户和口令的控制,提供了授权、访问控制、用户身份识别、对等实体鉴别和抗抵赖等功能。信息加密是信息安全应用中最早开展的有效手段之一。信息加密的目的是保护网上传输的数据。

(6) 安全路由器

安全路由器提供了某些基于地址或服务的过滤机制,可以在一定程度上限制网络访问。

(7) 安全性分析工具

安全性分析工具用于自动发现网络上的安全漏洞,并给出安全性分析报告。

(8) 安全检测预警系统

安全检测预警系统用于实时监视网络上的数据流,寻找具有网络攻击特征和违反网络安全策略的数据流。当发现可疑数据流时,按照系统安全策略规定的响应策略进行响应,包括实时报警、记录有关信息、实时阻断非法的网络连接和对事件涉及的主机实施进一步跟踪等。

3. 安全管理要点

(1) 物理设施管理

为了获得系统安全的完全保护,物理安全措施总是必需的。但物理安全的代价通常较高,一般力求通过使用更廉价的技术把对它的需要降到最低限度。

网络应用系统的物理设施包括:机房场地环境,通信线路和网络设备,存储媒体,主机、服务器、终端及各类外设。

(2) 系统配置管理

系统配置包括:网络的拓扑结构选择,构件的选型与装配,布线设计和参数设置;主机、服务器、终端及各类外设的选型与参数设置;操作系统、编译系统、数据库管理系统、系统工具的运行。

2. 人员管理机制和原则

在以下活动中,需要规范人员的管理机制,以保障网络应用系统的信息安全:
① 访问控制证件的发放与回收。
② 信息处理系统使用媒介的发放与回收。
③ 处理保密信息。
④ 硬件和软件的维护。
⑤ 系统软件的设计、实现和修改。
⑥ 重要程序和数据的删除和销毁等。

人员管理的主要原则有以下三条。

(1) 多人负责原则

每一项与安全有关的活动,都必须有两人或多人在场。这些人应是系统主管领导指派的,应忠诚可靠,能胜任此项工作;他们应该签署工作情况记录以证明安全工作已得到保障。

(2) 任期有限原则

为遵循任期有限原则,工作人员应不定期地循环任职,强制实行休假制度,并规定对工作人员进行轮流培训,以使任期有限制度切实可行。

(3) 职责分离原则

在信息处理系统工作的人员不要打听、了解或参与职责以外的任何与安全有关的事情,除非系统主管领导批准。出于对安全的考虑,下面每组内的两项信息处理工作应当分开:
① 计算机操作与计算机编程。
② 机密资料的接收和传送。
③ 安全管理和系统管理。
④ 应用程序与系统程序的编制。
⑤ 访问证件的管理与其他工作。
⑥ 计算机操作与信息处理系统使用媒介的保管等。

3. 安全管理责任

网络安全管理既要保证网络用户和网络资源不被非法使用,又要保证网络管理系统本身不被未经授权地访问。制定合理的安全管理责任范围,是保证网络安全的重要策略之一。网络安全管理责任主要包括:
① 网络设备的安全管理。主要包括网络设备的互联原则和配置更改原则等。
② 软件的安全管理。包括软件的使用原则、配置更改原则和权限设置原则等。
③ 密钥的安全管理。密钥的管理主要包括密钥的生成、检验、分配、保存、更换、注入和销毁等。

④ 管理网络的安全管理。管理网络是一个有关网络维护、运营和管理信息的综合管理系统。它集高度自动化信息的搜集、传输、处理和存储于一体，主要功能是性能管理、配置管理、故障管理和计费管理等。

⑤ 安全的行政管理。安全的行政管理的重点是安全组织的设立、安全人事管理及安全责任与监督等。如在安全组织结构中，应该有一个全面负责的人，负责整个网络信息系统的安全与保密。

4. 信息安全管理规范

信息管理部门应根据管理原则和各部门的具体情况，制定相应的管理制度或采用相应的规范。具体工作有以下六项：

① 根据工作的重要程度，确定该系统的安全需求。

② 根据确定的安全需求，确定安全管理的范围。

③ 制定相应的机房出入管理制度。对于安全要求较高的系统，实行分区控制，限制工作人员出入与己无关的区域。出入管理可采用证件识别或安装自动识别登记系统，或者采用磁卡或身份卡等手段，对人员进行识别和登记管理。

④ 制定严格的操作规程。操作规程要根据职责分离和多人负责的原则，各负其责，不能超越自己的管辖范围。

⑤ 制定完备的系统维护制度。在对系统进行维护时，应采取数据保护措施，如数据备份等。维护时要首先经主管部门批准，并有安全管理人员在场，对故障的原因、维护的内容和维护前后的情况都要做详细记录。

⑥ 制定应急措施。要制定系统在紧急情况下尽快恢复的应急措施，使损失减至最小。建立人员雇用和解聘制度，对工作调动和离职人员要及时调整相应的授权。

操作系统管理和组织信息系统的硬件、软件和信息资源，既是安全危害的对象，又是实现安全控制的重要技术措施。其安全机制有以下五项。

(1) 系统登录

系统登录是操作系统安全的第一道防线，在开机自检之后，有些系统会提示用户输入账号和口令，以此把非法用户拒之门外。口令的选择和维护是至关重要的，应按照规则选择不易被黑客猜到的口令并定期更改，以防泄露。

(2) 身份认证

身份认证比单纯的账号和口令验证更为先进。为了加强远程登录的安全性，要通过支持身份认证的服务器来提供访问。认证方式可以分为以下三类，也可以联合使用：

① 用本身的特征进行鉴别，如指纹、声音和头部照片等。

② 用所知道的事进行鉴别，这是一种一次性口令机制，即使入侵者通过窃听手段得到密码也不能闯入系统。

③ 借助用户拥有的物品进行鉴别，如智能卡，一些智能卡可显示随时间变化的数字，且它

是与计算机中的身份认证软件同步的。

(3) 文件和资源的访问控制

文件和资源的访问控制是系统安全的第二道防线。当用户登录到系统中后就领到了标示其身份的证件,各种文件和资源都包含有控制用户访问的控制信息,系统通过该控制信息检查用户是否有权访问以及访问的形式。

(4) 选择性访问控制

用户根据知其所需原则指定其他用户和用户组共享自己的文件和资源。实现选择性访问控制策略常用的机制是存取控制矩阵或存取控制表。

(5) 强制性访问控制

系统给主体和客体分配了不同的安全属性,系统通过比较主体和客体的安全属性来决定主体能否访问客体。这些属性是不能改变的,这样就可以防止某些非法入侵,还可使无意泄露信息的可能性减小。

8.8.4 电子商务的安全风险管理

1. 风险管理规则

在电子商务运行过程中,由于技术、设备和管理等各方面的问题,所以存在一定的风险,有时还会出现一些突发事件,故对此必须要有一定的应对和防范措施。

一般来说,风险管理规则的制定过程有评估、开发与实施及运行三个阶段。

(1) 评估阶段

评估阶段的主要任务是对电子商务的安全现状、要保护的信息和各种资产等进行充分的评估,以及进行一些基本的安全风险识别和分析。

对电子商务安全现状的评估是制定风险管理规则的基础。

对信息和资产的评估是指对可能遭受损失的相关信息和资产进行价值的评估,以便确定相适应的风险管理规则,从而避免投入成本和要保护的信息及资产的严重不匹配。

安全风险识别要求尽可能地发现潜在的安全风险,应收集有关各种威胁、漏洞、开发和对策的信息。

安全风险分析是确定风险、收集信息,对可能造成的损失进行评价以估计风险的级别,以便做出明智的决策,从而采取措施来规避安全风险。

(2) 开发与实施阶段

开发与实施阶段的任务包括风险补救措施开发、风险补救措施测试和风险知识学习。

风险补救措施开发利用评估阶段的成果来建立一个新的安全管理策略,其中涉及配置管理、修补程序管理和系统监视与审核等。

在完成对风险补救措施的开发后,即进行安全风险补救措施的测试,在测试过程中,将按照安全风险的控制效果来评估对策的有效性。

(3) 运行阶段

运行阶段的主要任务,包括在新的安全风险管理规则下评估新的安全风险。这个过程实际上是变更管理的过程,也是执行安全配置管理的过程。

运行阶段的第二个任务是对新的或已更改的对策进行稳定性测试和部署。这个过程由系统管理、安全管理和网络管理小组来共同实施。

2. 风险管理步骤

风险管理是识别风险、分析风险并制定风险管理计划的过程。电子商务安全风险的管理和控制方法包括风险识别、风险分析和风险控制三个方面。

(1) 风险识别

电子商务系统的安全要求是通过对风险的系统评估而确认的。为了有效管理电子商务的安全风险,识别安全风险是风险管理的第一步。

风险识别是在收集有关各种威胁、漏洞和相关对策等信息的基础上,识别各种可能对电子商务系统造成潜在威胁的安全风险。

风险识别的手段五花八门,对于电子商务系统的安全来说,风险识别的目标主要是对电子商务系统的网络环境风险、数据存在风险和网上支付风险进行识别。

需要注意的是,并非所有的电子商务安全风险都可以通过风险识别来进行管理,风险识别能发现已知的风险或根据已知风险较容易获知的潜在风险;而对于大部分的未知风险,则依赖于风险分析和控制来加以解决或降低。

(2) 风险分析

风险分析是运用分析、比较和评估等各种定性和定量的方法,确定电子商务安全各种风险要素的重要性,对风险排序并评估其对电子商务系统各方面的可能后果,从而使电子商务系统项目实施人员可以将主要精力放在对付为数不多的重要安全风险上,使电子商务系统的整体风险得到有效控制。风险分析是一种确定风险以及对可能造成的损失进行评估的方法,它是制定安全措施的依据。

风险分析的目标是确定风险,对可能造成损坏的潜在风险定性化和定量化,以及最后在经济上寻求对风险损失与风险投入成本的平衡。

目前,风险分析主要采用的方法有风险概率/影响评估矩阵、敏感性分析和模拟等。在进行电子商务安全风险分析时,由于在现实上很难量化各影响因素,所以可根据实际需要,主要采用以定性方法为主,辅以少量定量方法相结合来进行风险分析,为制定风险管理制度和控制风险提供理论上的依据。

(3) 风险控制

风险控制就是选择和运用一定的风险控制手段,来保障将风险降到一个可以接受的水平。风险控制是风险管理中最重要的一个环节,是决定风险管理成败的关键因素。电子商务安全风险控制的目标在于改变企业电子商务项目所承受的风险程度。

一般来说,风险控制方法有两类:第一类是风险控制措施,比如降低、避免和转移风险及损失管理等,在电子商务安全风险管理中,比较常用的是转移风险和损失管理;第二类为风险补偿的筹资措施,包括保险与自担风险,在电子商务安全风险管理中,管理人员需要对风险补偿的筹资措施进行决策,即选择保险还是自担风险。

此外,风险控制方法的选择应当充分考虑风险造成损失的成本,当然其他方面的影响也是不容忽视的,如企业商誉等。

对电子商务安全来说,其有效可行的风险控制方法是建立完整高效的降低风险的安全性解决方案,掌握保障安全性所需的一些基础技术,并规划好发生特定安全事故时企业应该采取的解决方案。

3. 风险管理对策

由于电子商务安全的重要性,所以部署一个完整有效的电子商务安全风险管理对策显得十分迫切。制定电子商务安全风险管理对策的目的在于消除潜在的威胁和安全漏洞,从而降低电子商务系统环境所面临的风险。

在目前的电子商务安全风险管理对策中,较为常用的是纵深防御战略。所谓纵深防御战略就是深层安全和多层安全。通过部署多层安全保护,可以确保当其中一层遭到破坏时,其他层仍能提供保护电子商务系统资源所需的安全。比如,一个单位外部防火墙遭到破坏,由于内部防火墙的作用,入侵者也无法获取单位的敏感数据或进行破坏。在较为理想的情况下,每一层均提供不同的对策,以免在不同层中遭遇相同的攻击方法。

各层的主要防御内容包括以下六个方面。

(1) 物理安全

物理安全是整个电子商务系统安全的前提。制定电子商务物理安全策略的目的在于,保护计算机系统和电子商务服务器等各电子商务系统硬件实体和通信链路免受自然灾害和人为破坏所造成的安全风险。

(2) 周边防御

对网络周边的保护能够起到抵御外界攻击的作用。电子商务系统应尽可能安装某种类型的安全设备来保护网络的每个访问节点。从技术上来说,防火墙是网络周边防御的最主要的手段,电子商务系统应当安装一道或多道防火墙,以确保最大限度地降低外界攻击的风险,并利用入侵检测功能及时发现外界的非法访问和攻击。

(3) 网络防御

网络防御是对网络系统环境进行评估,采取一定措施抵御黑客的攻击,以确保网络系统得到适当的保护。就目前来说,网络安全防御行为是一种被动式的反应行为,而且,防御技术的发展速度也没有攻击技术发展得那么快。

为了提高网络安全防御能力,使网络安全防护系统在攻击与防护的对抗中占据主动地位,在网络安全防护系统中,除了使用被动型安全工具(防火墙、漏洞扫描等)外,也需要采用主动型安全防护措施(如网络陷井、入侵取证、入侵检测和自动恢复等)。

(4) 主机防御

主机防御是对系统中的每一台主机进行安全评估,然后根据评估结果制定相应的对策以限制服务器执行的任务。在主机及其环境中,安全保护对象包括用户应用环境中的服务器、客户机以及其上安装的操作系统和应用系统。

这些应用系统能够提供包括信息访问、存储、传输和输入等在内的服务。根据信息保障技术框架,对主机及其环境的安全保护首先是要建立防止有恶意的内部攻击的首道防线,其次是要建立防止外部人员穿越系统保护边界并进行攻击的最后防线。

(5) 应用程序防御

作为一个防御层,应用程序的加固是任何一种安全模型中都不可缺少的一部分。加强操作系统的安全只能提供一定程度的保护,因此,电子商务系统的开发人员有责任将安全保护融入应用程序中,以便对体系结构中应用程序可能访问到的区域提供专门的保护。应用程序存在于系统环境中。

(6) 数据防御

对许多电子商务企业来说,数据就是企业的资产,一旦落入竞争者手中或损坏将造成不可挽回的损失。因此,加强对电子商务交易及相关数据的防护,对电子商务系统的安全和电子商务项目的正常运行具有重要的现实意义。

8.9 电子商务安全的法律制度

电子商务的发展需要建设和完善相关的法律体系。国际社会对电子商务的安全极为重视,制定了一系列保证交易安全的技术标准。我国人大和各级政府也出台了一系列安全管理规范,各行业也根据实际情况制定了相应的管理办法。

8.9.1 我国保证电子商务安全的相关法律

1.《中华人民共和国电子签名法》

2005年4月1日《中华人民共和国电子签名法》(以下简称《电子签名法》)正式施行。该部法律规定,可靠的电子签名与手写签名或者盖章具有同等的法律效力,消费者可用手写签名、公章的"电子版"、秘密代号、密码或人们的指纹、声音、视网膜结构等安全地在网上"付钱"、"交易"及"转账"。《电子签名法》是首部"真正意义上的信息化法律"。

(1)《电子签名法》的主要内容

《电子签名法》的主要内容包括总则、数据电文、电子签名和法律责任四个部分。

总则指出制定《电子签名法》的宗旨、目的及其使用范围。

数据电文即电子文件,是被电子签名的对象。《电子签名法》中定义了什么是数据电文,并明确规定电子文件与纸介质书面文件具有同等效力,以使现行的民商事法律同样适用于电子文件。

电子签名部分为本法案的重点,它规定电子签名的法律效力及电子签名的安全条件以及对第三方认证机构的要求及市场准入的条件。

法律责任部分则规定了参与电子签名活动中各方所应执行和遵守的权利和义务。

在电子商务中,交易的双方在互联网上互不见面,为确认其真实身份,以保证交易中的不可抵赖性,在使用电子签名时,应由第三方认证机构对签名人的身份进行认证,并为其签发数字证书,提供交易双方的信誉保证。

这个第三方的认证机构应具有权威性、可信赖性及公正性。所以,认证机构本身的可靠与否,对保证电子签名真实性和电子交易安全性起着关键作用。为防止不具条件的单位或个人擅自搭建认证中心,提供不合法的认证,对此法案有具体的、严格的文明规定,从而实现了对电子认证工作的规范化管理,使国内认证机构的建设纳入了法制的轨道。

(2)《电子签名法》对电子商务的影响

《电子签名法》制定的宗旨就是为了保障电子商务的安全,维护有关各方的合法利益,促进电子商务的发展。有了《电子签名法》就可以确保电子商务参与方的不可否认性,提高电子商务交易的安全性;可以实现网上自动在线支付,解决目前中国电子商务的瓶颈问题。

传统的银行票据都是纸介质书面票据,它已经形成了网上银行和电子商务网上支付的法律障碍。《电子签名法》中明确规定电子文件与纸介质的书面文件具有同等效力,并且电子签名也可以具有印章的同等法律效力,适应了网上电子支付的需求。有了《电子签名法》,银行就可以制定网上电子支付规则,制作电子支票,实现网上的快速资金结算。即便不在网上支付,支票也可数字化,并附有数字签名,将支票数字化,银行可以减少假图章的欺诈,减少交易风险;节省大量的纸张印刷,减少费用,提高效益。

有了《电子签名法》,合同也可以以电子文件形式出现,即《电子签名法》规定的数据电文,这样,网上招标、网上采购都能以电子合同作为依据。为了适应传统业务的经营需要,还可以将电子签名与传统的手工签名或印章做成电子签名"可视化",即在验证了电子签名真伪的同时,可调用打印经图形化处理过的手书签名或图章,这样既可适应传统习惯认证方法,又将签名向先进电子技术领域推进一步。

2. 保证电子商务安全的其他相关法律

由于我国电子商务发展仍处在初级阶段,有关立法仍不够健全。我国的计算机立法工作开始于 20 世纪 80 年代。1981 年,公安部开始成立计算机安全监察机构,并着手制定有关计算机安全方面的法律、法规和规章制度。1986 年 4 月开始草拟《中华人民共和国计算机信息系统安全保护条例》(征求意见稿)。

1988 年 9 月 5 日第七届全国人民代表大会常务委员会第三次会议通过的《中华人民共和国保守国家秘密法》,在第三章第十七条中第一次提出:"采用电子信息等技术存取、处理、传递国家秘密的办法,由国家保密工作部门会同中央有关机关规定。"

1989年,我国首次在重庆西南铝厂发现计算机病毒后,立即引起有关部门的重视。公安部发布了《计算机病毒控制规定(草案)》,开始推行"计算机病毒研究和销售许可证"制度。

1991年5月24日,国务院第十三次常委会议通过了《计算机软件保护条例》。这一条例旨在保护计算机软件设计人的权益,调整计算机软件在开发、传播和使用中发生的利益关系,鼓励计算机软件的开发与流通,促进计算机应用事业的发展。它是依照《中华人民共和国著作权法》中的规定而制定的,是我国颁布的第一个有关计算机的法律。

1991年12月23日,国防科学技术工业委员会发布了《军队通用计算机系统使用安全要求》,它对计算机实体(场地、设备、人身、媒体)的安全、病毒的预防以及防止信息泄露提出了具体措施。

1992年4月6日,机械电子工业部发布了《计算机软件著作权登记办法》,规定了计算机软件著作权管理的细则。

1994年2月18日,国务院令第147号发布了《中华人民共和国计算机信息系统安全保护条例》,为保护计算机信息系统的安全,促进计算机的应用和发展,保障经济建设的顺利进行提供了法律保障。这一条例于1988年4月着手起草,1988年8月完成了条例草案,经过近四年的试运行后方才出台。这一条例的最大特点是既有安全管理,又有安全监察,以管理与监察相结合的方法保护计算机资产。

针对国际互联网的迅速普及,为保障国际计算机信息交流的健康发展,1996年2月1日国务院令第105号发布了《中华人民共和国计算机信息网络国际联网管理暂行规定》,提出了对国际联网实行统筹规划、统一标准、分级管理、促进发展的基本原则。1997年5月20日,国务院对这一规定进行了修改,设立了国际联网的主管部门,增加了经营许可证制度,并重新发布。

1996年3月14日,国家新闻出版署发布了《电子出版物暂行规定》,加强对包括软磁盘(FD)、只读光盘(CDROM)、交互式光盘(CD-1)、图文光盘(CD-G)、照片光盘、集成电路卡(IC-Card)和其他媒体形态在内的电子出版物的保护。

1997年6月3日,国务院信息化工作领导小组在北京主持召开了"中国互联网络信息中心成立暨《中国互联网域名注册暂行管理办法》发布大会",宣布中国互联网络信息中心(CNNIC)成立,并发布了《中国互联网域名注册暂行管理办法》和《中国互联网络域名注册实施细则》。中国互联网信息中心将负责我国境内的互联网域名注册、IP地址分配、自治系统号分配、反向域名登记等注册服务;协助国务院信息化工作领导小组制定我国互联网的发展方向、方针和政策,实施对中国互联网的管理。

1997年10月1日起我国实行的新《刑法》,第一次增加了计算机犯罪的罪名,包括非法侵入计算机系统罪,破坏计算机系统功能罪,破坏计算机系统数据程序罪,制作、传播计算机破坏程序罪等。

1997年12月8日,国务院信息化工作领导小组根据《中华人民共和国计算机信息网络国际联网管理暂行规定》,制定了《中华人民共和国计算机信息网络国际联网管理暂行规定实施办法》,详细规定国际互联网管理的具体办法。与此同时,公安部颁布了《计算机信息网络国际联网安全保护管理办法》,原邮电部也出台了《国际互联网出入信道管理办法》,旨在通过明确安全责任,严把信息出入关口和设立监测点等方式,加强对国际互联网使用的监督和管理。

2001年7月9日,中国人民银行颁布《网上银行业务管理暂行办法》。

2004年8月28日,十届全国人大常委会第十一次会议表决通过了《中华人民共和国电子签名法》,于2005年4月1日起施行。

2005年4月18日,中国电子商务协会政策法律委员会组织有关企业起草的《网上交易平台服务自律规范》正式对外发布。

2005年10月26日,中国人民银行出台《电子支付指引(第一号)》,全面针对电子支付中的规范、安全、技术措施和责任承担等进行了规定。

2007年3月6日,商务部发布了《关于网上交易的指导意见(暂行)》。

2007年12月17日,国家商务信息化主管部门商务部公布了《商务部关于促进电子商务规范发展的意见》。

2008年4月24日,商务部起草了《电子商务模式规范》和《网络购物服务规范》。

2008年7月,北京市工商局公布了《关于贯彻落实〈北京市信息化促进条例〉加强电子商务监督管理的意见》,规定8月1日起北京地区的网店经营者在从事买卖前必须先注册营业执照,否则将被工商部门查处。这是全国首部针对网店的地方性法规。

2009年5月1日起,由中国国际经济贸易仲裁委员会颁布的《中国国际经济贸易仲裁委员会网上仲裁规则》正式施行,适用于解决电子商务争议。

2009年5月27日,商务部就《网上交易管理办法草案》(以下简称《草案》)起草工作召开专项工作会议。据《草案》起草工作小组专家成员之一、中国电子商务协会政策法律委员会主任、上海理工大学管理学院副院长杨坚争教授表示,《草案》已基本成形,但还没向外界公布。而受国务院委托,商务部起草制定的《网上商业数据保护办法》已经开始对外征求意见。

8.9.2 美国保证电子商务安全的相关法律

20世纪90年代以来,针对计算机网络与利用计算机网络从事刑事犯罪的数量,在许多国家都以较大的比例快速增长。因此,以法律手段打击网络犯罪,在许多国家较早就开始实行了。到90年代末,这方面的国际合作也迅速发展起来。

在1996年12月联合国第51次大会上,通过了联合国贸易法委员会的《电子商务示范法》。这部示范法对于网络市场中的数据电文、网上合同的成立及生效条件和运输等专项领域的电子商务等,都做了十分具体的规范。

欧盟委员会于2000年年初及12月底两次颁布了《网络刑事公约》(草案)。现在,已经有共计43个国家表示了对这一公约草案的兴趣。

印度于2000年6月颁布了《信息技术法》。这部《信息技术法》的主要内容包含三个方面：刑法、行政管理法、电子商务法。与电子商务有关的规定很详细，其中主要是规定授权建立本国"数字签名认证机构"的程序和承认外国"认证机构"的程序，以保障网上经济活动的安全、有序。

有一些国家修订了原有的刑法，以适应保障计算机网络安全的需要。例如，美国2000年修订了1986年的《计算机反欺诈与滥用法》，增加了法人犯罪的责任，增加了与上述印度法律第70条相同的规定，等等。

我国的香港特别行政区于2000年1月颁布了《电子交易条例》，它把联合国贸易法委员会的示范法与新加坡法较好地融合在一起，又结合香港本地实际，被国际上认为是较成功的一部保障网络市场安全的法规。

实验八　数字证书和防火墙

【实验目的】

通过本次实验使学生了解数字证书和防火墙的概念，掌握获取、安装和应用数字证书的方法；掌握防火墙的设置和应用。

【实验要求】

1. 了解数字证书的原理。
2. 掌握电子邮件安全证书的安装、导入和导出。
3. 掌握数字证书的安装和应用。

【实验内容】

1. 在网上寻找相关的资料。
2. 了解防火墙的原理。
3. 掌握防火墙软件的下载和安装等各种操作。
4. 掌握防火墙参数的设置。

【实验步骤】

[数字证书]

1. 下载电子邮件安全证书，网址是 http://www.cfca.com.cn/zhengshu/zhengshu.htm。
2. 体验数字证书的申请过程和应用。
3. 申请免费的电子邮件安全证书，网址是 http://www.chinaca.info/yqts.html。
4. 下载X-scan简体中文版，并安装，网址是 http://www.skycn.com/soft/163.html#tdownUrlMap。
5. 扫描本地机器，查看系统的漏洞和隐患等，并将其报告输出。

[防火墙]

1. 下载免费的费尔托斯特安全软件,网址是 http://www.filseclab.com/download/downloads.htm。
2. 下载费尔托斯特安全病毒库和离线升级包。
3. 下载费尔网络监护专家和离线升级包。
4. 下载费尔个人防火墙专业版和离线升级包。
5. 安装并设置其参数并截图。
6. 下载每个软件的使用说明。
7. 写出每个软件的特色。

【实验提醒】

费尔托斯特安全软件简要说明如下。

费尔托斯特安全(Twister Anti-Trojan Virus)是一款同时拥有反木马、反病毒、反Rootkit功能的强大防毒软件。它拥有海量的病毒特征库,支持Windows安全中心,支持右键扫描,支持对ZIP和RAR等主流压缩格式文件的全面多层级扫描;能对硬盘、软盘、光盘、移动硬盘、网络驱动器、网站浏览Cache和E-mail附件中的每一个文件活动进行实时监控,并且资源占用率极低;先进的动态防御系统(FDDS)将动态跟踪计算机中的每一道活动程序,智能侦测出其中的未知木马病毒,并拥有极高的识别率;解疑式在线扫描系统可以对检测出的可疑程序进行在线诊断扫描;SmartScan快速扫描技术使其具有非凡的扫描速度;国际一流的网页病毒分析技术,拥有最出色的恶意网站识别能力;能够识别出经过加壳处理的文件,有效防范加壳木马病毒;它的"系统快速修复工具"可以对IE、Windows、注册表等常见故障进行一键修复;"木马强力清除助手"可以轻松清除那些用普通防毒软件难以清除掉的顽固性木马病毒,并可抑制其再次生成;注册表实时监控能够高效阻止和修复木马病毒对注册表的恶意破坏;支持病毒库在线增量升级和自动升级,不断提升对新木马病毒的反应能力。

90天免费试用,试用注册码:8BBS-F475-576B-41Dl-1881。

【实验思考】

1. 数字证书可以用在什么地方?
2. 防火墙对PC有什么作用?

思考与讨论

1. 电子商务的安全需求有哪几个方面?
2. 数据加密模型是什么?
3. 古典加密模型是什么?
4. 使用维吉尼亚密码进行加密,明文为helloeverybodygoodafternoon,给出密钥字为

howareyou,试推算出该明文对应的密文。

5. 现代加密技术分为哪两类？它们各自的密钥体制的特点是什么？各自的典型算法是什么？

6. 采用 RSA 加密算法,其中 $p=5, q=11, d=25$。求公开密钥和私有密钥,并求出使用 e 对明文 16 加密后的密文为多少？

7. 什么是 VPN？它分为哪几类？VPN 是如何保障安全性的？

8. 什么是数字签名？它能从哪些方面保障安全性？数字签名的过程是什么？

9. 什么是数字时间戳？它能保障哪些方面的安全？数字时间戳由哪几部分组成？

10. 什么是数字证书？数字证书有哪几种类型？

11. 什么是认证中心？认证中心的层次结构是什么？认证中心能够提供哪些安全保护？

12. SSL 协议能够提供哪些安全保护？

参考文献

[1] 黄晓涛主编.电子商务导论.北京:清华大学出版社,2005.
[2] 甘早斌,等.电子商务概论.武汉:华中科技大学出版社,2003.
[3] 段云所,等.信息安全概论.北京:高等教育出版社,2003.
[4] 虞益诚,等.电子商务概论.北京:中国铁道出版社,2006.
[5] 方美琪主编.电子商务概论.北京:清华大学出版社,2008.
[6] 向欣.电子商务与流通革命.北京:中国经济出版社,2000.
[7] 谭浩强主编.电子商务概论.北京:清华大学出版社,2008.
[8] 宋文官主编.电子商务实用教程.北京:高等教育出版社,2003.
[9] 黄敏学.电子商务.北京:高等教育出版社,2007.
[10] 冯英健.网络营销基础与实践.北京:清华大学出版社,2002.
[11] 董铁,张劲珊主编.电子商务.北京:清华大学出版社,2010.
[12] 刘鲁川,安世虎主编.企业电子商务概论.北京:清华大学出版社,2010.